CHURCHILL & CO

ENTWICKLUNG, TECHNIK, EINSATZ

Nigel Montgomery

Motor
buch
Verlag

Einbandgestaltung: Frank Zähringer, unter Verwendung eines Fotos von Bukvoed, © CC-BY-SA-3.0, das einen Cherman in jugoslawischen Diensten zeigt.

Bildnachweis: Die zur Illustration dieses Buches verwendeten Aufnahmen stammen – wenn nicht anderes vermerkt ist – vom Verfasser.

Die Originalausgabe ist erschienen unter dem Titel:
Sherman Tank. 1941 onwards (all M4 variants). Owner's Workshop Manual.

Ins Deutsche übertragen und bearbeitet von Martin Benz.

ISBN: 978-3-613-04221-6

1. Auflage 2019

Sie finden uns im Internet unter www.motorbuch-verlag.de

Lektorat: Joachim Köster
Innengestaltung: WS – WerbeService Linke, 76185 Karlsruhe
Druck und Bindung: F&W Druck- und Mediencenter GmbH, 83361 Kienberg
Printed in Printed in Germany

Inhalt

Vorwort

Es scheint seltsam, 68 Jahre nach Indienststellung des letzten Churchill ein Handbuch über einen Panzertyp zu schreiben, der schließlich seinen Weg im Panzermuseum Bovington beschloss. Das Interesse am 2. Weltkrieg scheint jedoch ungebrochen und es betrifft auch den Churchill, der im Krieg auf britischer Seite eine wichtige Rolle spielte.
Dieses Buch ist in dankbarer Anerkennung all jenen gewidmet, die im Churchill Dienst taten, ihn warteten oder instandsetzten. Weiter möchte es jenen, die mehr über den Panzer wissen möchten – seien es geschichtlich Interessierte, Modellbauer oder so genannte *Wargamer* –, brauchbare und überprüfte Informationen liefern. Ich hoffe, dass es auch Ansporn gibt, noch unentdeckte Churchill aufzuspüren und zu restaurieren. Ebenso soll es Leser ermutigen, die bereits einen Churchill besitzen und sich fragen, ob die ganze Mühe damit überhaupt lohnt.
In der Tat handelt es sich um ein Handbuch, das sich mit Fragen der Restaurierung und Wartung beschäftigt. Als eine Art Churchill-Führer beleuchtet es außerdem Geschichte und Einsatz des Panzers. Es stützt sich auf die gegenwärtige Restaurierung von Churchill-Panzern im Rahmen des *Churchill Tank Project*. Dieses setzte sich zum Ziel, das Wissen über diesen Panzertyp zu erhalten und zu fördern und Churchill für Spiel- und Dokumentarfilme zur Verfügung zu stellen. Die Beteiligten brachten im Übrigen eine DVD über die Restaurierungsarbeiten heraus, die auch historisches Filmmaterial enthält. Wer mehr wissen will, werfe eine Blick auf die Internetseite des Projekts: www.churchilltank.com.
An dieser Stelle möchte ich mich für die Unterstützung des Panzermuseums Bovington bedanken, vor allem bei David Fletcher und Janice Tait, der Bibliothekarin, sowie bei Kurator David Willey. David Fletcher schrieb nicht nur die Einführung, sondern lieferte auch Material zur den ab Seite 55 f. vorgestellten Churchill-Pionier- und Minenräumpanzern. Weiterer Dank geht an Richard Morrell, der mir bezüglich der Ausführung NA 75 (siehe Seite 66) Zugang zum Familienarchiv gewährte, und an Tim Strickland, der die Erlaubnis zum Abdruck des Vortrags seines Vaters über den zweckmäßigen taktischen Einsatz des Churchill gab (siehe Seite 157 ff.). Alle inhaltlichen Fehler gehen im Übrigen auf mein Konto. Zuletzt möchte ich bei meiner Familie bedanken, die beim Korrekturlesen half und auch nicht mit erhellenden Kommentaren sparte.

Nigel Montgomery
Cambridge, Silvester 2012

SICHERHEITSHINWEIS FÜR ALLE, DIE CHURCHILL-PANZER RESTAURIEREN ODER WARTEN

Im Panzer kann man mit gefährlichen Materialien in Berührung kommen, z. B. mit Asbest (Brems- und Kupplungsbeläge, Motor-Wärmeschild, Original-Leitungen) und radioaktiver Leuchtfarbe (Funkgerät-Beschriftungen). Arbeiten am und im Panzer bergen Gefahren. Bevor man sich an die im Buch beschriebenen Arbeiten macht, sollte man den Rat von Fachleuten einholen und deren Hinweise befolgen. Ebenso gilt es die Gesetze über Besitz und Betrieb eines gepanzerten Fahrzeugs zu berücksichtigen sowie die einschlägigen Vorschriften zum Umgang mit gefährlichen oder umweltgefährdenden Stoffen und deren Entsorgung.

Ein Mark IV oder VI mit 75-mm-Kanone beim langsamen Vorrücken. Man beachte die Kettenglieder an Turm und Wanne, eine inoffizielle Zusatzpanzerung. Bei der angeschweißten Platte hinter der Kommandantenkuppel könnte es sich um einen Schutzschild gegen Beschuss aus Handwaffen handeln. Die Winkelspiegel von Fahrer und Bug-MG-Schütze sind ausgefahren, damit sie über die Kettenschürzen blicken können. (Tank Museum)

3
NOT TO BE
STOWED
ON DECK
161
T31579

Einführung

Von David Fletcher, Historiker am Panzermuseum

Die Geburtsstunde des Churchill schlug in der turbulenten Zeit zu Beginn des 2. Weltkriegs, in dem er sich schließlich zum besten britischen Panzer seiner Zeit mauserte. Am Anfang gab es eine Menge technische Querelen und der Entwurf stand sogar auf der Kippe, doch schließlich entwickelte sich daraus eine Erfolgsgeschichte.

Tiger und Churchill – früher Gegner, heute friedlich vereint im Panzermuseum Bovington, das noch dazu den einzigen fahrbereiten Tiger I weltweit betreibt. Unter Gesichtspunkten der Technik, Bewaffnung und Formgebung liegen Welten zwischen beiden Entwürfen. Zwar mangelte es auch dem Tiger an geschossabweisenden Schrägflächen, aber der Churchill besaß überhaupt keine und erschien neben dem modern ausgestatteten Tiger wie ein Relikt aus dem 1. Weltkrieg. Wenn auch einzelne Tiger – wie der von Bovington – von Churchill meist durch Seiten- oder Glückstreffer außer Gefecht gesetzt werden konnten, blieb der Churchill dem Tiger im Panzerkampf deutlich unterlegen. Dies lag auch am Konzept: während der Churchill hauptsächlich Infanterie unterstützen sollte, war der Tiger als Durchbruchs- und Schwerpunktwaffe ausgelegt und wurde hauptsächlich zur Bekämpfung zahlenmäßig überlegener Panzerkräfte eingesetzt.
(Sammlung des Autors)

Zwischen dem modernen Kampfpanzer Challenger II und dem Churchill Mark IV liegen über ein halbes Jahrhundert. Der Challenger II ist beim britischen Heer und den Streitkräften des Oman eingeführt. 2006 übernahm er vom deutschen Leopard 2 die 120-mm-Glattrohrkanone L/55 von Rheinmetall. (Sammlung des Autors)

Vor etwa 13 Jahren schrieb ich an einem Buch über den Churchill. Ein befreundeter amerikanischer Verleger schlug als Titel „Churchill, der deutsche Tiger" oder so ähnlich vor. Vielleicht etwas ironisch, im Grunde aber gar kein so schlechter Gedanke: Beide Panzer verfügten über eine starke Frontpanzerung, beide hatten am Anfang mit einer Menge Schwierigkeiten zu kämpfen, und beide standen sich zuerst in Tunesien und dann im weiteren Kriegsverlauf gegenüber. Damit enden die Gemeinsamkeiten aber schon. In Kampfkraft und Bewaffnung war der Tiger dem Churchill haushoch überlegen. Der Churchill spielte jedoch eine entscheidende Rolle in den britischen Kriegsanstrengungen, die schließlich mit einem Sieg der Alliierten endeten. Der nur in geringer Stückzahl gebaute Tiger hingegen, immer durstig und mit gewissen Schwächen behaftet, konnte das Blatt trotz herausragender Erfolge nicht mehr wenden. Wie dem auch sei – ich übernahm den Titel nicht, da man Äpfel nicht mit Birnen vergleichen sollte. Der Churchill hat eine eigene Geschichte zu erzählen, er stand sozusagen auf eigenen Ketten. Der Name „Tiger" im Titel hätte im Bücherverkauf diesmal nicht gezogen.

Der Umstand, dass der englische Originalverlag [nach dem erfolgreichen Tiger-Handbuch] den Churchill-Titel auflegte, spricht für sich. Der Churchill als wichtigster britischer Panzer des 2. Weltkriegs hat es wohl auch verdient. Seine Anfänge waren, ganz wie der technische Anforderungskatalog, etwas verworren, was nicht zuletzt an der nebligen britischen Philosophie über den Einsatz von Panzern lag. Als die Kriegsgefahr wuchs, fielen die verantwortlichen Stellen wieder in die Zeit des 1. Weltkriegs zurück. Vor ihrem geistigen Auge sahen sie eine neue Westfront mit noch mehr Gräben, Befestigungen und Stacheldraht, und folglich musste das Konzept eines neuen „Sturmpanzerwagens" her, größer und stärker gepanzert als alle anderen zuvor. Ein erster Entwurf lag im September 1939 vor; der Generalstab gab ihm die Bezeichnung A20. Er vereinte eine Anzahl alter wie neuer Konzepte, die Technikfachleute als unvereinbar ablehnten. So kam man an einem Neuentwurf nicht vorbei. Beispielsweise sah der Erstentwurf einen Panzer vor, der an Stelle des Turms eine abwerfbare Hilfsbrücke zum Überschreiten von Gräben bekommen sollte. Die Experten hielten einen Drehturm jedoch für unverzichtbar. Als schließlich alle Forderungen des Generalstabs im Einzelnen geprüft und verworfen worden waren, blieb nichts vom Erstentwurf übrig, aber das Neukonzept übernahm trotzdem den alten Anforderungskatalog. Man einigte sich auf einen Mittelweg, der den britischen Panzerbau auf Jahre hinaus prägen sollte. Die Belfaster Werft Harland & Wolff, die seinerzeit u. a. die *Titanic* auf Kiel gelegt hatte, erhielt den Auftrag zum Bau zweier Prototypen und einen Anschlussauftrag über den Bau von 100 Fahrzeugen. Damit ließen sich zwei Panzerabteilungen ausrüsten. Tatsächlich wurden aber nur zwei Fahrgestelle fertig. Auf eines setzte man in Ermangelung anderer Lösungen einen Matilda-Turm. Im Januar 1940 war klar, dass Harland & Wolff vor lauter anderen Kriegsaufträgen mit dem Panzerbau überfordert war. Der Umstand, dass die Behörden noch immer keine klare Vorstellung von der Hauptwaffe und ihrer Unterbringung hatten, machte die Sache auch nicht besser. So holte man die Firma Vauxhall Motors in Luton mit ins Boot. Sie erhielt den Auftrag zur Entwicklung eines neuen Motors, denn der alte zählte zu den vielen Schwachstellen des bisherigen A20. Bis Mai 1940 waren die Arbeiten an den Prototypen nahezu abgeschlossen und das zweite Fahrzeug (A20E2) ging im Schiffstransport nach Luton. Im Mai 1940 trat die deutsche Wehrmacht zum Angriff im Westen an, was die Lage schlagartig änderte und die Forderung nach schweren Panzern dringlicher machte, zumindest vorerst. Die Deutschen führten vor, wie man mit dem geschlossenen Einsatz von Panzerverbänden, begleitet von motorisierter Infanterie und unterstützt von Sturzkampfbombern, in kurzer Zeit große Geländegewinne machen und den Gegner in hellen Schrecken versetzen konnte. Starke Befestigungslinien umgingen sie einfach. Es war der Beginn einer neuen Ära der Kriegführung. Ironischer Weise hatten Manöver der *British Mechanised Force* in den 1920er-Jahren den Einsatz geschlossener Panzerverbände bereits vorexerziert, was das britische Kriegsministerium geflissentlich übersah, nicht aber die deutsche Reichswehr [welcher der Versailler Vertrag den Besitz von Panzern verbot, die aber nichtsdestoweniger weitsichtige Konzepte zum Einsatz „Schneller Truppen" entwickelte]. Zu dieser Zeit bestand kein Bedarf an einem Sturmpanzerwagen mehr und in Folge wurde das Projekt A20 eingestellt.

Obwohl dieses nun vom Tisch war, bastelte die Firma Vauxhall Motors weiter an ihrem Prototypen herum und entwickelte eine verbesserte Aufhängung und einen neuen Motor. Die bisher geleistete Entwicklungsarbeit wollte sie nicht einfach in den Sand setzen. Vor diesem Hintergrund trat die frisch ins Leben gerufenen Panzerkommission (*Tank Board*) am 24. Juni 1940 zur ersten Sitzung zusammen. Punkt eins der Tagesordnung sah „die Erarbeitung eines Anforderungskatalogs für den vorgeschlagenen neuen Panzer A22" vor, wofür man den Teilnehmern drei Tage einräumte. Das enge Zeitfenster deutet auf hohe Dringlichkeit und Druck von oben, wahrscheinlich vom Premierminister höchstpersönlich. Winston Churchill hatte Neville Chamberlain als Premierminister am 10. Mai 1940 abgelöst. Er griff die alte Praxis aus Zeiten bei der Admiralität wieder auf, nach allen Seiten „Blitzmemoranden" und Notizen mit dem Aufdruck „Eilt!" zu verteilen. Sein besonderes Interesse an diesem Panzer schlug sich schließlich auch in der Namensgebung nieder [die Churchills Verdienste als Munitionsminister im 1. Weltkrieg und Förderer der britischen Tank-Entwicklung würdigen sollte]. Der vom Generalstab unter A22 geführte Entwurf trug die offizielle Bezeichnung *Infantry Tank Mark IV* (Infanterie-Panzer Modell IV). Die römische IV wies darauf hin, dass es sich um das vierte Modell der seit 1935 entwickelten Reihe an Infanterie-Panzern handelte. Die Bezeichnung britischer Panzer ist mehr als kompliziert und kann Nichteingeweihte heillos verwirren. Beispielsweise tragen sämtliche Bauausführungen des Churchill die Bezeichnung *Infantry Tank Mark IV*. Nichtsdestoweniger erhielt jede Variante eine weitere, ebenfalls aus römischen Ziffern bestehende Modellbezeichnung (bis 1948 verwandte man römische Ziffern, danach arabische). Da alle Churchill der gleiche Motor antrieb, ergeben sich Unterschiede hauptsächlich

Ein Churchill-Fahrgestell mit waffenlosem Prüfturm bei einer Geländevorführung der Firma Vauxhall. (Sammlung des Autors)

Einer der vermutlich ersten Mark II (es ist keine 3-Zoll-Haubitze zu erkennen, die das Fahrzeug als Mark I ausweisen würde, aber vielleicht war die Waffe nicht eingebaut) bei der Erprobung. Das im September 1942 freigegebene Foto trug die Unterschrift: „Der Churchill-Panzer fertig zum Einsatz. Der Churchill-Panzer, eine der jüngsten Errungenschaften der britischen Streitkräfte, beim Erklettern eines Hügels irgendwo in England. Er befindet sich seit geraumer Zeit in Fertigung, stand aber bisher unter Geheimhaltung. Der schwere Panzer ist so stark gepanzert, dass er sich stationär als Kampfbunker verwenden lässt.“ (Sammlung des Autors)

in Bewaffnung, Panzerung und Turm. Zuerst lief der mit einer 2-Pfünder-Kanone (40 mm) im Turm und einer 3-Zoll-Haubitze (76,2 mm) im Bug bewaffnete Mark I vom Band. Es folgte der Mark II mit 2-Pfünder-Kanone im Turm und Maschinengewehr im Bug, das die Haubitze ersetzte. Der Mark III trug eine 6-Pfünder-Kanone (57 mm) in einem Schweißturm und ein Maschinengewehr im Bug. Der genau gleich bewaffnete Mark IV besaß hingegen einen Gussturm. Um die Verwirrung noch zu erhöhen: Mark III und IV wurden später auch mit 75-mm-Kanonen bewaffnet (mehr dazu im Buch). Die korrekte und vollständige Bezeichnung der Bauausführung Mark IV lautete insofern: *A22, Infantry Tank Mark IV, Churchill IV*.

Der neue Churchill ging rasch in Serienfertigung. Fairer Weise muss betont werden, dass sich die vielen Kinderkrankheiten der ersten Bauausführungen zu einem Gutteil auf die überhastete Produktion zurückführen ließen. Wie sagt schon ein altes Sprichwort: „Gut Ding will Weile haben“. Bis Februar 1941 waren lediglich die beiden Versuchsmuster fertig und bereit zur Erprobung. Dessen ungeachtet ordnete Churchill an, dem Bau des neuen Panzers „in Anbetracht der Überlegenheit gegenüber allen anderen Panzermodellen“ absolute Priorität einzuräumen. Ein kühner Entscheid, da die beiden Prototypen noch immer unter technischen Schwierigkeiten litten und noch keine Entscheidung bezüglich der Hauptwaffe getroffen war. Die ersten Serien-Churchill waren unzuverlässig, was angesichts des neuen Motors und der übereilten Fertigungsaufnahme nicht überrascht. Man traute ihnen so wenig zu, dass man sie bei einer möglichen deutschen Landung in Britannien als stationäre „Bunker“ in einer hinteren Abwehrlinie einsetzen wollte. Hitler blies die Invasion jedoch ab, und so konnte man die technischen Probleme weiter angehen und schließlich beheben. Die Frage der Hauptbewaffnung blieb akut. Zumindest die Panzerkommission war sich darüber einig, dass der Churchill die neue 6-Pfünder-Kanone (57 mm) tragen sollte. Mit deren Produktionsreife war aber bis auf Weiteres nicht zu rechnen. Für den Kampf gegen Panzer stellte die 6-Pfünder-Kanone zweifellos eine Verbesserung gegenüber der 2-Pfünder-Kanone (40 mm) dar, wobei anfänglich noch keine panzerbrechende Muniti-

Der Verfasser in der Kommandantenkuppel eines Churchill Mark IV beim jährlichen Tankfest des Panzermuseums Bovington. (Sammlung des Autors)

Der Churchill des Verfassers beim Einbiegen in die „Bovington-Arena", wo er erstmals seit 1943 wieder einem deutschen Tiger begegnen wird. (Sammlung des Autors)

on zur Verfügung stand [und es ohnehin verwunderlich scheint, dass die Briten nach den Erfahrungen im Westfeldzug nicht von Anfang an auf ein noch stärkeres Kaliber setzten]. Dabei sollte der Churchill, nach damaliger Auffassung, als Unterstützungs-Panzer die von der Infanterie eingenommenen Stellungen ja gegen feindliche Panzerangriffe halten. Da aber die 6-Pfünder-Kanone noch immer nicht lieferbar war, entschied man sich – das ständige Quengeln Churchills im Ohr – für eine 2-Pfünder-Kanone im Turm und eine 3-Zoll-Haubitze (76,2 mm) im Bug. Bei diesen Waffen, die als Zwischenlösung dienen sollten, konnte man auf vorhandene Bestände zurückgreifen. Die 3-Zoll-Haubitze sollte nach offizieller Anordnung lediglich zur Nahunterstützung dienen, vor allem durch den Verschuss von Nebelgranaten. Obwohl mittelfristig eine 6-Pünder-Kanone eingebaut werden sollte, konstruierte man für die 2-Pfünder-Kanone merkwürdiger Weise einen neuen Turm. Dabei handelte es sich um einen Gussturm, wiewohl die schottische Firma Babcock and Wilcox bereits einen geschweißten Turm mit geraden Seiten für die 6-Pfünder-Kanone vorgesehen hatte. Damit endete die Entwicklungsgeschichte des Churchill aber noch lange nicht. Ein umfangreiches Modernisierungsprogramm und Einsatzerfahrungen von Churchill-Besatzungen führten zu ständigen Verbesserungen.
Bei den Kämpfen in Tunesien und Italien zeigte der archaisch wirkende Panzer eine erstaunliche Steig- und Kletterfähigkeit – trotz seiner vergleichsweise schwachen Motorisierung erklomm er steilste Hügel. So mancher deutsche Einheitsführer, der eine Abwehrstellung auf einer Bergnase beziehen ließ, sah die Felle davonschwimmen, als vor ihm plötzlich ein Churchill auftauchte. Eine verstärkte Panzerung und Bewaffnung steigerten die Kampfkraft des Churchill weiter. So erschien Ende 1943 der A22F in Gestalt der Bauausführungen Mark VII und VIII. Im Grunde handelte es sich um völlig neue Panzer, bei denen nur noch die äußere Form und die Motorisierung mit den alten Modellen übereinstimmte. Sie blieben noch Jahre nach Kriegsende in Dienst.
Viele denken beim Churchill auch an die so genannten „Funnies"; Spezialausführungen, denen er sein Fahrgestell spendete. Die meist von Pionieren bedienten Unterstützungsfahrzeuge bildeten am „D-Day" die Speerspitze der britischen Landungstruppen in der Normandie. Es handelte sich um Brückenleger, Minenräumpanzer, Ladungsleger oder um die bekannten „Crocodile"-Flammpanzer. Neben seiner Rolle als Kampfpanzer und „Freund des Infanteristen" wird man den Churchill immer auch mit diesen kongenialen Sonderfahrzeugen in Verbindung bringen, die das britische Heer selbst noch Jahre nach dem Krieg weiter betrieb. Mit der Einführung neuer Panzertypen neigte sich schließlich die Verwendungszeit des Churchill ihrem Ende zu. Heute trifft man ihn nur noch in Museen oder im Besitz passionierter Panzerfreunde, die weder Kosten, Mühen noch ungezählte Arbeitsstunden scheuen, um ihn zu restaurieren und wieder zum Laufen zu bringen.

Anfang und Ende einer Ära – der erste und der letzte britische Infanterie-Panzer. Links ein Matilda und rechts der „Black Prince" (Schwarzer Prinz); ein Prototyp, der als Nachfolger des Churchill vorgesehen war, aber nie in Serie ging. (Tank Museum)

T31579
3
ARMAGH
T31579

Kapitel Eins

Geschichte des Churchill

Nachdem er überhastet in Produktion gegangen war, musste sich der Churchill bei der Truppe und auf dem Schlachtfeld bewähren. Die dabei gesammelten Erfahrungen und die Auswertungen der ersten Kampfeinsätze ergaben einen dauernden Strom an Verbesserungen, die in die Fertigung einflossen und die größten Unzulänglichkeiten ausmerzten. Diese Bemühungen führten letztlich zu einem Panzer, der das Zeug dazu hatte, auf dem Gefechtsfeld „der beste Freund des britischen Infanteristen“ zu werden.

Der restaurierte Churchill Mark IV des Autors.
(mit freundlicher Genehmigung von Jonas Brane)

Die Anfänge

Die Ursprünge des Churchill liegen in dem Chaos, das der Kriegserklärung Großbritanniens und Frankreichs 1939 an Deutschland voranging, sowie dem Fehlen jeglicher Planungen und Vorbereitungen auf den Ernstfall. Trotz dieser ungünstigen Vorzeichen ließ der Churchill-Tank seine Kritiker verstummen und wurde zu dem wohl besten britischen Panzer des 2. Weltkriegs, auch wenn er stets im Schatten des bei den Briten eingeführten US-amerikanischen Sherman stand.

In den frühen 1940er-Jahren waren die deutschen Streitkräfte den britischen, französischen und allen anderen voraus, was Panzertaktiken, -entwicklung und -herstellung anging. Die neue deutsche Einsatzdoktrin vom engen Zusammenwirken von Bodentruppen und Luftstreitkräften und dem neuen Verständnis des Panzers als geballte Offensivwaffe und nicht mehr als Mittel zur Infanterie-Unterstützung, zwang die Briten, sozusagen aus dem Nichts gepanzerte Kampffahrzeuge zu entwickeln, die sich der neuen Art der Kriegführung gewachsen zeigten. Die Lehren aus dem Einsatz von Tanks im Ersten Weltkrieg, die dem Prototyp des Churchill, dem A20, zu Grunde lagen, waren offensichtlich nicht mehr gültig, und die Zeit drängte. Eine rasante und recht radikale Überarbeitung des bei Harland and Wolff gebauten Entwurfs fand statt und führte zum Nachfolger A22, von dem man sich erhoffte, dass er der neuen Art der Kriegsführung gewachsen sei.

Andererseits gab es wenig eigene Erkenntnisse, auf welche sich die Panzerentwickler stützen konnten, und auch im Bestfall stellt die Entwicklung eines neuen Kampfwagens immer ein Wettrennen zwischen der Fähigkeit des Gegners dar, ihn zu zerstören, und der Fähigkeit der Entwickler, dieser Bedrohung zu begegnen, ohne Beweglichkeit und Einsatzfähigkeit einzuschränken.

Die Hektik zu Beginn des Krieges und die Schnelligkeit, mit der die deutschen Panzer im Westfeldzug 1940 die zahlenmäßig überlegenen Verbände der Franzosen und Engländer zerschlugen, waren alles andere als ideale Voraussetzungen, um eine grundlegende Neuentwicklung vorzunehmen. Erschwerend kam hinzu, dass noch keine eigenen Erfahrungen vorlagen; britische und deutsche Panzer waren sich nach dem 1. Weltkrieg bis 1940 nicht mehr auf dem Schlachtfeld begegnet. Und die Politik machte Druck. Das Protokoll der ersten Besprechung der britischen Panzerkommission, des »Tank Board«, vom 24. Juni 1940 lässt das Dilemma erahnen, vor dem die Entwickler standen:

Der Premierminister [Churchill] fragte, weswegen man Änderungen an bereits beschlossenen Vorgaben vorgenommen habe [vom A20 zum A22]. Ziel sei gewesen, früh im Jahr 1941 eine Art schwerer Panzer in angemessener Stückzahl zur Verfügung zu haben. Doch für

Dieses Werk scheint den Mark II zu fertigen, denn das vordere Fahrzeug weist eine Lafettierung für ein Besa-Maschinengewehr auf statt für eine 76,2-mm-Haubitze.
(Tank Museum)

Auftragnehmer wurden im ganzen Land gesucht. Diese kleine Werkstatt stellte Petard-Ladungswerfer für den Churchill AVRE her. Links im Bild zwei fertige Werfer. (Sammlung des Autors)

den Anlauf der Fertigung einen solchen Tanks kann noch immer kein Termin genannt werden. Ein Monat ist verstrichen, in dem man sich nur mit Detailfragen beschäftigt hat. Die Deutschen haben seit Beginn des Krieges mehrere tausend Panzer hergestellt, und wir konnten nicht einmal 500 produzieren.
Der Premierminister sagte, dass die Wahl nicht zwischen einem guten und einem besseren Panzer zu treffen sei, sondern zwischen einem relativ guten oder überhaupt keinem.

Hastige Fertigung und Überarbeitung

Während des Krieges neue Panzer in Großbritannien zu bauen, war – wie auch in Deutschland – alles andere als einfach. Selbst als der Churchill-Entwurf endlich stand, waren die Fertigungskapazitäten ebenso begrenzt wie die Erfahrungen im Großserienbau. Wie bei anderen kriegführenden Nationen wurde mit der Produktion ein Firmenkonsortium aus der Eisenbahn- und Schiffsbaubranche betraut, das aber – im Falle des Churchill (der aus dem A22 hervorgehen sollte) – unter Federführung von Vauxhall Motors stand. Dieser Konzern wiederum war vor allem für seine Erfahrungen im Bau von Fahrzeugen und damit in der Großserien-Fertigung bekannt. Nicht allein der Fertigungsprozess an sich gestaltete sich schwierig, für den Churchill musste zum Beispiel ein neuer Motor entwickelt werden. Zumindest das ließ sich innerhalb des bemerkenswert kurzen Zeitraums von drei Mo-

Mitte: Aufgrund des Arbeitskräftemangels zogen die Rüstungsschmieden auch Frauen zum Arbeitseinsatz heran. (Sammlung des Autors)

Unten: Diese junge Frau schleift die Auflage eines Mark-VII-Turms zurecht, wahrscheinlich in einer Fertigungsstätte von Babcock and Wilcox. (Tank Museum)

Rechts: Ein Mark I, T30972, wird eben per Kran verladen, wie die unter die Wannen führenden Stahlseile verraten. Die runde Öffnung im Bug ist für die 3-Zoll-Haubitze. Rechts daneben die Öffnung für die Zieloptik. Links vorn der UV-Scheinwerfer für den Fahrer. (Sammlung des Autors)

Unten: Bekannte Aufnahme eines Churchill Mark I. Die Haubitze mit Mündungsschoner ist in der Wanne deutlich zu erkennen. Der Turm mit 2-Pfünder-Kanone ist nach links auf 9 Uhr geschwenkt und erlaubt so Zugang zum Motorraum. Das Bren-MG ruht in einer Lakeman-Fla-Lafette, speist sich aber aus einem üblichen Stangenmagazin statt aus der später zur Luftabwehr verwendeten 100-Schuss-Trommel. (Tank Museum)

naten bewerkstelligen, einschließlich Bau und Erprobung eines Prototyps. Doch das war so ziemlich der einzige Lichtblick in diesem ersten Abschnitt der Churchill-Geschichte. Sie war geprägt von Materialengpässen und Kompromissen, die in Kauf genommen wurden, um nur endlich die Serienfertigung in Gang zu bringen. 1941 steckten in jedem Panzer letztlich rund 1400 Arbeitsstunden.

Die Produktion kleinerer Baugruppen und Teile wurde Firmen übertragen, deren Fertigungsstätten über das ganze Land verstreut lagen. Das machte die Fertigung zwar weniger anfällig gegen etwaige Bombenangriffe, erschwerte aber die Logistik, senkte den Ausstoß und ging mit einer Verknappung qualifizierter Arbeitskräfte einher.

Während der Churchill regelrecht von den Produktionsbändern gezerrt wurde und der Truppe zulief, erfolgte aufgrund des hohen Zeitdrucks parallel die Erprobung beim Heer. Vor Ort dabei Ingenieure von Vauxhall, um Hinweise und Änderungswünsche, sofern umsetzbar, unverzüglich in die Serienproduktion einfließen zu lassen. Es ist höchst interessant, wie sorgfältig die Erpro-

Mark II „Jester", T31693, mit einer fröhlichen Besatzung des *Royal Tank Regiment* (Stammverband der britischen Panzertruppe). Man erkennt deutlich das von den schürzenlosen Ketten hoch geschleuderte Erdreich, ebenso die anfänglich nach unten gerichteten Lufteintrittshutzen. (Sammlung des Autors)

bungen vonstatten gingen, auch oder gerade wegen des herrschenden Drucks.
Viele während der Erprobung erkannte Mängel wurden direkt in ein Überarbeitungsprogramm übernommen und führten zu Änderungen in der laufenden Serie. Einer dieser frühen Churchill, ein Mark I mit Registriernummer T32246, wurde zur Erprobung ins Lulworth Camp nach Dorset verschickt, wo er ausgiebige Versuche durchlief. Der Erprobungsbericht gibt, im Unterschied zu anderen Exemplaren, eine recht positive Bewertung ab: »Das Leistungsvermögen ist, soweit es geprüft werden konnte, gut«, und: »Die Lenkung ist leichtgängig und spricht gut an, beim Abbiegen geht sehr wenig Geschwindigkeit verloren. Beschleunigung und Beweglichkeit sind beeindruckend.«
Es liegen jedoch auch detaillierte Berichte und Kommentare über die Schwierigkeiten vor, denen sich der Churchill unter widrigen Bedingungen gegenübersah: »Die Belästigung durch Staub und Schmutz war während der Versuche allgegenwärtig, und dieser Panzer verfügte weder über einen Ketten- noch einen Staubschutz. Insofern war es erforderlich, das Fahrzeug beim Fahren abzudichten, und die meisten Besatzungsmitglieder trugen Schutzbrillen – vor allem Kommandant und Fahrer. Bei der Schussabgabe in Fahrtrichtung war die Staubentwicklung meist

Ein offensichtlich überarbeiteter Churchill Mark I. Er verfügt über die neuen Lufthutzen und über einen Kettenschutz, nutzt aber noch die alten massigen Gusskettenglieder. Am Heck ein abwerfbarer Zusatztank. (Sammlung des Autors)

Der Blick ins Innere eines Mark I oder II zeigt das spärliche Platzangebot für den Ladeschützen, der eben den Verschluss öffnet. Links, gerade noch sichtbar, blickt der Richtschütze durch sein Zielfernrohr. Das Foto verdeutlicht, wie nah sich der Kopf des Ladeschützen am Turmdach befindet. (Tank Museum)

Der UV-Scheinwerfer (links im Bild) vor dem Fahrersitz vereinfachte den Nachtmarsch in Kolonne. Der normale Tarnscheinwerfer sitzt auf der anderen Seite. Neben den Scheinwerfern die zierlichen Positionsleuchten, die später nach oben auf den Kettenschutz wanderten, damit sich die Breite des Panzers nachts besser einschätzen ließ. (Sammlung des Autors)

Eine der »Festoon«-Lampen genau über dem WS19-Funkgerät im Heck des Turms. Auch wenn die Szene hier gut beleuchtet erscheint, war die Besatzung auf diese und weitere Lampen angewiesen, um bei geschlossenen Luken die Funkgeräte und die Kanone bedienen zu können. (Sammlung des Autors)

Ein Churchill Mark III mit fehlendem Kettenschutz und verbogenem Stahl, ganz klar ein Zeichen von Gefechtsschäden. Dieser Panzer wurde in Tunesien von italienischen Truppen erbeutet; hier wird er gerade von zwei Bersaglieri (italienische Jägertruppe) untersucht. Die Aufnahme ist auf den 24. März 1943 datiert. Es handelt sich um einen überarbeiteten Mark III mit kurzläufiger 6-Pfünder-Kanone. (Sammlung des Autors)

so groß, dass sie dem Richtschützen die Sicht nahm. Der Mündungsdruck der 2-Pfünder-Kanone trieb den Staub durch die Dachluke des Fahrers.« Schnell wurden Kettenschürzen montiert, um diese und andere Probleme zu mildern, die beim Fahren mit nicht abgedeckten Ketten auftraten.

Des Weiteren wurde berichtet: »Im Allgemeinen reichte der Innenraum aus; die Unterbringungsmöglichkeiten sind gut verteilt und angemessen … Komfort und Platzangebot sind sehr befriedigend.« Jedoch: »Der Turm ist zu niedrig für einen groß gewachsenen Kommandanten«. Es scheint so, als hätte man sich um dieses Problem gekümmert: Die Nachfolger von Mark I und Mark II erhielten deutlich höhere, geräumigere Türme. Sowohl die Innen- als auch die Außenbeleuchtung erfuhr recht interessante Kommentare. In einer Zeit, als es noch kein Infrarot und keine Restlichtaufheller gab, mussten sich Churchill-Besatzungen – wie die anderer Panzer hüben und drüben – mit begrenzter Nachtsicht zufrieden geben.

Für das Fahren bei Dunkelheit, besonders in Kolonne, erhielt jeder Panzer eine »ultraviolette Leuchte« (UV-Scheinwerfer). So bezeichnet wurde ein Scheinwerfer mit blau gestrichener Birne, der das Heck des vorausfahrenden Wagens beleuchtete, ohne dass das Licht einen verräterischen Schein warf. Das Handbuch behauptete dazu optimistisch: »Die Strahlen dieses Lichts reflektieren nur auf Oberflächen, die mit Fett oder Spezialfarbe beschichtet sind, daher ist die Lampe für Kolonnenfahrt, in Bereitstellung und beim Vormarsch unter Tarnbedingungen geeignet«. Die Versuche mit dem UV-Scheinwerfer verliefen allerdings eher ernüchternd und man bezeichnete die Ergebnisse der nächtlichen Erprobung als »enttäuschend«. Ein Auszug: »Die Lampe erzeugte eine sehr schwache Reflektion auf geschmierten Stäben (anderes fluoreszierendes Material war nicht verfügbar), war bei einem Abstand von 200 Yards frontal deutlich sichtbar und konnte wahrscheinlich in einer Meile Entfernung noch gesehen werden. Sie scheint wenig Vorteile im Vergleich mit einem herkömmlich abgedunkelten Scheinwerfer zu bieten«. Einem Handbuch von 1945 ist zu entnehmen, dass die blaue Lampe bei Fahrzeugen aus späterer Fertigung durch einen Standardscheinwerfer mit Abdunklungsjalousie ersetzt werden sollte.

Bei geschlossenen Luken ist die Sicht in einem Panzer notwendigerweise begrenzt, was zwangsläufig die Einsatzfähigkeit der Besatzung einschränkt. Um diesem Problem im Churchill Herr zu werden, wurden so genannte »*Festoon*«-Lampen installiert (zu deutsch etwa: »Festbeleuchtungs«-Lampen). Bei Versuchen blieben auch hier die Ergebnisse weit hinter den Erwartungen zurück: Die Leuchten waren zu hell bei geschlossenen Luken und blendeten die Besatzung, während sie nachts verräterischen Lichtschein nach außen warfen – aus 150 Yards (ca. 140 m) Entfernung konnte man das durch die Winkelspiegel austretende Licht erkennen. Ein Lösungsvorschlag für dieses Problem sah vor, die Lampen mit Reglern auszustatten, so dass sie sich dimmen ließen, und diese Empfehlung wurde in angemessener Zeit umgesetzt.

Um herauszufinden, wie gut die Sicht der Besatzung tatsächlich war, wurden die Winkelspiegel ebenfalls getestet: »Auf ebenem Untergrund

nicht ausgefahren, konnte der Fahrer nichts sehen, was näher als 20 Fuß und 6 Zoll (ca. 6,30 m) vom Panzer entfernt war. Dies erschwert das Überwinden von Hindernissen«. Um dieser Problematik zu begegnen, entwickelte man neigbare Winkelspiegel-Halterungen.
Ein weiterer interessanter Bericht beschäftigte sich ausschließlich mit Schäden, die das Abfeuern der Kanone verursachte. Einer der Gründe, weshalb auf so vielen Churchill-Fotos die vordere Kettenabdeckung fehlt, lag darin, dass der Mündungsdruck der 6-Pfünder- und der 75-mm-Kanone diese in der Regel so verbog, dass sie abgenommen werden musste. Dem sollten Schutzbleche zur Abweisung der Mündungsgase begegnen, die aber auch nicht viel brachten. Die überhastete Einführung führte dazu, dass die ersten rund 1000 Churchill mehr oder weniger schwerwiegende Mängel aufwiesen. Die Einstellung der Fertigung stand im Raum. Doch letztlich unterzog man die Panzer einem umfassenden

Churchill-Fertigung in einer unbekannten Fabrik. Die mit Kreide auf die Wannenfront des vorderen Panzers geschriebenen Nummern legen nahe, dass es sich um den T31196 handelt. Dahinter der T31035. Die Ziffern R625 auf dem ersten und R626 auf dem zweiten Fahrzeug lassen vermuten, dass die anliegenden Arbeitsschritte (Aufziehen der Gleisketten) im Rahmen des Überarbeitungsprogramms erfolgten. Das würde erklären, warum die »T«-Nummern der Panzer nicht fortlaufend sind, die »R«-Nummern hingegen schon. (Tank Museum)

Überarbeitungsprogramm, das alle bei den Versuchen des Heeres und der Firma Vauxhall erkannten Schwachstellen systematisch ausmerzte.
Die umfangreichen Nachrüstungen, die an so vielen Panzern vorgenommen werden mussten, brachten dem Churchill den Ruf der Unzuverlässigkeit ein. Dies traf auf die ersten Fertigungslose zweifelsohne zu, nicht jedoch für die überarbeiteten Fahrzeuge. Die Firma Vauxhall formulierte dies in ihren Handbüchern folgendermaßen: »Die Defizite traten einzig wegen der unzureichenden Zeit auf, die für die Erprobung zur

RETTER IN DER NOT: DAS ÜBERARBEITUNGSPROGRAMM

Dieser vorbildlich restaurierte Mark I steht im britischen Panzermuseum Bovington. Er weist die frühen Luftansaughutzen sowie den ersten Gleiskettentyp aus schweren Gussgliedern auf. (Sammlung des Autors)

In Folge der Churchill-Erprobung wurde eine Liste an „unverzichtbaren“ Verbesserungen erstellt. Die wesentlichsten Änderungen bezüglich der Einsatz- und Kampftüchtigkeit des Panzers beinhalteten:

- Abdichtung der Wannennähte mit wasserdichtem »Bostik«-Zement, um Wassereinbrüche beim Waten oder Durchfurten von Gewässern zu verhindern.
- Neue Lufteintrittshutzen mit nach oben gerichteten Einlässen ersetzten die alten, nach unten gerichteten, die Blätter und Staub in den Motor sogen.
- Einen verbesserten Kettenschutz, der verhinderte, dass Staub und Geröll auf Bug- und Wannendach geschleudert wurde und die Sicht behinderte.
- Panzer in der Fertigung erhielten eine verbesserte Belüftung des Motorraums, indem man das Lüftungsgitter von 5 Zoll auf 8 Zoll (12,7 auf 20,3 cm) vergrößerte. Diese Änderung erkennt man an der Anzahl der Lamellen hinter dem Getriebeabteil.
- Schutzbleche für die Gleiskettenschürzen, um ein Verziehen durch den Mündungsdruck der Hauptwaffe zu verhindern.
- Installation einer Lüftungsluke in der Schottwand zwischen Kampf- und Motorraum zum Ableiten von Pulvergasen in das Motorabteil.
- Anbau einer Nebelwurfanlage am Heck.
- Neue Blenden für Hauptwaffe und Besa-MG, die feindliches Feuer, Querschläger und Splitter besser ableiten.

Viele andere Modifikationen standen auf der Liste und verbesserten fast alle Eigenschaften des Panzers, inklusive Aufhängung und Ketten, Antriebsräder, Leiträder, Bremsen, Motor, Kupplung, Heizung, Kraftstoffbehälter, Schaltgetriebe, Steuerung, Elektrik und Instrumente, Turmantrieb sowie Kampfraum und Staumöglichkeiten. Es handelt sich um eine recht umfangreiche Liste und die Verbesserungen reichten von neuen Werkstoffen, wo alte versagt hatten, über verstärkende Komponenten bis zu neu entworfenen Teilen, deren Vorgänger Probleme verursacht hatten.

Dieser Churchill wird mit an Sicherheit grenzender Wahrscheinlichkeit gerade überarbeitet. Der Mann im Kampfraum scheint an der Belüftungsluke hinten rechts in der Schottwand zu arbeiten. Die Staufächer für Granaten mit ihren zierlichen Halterungen sind rechts zu erkennen. Jede Halterung fixierte die Granate über ihr und darunter. (Tank Museum)

Verfügung stand. Es sind die ganz normalen „Kinderkrankheiten“, die mit jedem neuen Entwurf verbunden sind. In normalen Zeiten wären sie abgearbeitet worden – jede einzelne – bevor das Fahrzeug in die Produktion gegangen wäre. Die Zeiten sind aber nicht normal. Kampffahrzeuge werden dringend benötigt und wir haben Anweisungen erhalten, dieses Fahrzeug, so wie es ist, weiterzubauen, anstatt die Fertigung weiter zu verzögern.«

Im Zuge der Überarbeitung konnten viele der anfänglichen Mängel abgeschwächt und manche ganz abgestellt werden. Dies wurde u. a. beim Einsatz in Nordafrika ausgiebig unter Beweis gestellt. Die Gefechte dort ließen die Zweifler verstummen und legten die Grundlage für den guten Ruf des Churchill bei der britischen Panzertruppe.

Nachdem das Überarbeitungsprogramm die durch Versuche und Erprobung erkannten Hauptmängel angegangen hatte, flossen in die weitere Entwicklung die Erfahrungen der Front ein – sprich jener Besatzungen, die im Churchill kämpften und seine Schwächen im Einsatz kennen lernten. Während seiner kurzen Produktionszeit wurde der Churchill nach den Lektionen modifiziert, die ihm an den Stränden von Dieppe, in Nordafrika und in Italien erteilt worden waren. Sie machten den Panzer zu einer besseren Kampfmaschine, nicht zuletzt in Form des schwer gepanzerten Mark IV und der vielen Varianten, die gerade noch rechtzeitig für die alliierte Landung in der Normandie 1944 fertig wurden. Sie beeinflussten die mindestens ebenso wichtige Verbesserung der Taktik von Churchill-Einheiten, während schmerzhafte Erfahrungen die Besatzungen lehrten, wie man die Panzer am zweckmäßigsten einsetzte.

Lehren des Schlachtfelds: Aufholjagd mit dem Gegner

Die Nagelprobe für jeden Panzer ist seine Bewährung im Einsatz. Es dauerte nicht lange, bis die Berichte über den Churchill vom Gefechtsfeld und nicht mehr vom Erprobungsgelände kamen. Nordafrika bot ein reiches Versuchsfeld für Panzer, dessen raue Wüsten- und Gefechtsbedingungen Stärken und Schwächen schnell offenlegten. Ein Bericht von 1943 vermerkt beispielsweise, dass „es klar ist, dass die 2-Pfünder-Kanone den Anforderungen nicht länger gewachsen ist, und dass dringender Bedarf an wirkungsvollerer panzerbrechender und Sprengmunition besteht“. (Mit der 2-Pfünder-Kanone – 40 mm – waren Mark I und II ausgerüstet).

Als der Churchill Mark I mit der 3-Zoll-Haubitze (76,2 mm) ausgerüstet wurde und parallel der Mark III mit der 6-Pfünder-Kanone (57 mm), kommentierte ein Bericht deren unterschiedliche Wirkung: „Die Kombination der 3-Zoll-Haubitze mit dem 6-Pfünder und dem Besa-Maschinengewehr war wirkungsvoll, insbesondere wenn auf größere Entfernung Sprengmunition eingesetzt wurde, um ausgebootete Panzerbesatzungen zu bekämpfen, die in Bodensenken Deckung suchten.“

Besonders nachteilig wirkte sich die innenliegende Blende des Turms aus, während z. B. der amerikanische Sherman oder die deutschen Panzer über außenliegende Blenden verfügten. Weiter im Bericht: „Die Blende war sehr empfindlich gegen Treffer von 75- und 88-mm-Geschossen. Wird die Blende häufiger getroffen, bricht die Halterung an den Zapfen. Eine außenliegende Blende würde Geschosse besser ablenken und eine Verstärkung der Zapfen könnte die Gefahr reduzieren, dass die Halterung wegbricht.“ Dieses Problem mit den Blenden führte über die Modifikation einiger Mark IV zur Ausführung NA 75. Dabei montierte man die Blenden abgeschossener Sherman-Panzer in Mark-IV-Türme (mehr dazu auf Seite 66). Der „offizielle“ Churchill behielt jedoch bis zuletzt seine Innenblende.

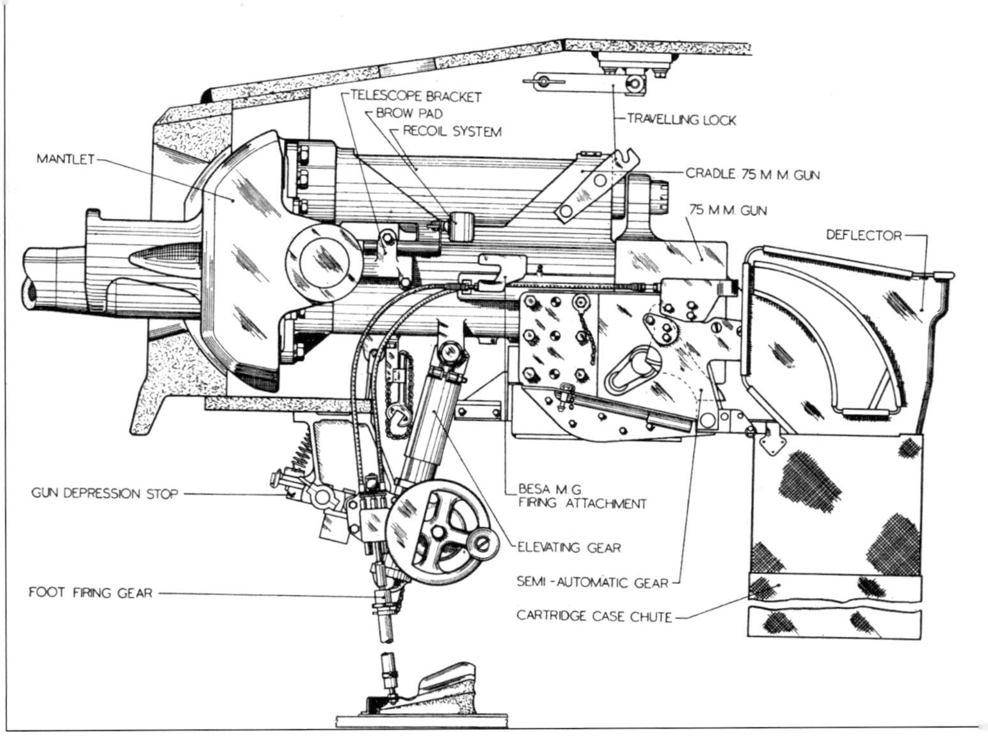

Die Zeichnung zeigt die Anordnung von Innenblende und Wiege im Turm. (Sammlung des Autors)

Außerdem wollte man dem Churchill die Möglichkeit verschaffen, sich und begleitende Infanterie einzunebeln und so feindlicher Sicht zu entziehen. Da es keine Nebelgranaten für die 2- und 6-Pfünder-Kanonen gab, waren die Besatzungen auf 2-Zoll-Werfer mit geringer Reichweite angewiesen. Diese wurden am Turm angebracht und als „*bomb-thrower*" (Bombenwerfer) bezeichnet. Der Bericht vermerkt: „ 2-Zoll Bombenwerfer – sofortige Vernebelungsmöglichkeit nötig, dazu größere Reichweite." Beide Kritikpunkte wurden schnell behoben, der erste durch weiße Phosphor-Munition und der zweite durch eine stärkere 55-Grain-Treibladung (ca. 3,6 g) in Verbindung mit einer Vorrichtung zur Schussweiten-Verstellung.
Interessanterweise merkt der Bericht, trotz der geringen effektiven Reichweite der Kanonen an, dass „die Stachel des Zielfernrohr-Absehens zu dick sind und auf Entfernungen von 1000 Yards [914 m] und darüber häufig Ziele verdecken. Eine leichte Erhöhung der Vergrößerung und eine Absehen-Beleuchtung für das Schießen bei Nacht sind außerdem erforderlich." Diese Wünsche der Front wurden in Folge erfüllt.
Ein immer wieder auftauchender Kritikpunkt – und eine Ursache für Verluste – war das Fehlen gepanzerter Munitionsstaufächer. Hier ein Auszug aus einem Bericht von Peter Gudgin, von dem wir später noch mehr lesen werden:

1. Eine Panzerung der 6-Pfünder-Granatstaufächer ist unbedingt erforderlich… Munitionsbrände in meinem Panzer wurden offensichtlich von glühenden Splittern verursacht, die die Behälter durchdrangen.
2. Die Verstauung der Granaten sollte von ihrem gegenwärtigen anfälligen Standort nach einem besser gegen Turmtreffer geschützten Platz neben dem Kommandanten verlagert werden.
3. Ebenso ist eine Panzerung für die vier 6-Pfünder-Granaten hinter dem Fahrer erforderlich. Diese waren häufig Ursache für Munitionsbrände.
4. Der senkrechte Munitionsbehälter neben dem Ladeschützen muss eine Abdeckung erhalten.

Dieser letzte Kommentar bedarf der Erläuterung. In Churchill der Typen Mark III, IV und VI (vor

Die unterschiedlichen Rauch- bzw. Nebelgranaten für den 2-Zoll-Werfer. Oben eine Phosphorgranate, in der Mitte – mit angeschraubtem Leitwerk – eine Granate, die ihren Rauch durch die Öffnungen im Boden nach unten bzw. hinten ausströmte. Unten eine weitere Phosphorgranate mit der patronenartigen 50-Grains-Treibladung, die ins Leitwerk gesteckt wird. Gut zu erkennen die unterschiedlichen Leitwerke. Das oberste besteht aus gewalztem Stahl, die beiden anderen aus einer Leichtmetall-Legierung mit schräg angesetzten Stabilisierungsflossen. (Sammlung des Autors)

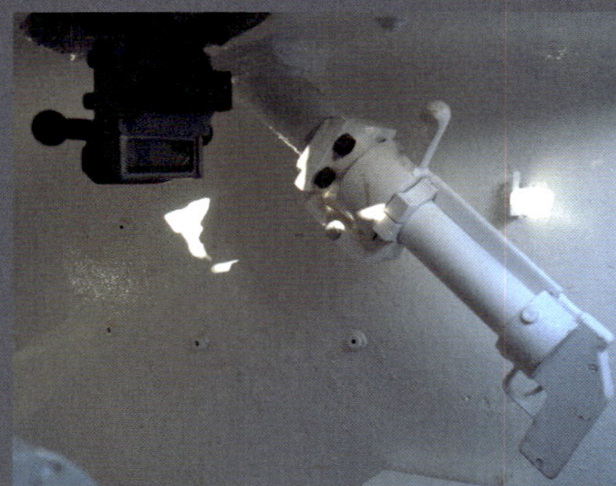

Ein 2-Zoll-Werfer des frühen Typs im Dach eines Mark IV. (Sammlung des Autors)

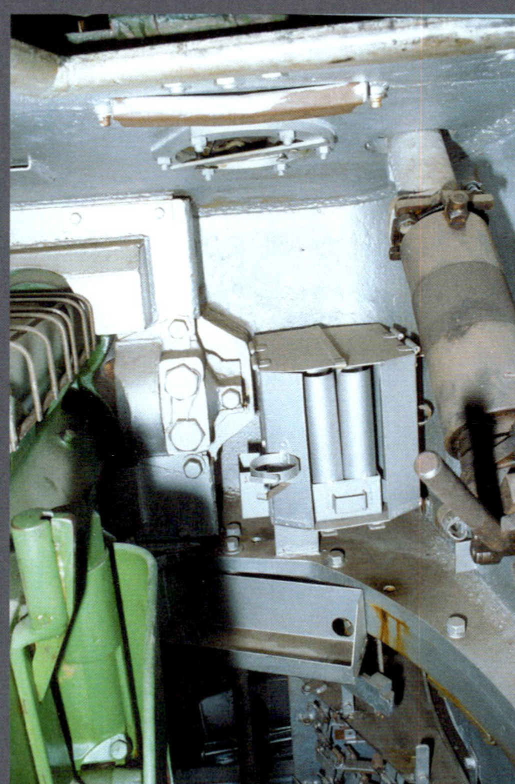

Ein 2-Zoll-Werfer späteren Typs, der im Panzer geladen werden konnte, im Churchill Mark VII des Panzermuseums. Links vom Werfer das gepanzerte Staufach für die Munition. Die abgenommene Seitenklappe gibt den Blick auf die zehn Röhren der Phosphormunition frei. Die ganze Lade ließ sich am kleinen D-förmigen Griff herausziehen und bei Feuer im Panzer über Bord werfen.
(Tank Museum)

VERNEBELUNG

Der Churchill verfügte über verschiedene Mittel, um durch Nebel und Rauch Sichttarnung für sich und Begleitinfanterie herzustellen.
Erstens gab es für die großkalibrigen Waffen – die 3-Zoll-Haubitze, die 95-mm-Haubitze und die 75-mm-Kanone – Rauchgranaten, um in einiger Entfernung vor dem Panzer einen Rauch- oder Nebelschleier zu legen.
Zweitens gab es den als „Bombenwerfer“ bezeichneten 2-Zoll-Mörser oder –Ladungswerfer. Das abgewinkelt im Turmdach montierte Gerät (ähnlich der späteren deutschen Nahkampfwaffe für Panzer) erhielten verschiedene Churchill-Versionen. Frühe Modelle verfügten über einen Pistolengriff mit Abzug und wurden wie eine Schrotflinte geladen: an einem Scharnier knapp unter dem Turmdach klappte das Rohr ab, so dass der Ladeschütze eine Mörsergranate laden, das Rohr wieder verriegeln und feuern konnte. Spätere Varianten ohne Pistolengriff wurden schlicht von unten bzw. hinten über einen Öffnungshebel geladen. Über eine Gasdruck-Verstellung ließ sich Wurfweite regulieren.
Zwei Typen von Munition wurden mitgeführt: Bei der einen strömte Rauch bzw. Nebel aus dem Geschossboden. Die andere gab beim Auftreffen eine schlagartig zündende Phospor-Mischung frei.
Der Umgang mit der Phosphor-Munition hatte seine Tücken. Die Hülse der Granate bestand aus dünnem Stahlblech und der Phosphor konnte sich durch bloße Erschütterung entzünden, etwa wenn eine feindliche Granate am Panzer einschlug. Außerdem lösten sich bei Treffern oft Metallsplitter von den Innenwänden und flogen umher. Die Churchill-Muster vor dem Mark VII verstauten die Mörsergranaten vorn im Kampfraum in einer Dose aus dünnem Blech ohne Abdeckung. Im Mark VII (und Mark VI mit gepanzerten Staufächern) brachte man sie dann wohlweislich in geschlossenen Behältnissen mit dickerer Wandung unter, die gegen umher fliegende Splitter schützte und die Brandgefahr herabsetzte. Brennender Phosphor lässt sich kaum löschen und verursacht schwere, oft tödliche Brandwunden.
Drittens führten die Panzer 4-Zoll-Nebelwerfer (ca. 102 mm), die keine Waffen an sich darstellten. Sie wurden paarweise in Halterungen rechts und links am Heck montiert. Der Fahrer löste die Nebelwurfanlage elektrisch aus, wonach der fahrende Panzer eine Nebelwolke hinter sich her zog. Spätere Ausführungen der Nebelwurfkörper ließen sich auch von Hand zünden und werfen.

2-Zoll-Werfer in einem Mark VII, geöffnet zum Laden. Die Innenflächen waren ursprünglich weiß bemalt und erhielten irgendwann nach dem Krieg einen silbernen Anstrich (die Übermalung erkennt man an der Anschlussdose des WS19-Funkgeräts rechts im Bild). (Tank Museum)

Die Halterung für Nebelwurfkörper am Heck eines Churchill Mark IV. Direkt daneben, mit geöffnetem Deckel, die Dose, in der die Drähte von zwei Wurfkörpern angeschlossen wurden. Der Fahrer zündete die Wurfkörper über zwei Schalter – der eine zu seiner Linken, der andere zu seiner Rechten. (Sammlung des Autors)

Der restaurierte Churchill Mark IV von Bovington neben einem modernen britischen Challenger-Kampfpanzer. Die beiden Halterungen der Nebelwurfanlage am Heck sind gut zu erkennen. Zum Zeitpunkt der Aufnahme fehlten noch die Anschlussdosen sowie der Abschlepphaken. (Sammlung des Autors)

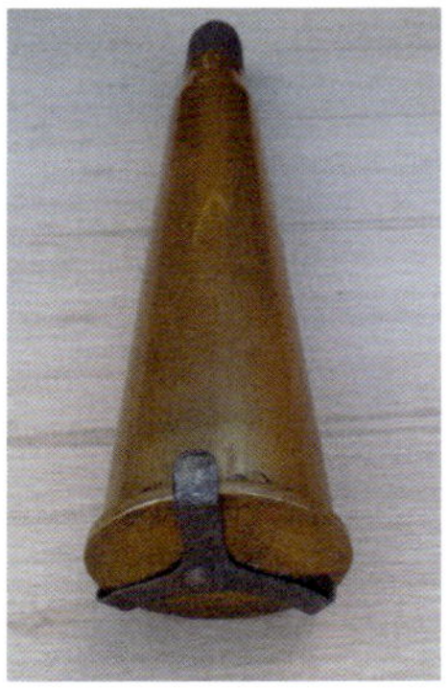

Die Halteklammer am Boden einer 6-Pfünder-Granate. Die Klammer war recht anfällig gegen Beschädigungen und Bruch. (Sammlung des Autors)

Der Platz des Ladeschützen war sehr beengt. Die senkrechte Lagerung für vier Granaten, die er gern als Trittstufe nutzte, ist deutlich erkennbar. Hinter der Hauptwaffe der Fangtrichter mit Hülsensack aus Segeltuch zum Auffangen leerer Hülsen. (Sammlung des Autors)

dem Einbau gepanzerter Staufächer) gab es einen Munitionsbehälter im hinteren Bereich des Kampfraums, direkt unter der Luke des Ladeschützen, der vier 6-Pfünder-Granaten aufnahm, nach der Umrüstung auf die 75-mm-Kanone noch drei. Ein Bericht über die Operation „Trent“ gibt das Problem folgendermaßen wieder:

„Das Weinregal“, ein Staufach für 39 Granaten auf der Seite des Ladeschützen. Links davon Halteklammern für zusätzliche Granaten. Diese waren besonders anfällig gegen Feuer. (Sammlung des Autors)

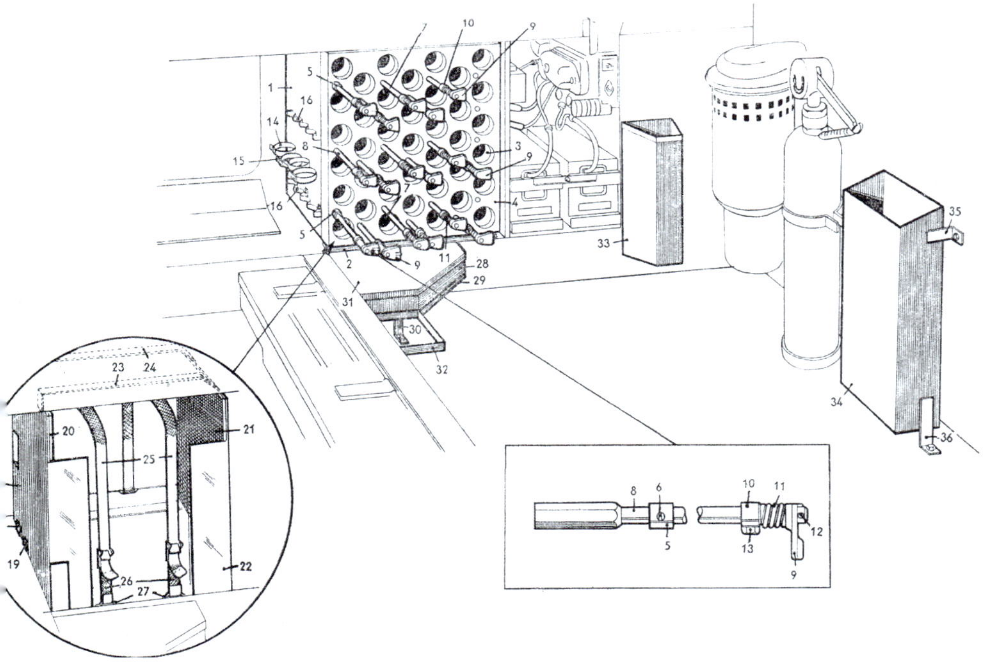

„[Dies] kann die Ursache für sehr schwere Unfälle sein, sofern keine Abdeckung für den oberen Teil der Geschosse bereitgestellt wird (die mit der Spitze nach unten verstaut werden). Dieser Behälter stellt beim Einsteigen in den Panzer eine recht bequeme Möglichkeit dar, den Fuß aufzustützen. Die Klemmen zum Schutz der Zündhütchen werden regelmäßig abgetreten und Besatzungsmitglieder neigen dazu, auf die Geschosse zu treten und sie dadurch möglicherweise zu zünden.“ Der Umstand, dass die Besatzungen meist Nagelschuhe trugen, verschärfte das Problem zusätzlich.

Die übliche Munitionsverstauung für die Hauptwaffe an einer Seite des Kampfraums – sie ähnelte einem Weinregal – hatte es ebenfalls in sich. Jede Granate musste davor bewahrt werden, aus ihrer röhrenartigen Halterung zu fallen und dies sollte eine zierliche Federklammer verhindern. Der Bericht über die Operation „Trent“ enthält einige kritische Kommentare bezüglich dieser Klammer: „Wenn keine Munition gelagert ist, neigt sie [die Klammer] zum Brechen. Wenn die Munition an Ort und Stelle ist, halten die Federn für die Klammern, die wiederum die Geschosse sichern, die Klammern nicht immer in der korrekten Position, so dass sich Granaten lösen und den Turm blockieren.“

Die Munition wurde in Pappröhren verstaut, die als „Kartons“ bezeichnet wurden. Derselbe Bericht verzeichnete, dass „eindringender Regen von den Kartons aufgesaugt wird und diese aufschwemmt.“

Die Brandgefahr in Panzern war in den Köpfen der Besatzungen und der Entwickler immer gegenwärtig. Die Brände, die die Besatzungen am meisten fürchteten, wurden von Munition verursacht, nicht von Benzin, und die Hauptursache waren die Treibladungen in ihren Messinghülsen und der Phosphor in den Mörsergranaten. Diese wurden ja sämtlich im Kampfraum unmittelbar neben der Besatzung verstaut. Eine direkte Folge dieser Erfahrungen war die Ausrüstung aller Churchill Mark VII und aller modifizierten Mark VI mit Panzerschutz für 75-mm-Granaten sowie mit geschlossenen Behältern für Mörsergranaten und sonstige Munition. Auch die Behälter für senkrecht stehende Granaten hinter dem Ladeschützen verschwanden.

Die Belüftung im Churchill während des Gefechts war immer schlecht, schlechter noch in den frühen Versionen. Ein Gefechtsbericht vermerkte, dass die mangelnde Kampfraum-Belüftung „die Besatzung übermäßiger Belastung aussetzt. Wenn der Motor nicht läuft, was in den häufigen langen Phasen von Gefechtshalten der Fall ist, und die Luken unter Granatwerferbeschuss geschlossen bleiben, ist es nach einer Stunde eigentlich unmöglich zu atmen, noch weniger, wenn viele Schüsse abgegeben wurden. Beide Ventilatoren, der des Richtschützen und der im Turm, sind nicht zur Beseitigung der Hitze und der Pulvergase geeignet."

Ein Ergebnis dieser Beobachtungen war der Einbau verbesserter Lüfter an günstigerer Stelle hin zur Mitte des Turmdachs beim Mark IV, V und VI. Zusätzlich erhielt das hintere Schott des Kampfraums eine verschließbare Öffnung. Über sie konnte der Lüfter des Motorraums Pulvergase aus dem Kampfraum absaugen. Aber selbst diese Neuerungen lösten das Problem der mangelnden Belüftung nicht vollständig.

Ein weiteres Dauerproblem betraf den Gleiskettenschutz. Frühe Berichte hatten betont, wie wichtig er war. Wurde er jedoch angebracht, gab es neue Probleme: „Die Konstruktion des Gleiskettenschutzes ist unbefriedigend. Da die Abdeckungen aus dünnem Blech gefertigt sind, kann

Das frühe, oben noch offene Staufach für 2-Zoll-Mörsergranaten an der vorderen Turmfront eines Mark IV. Links die Wiege der Kanone. (Sammlung des Autors)

Gepanzerte Verstauung für 2-Zoll-Mörsergranaten im vorderen Teil eines Mark VII (der in der Cobbaton Combat Collection in North Devon steht). Der Innenteil, hier von der Platte mit Schnappverschluss verdeckt, lässt sich herausziehen. Dies sollte das rasche Entsorgen der Phosphorgeschosse aus dem Kampfraum im Brandfall erleichtern. Vorn eine Ölkanne von Wesco mit biegbarem Stutzen und auf dem Munitionsbehälter die Segeltuchrolle mit Werkzeug für das Besa-Turm-MG. (Sammlung des Autors)

Blick in den Kampfraum eines Mark IV, links im Dach der Rauchabzug. Es handelt sich um das alte schneckenartige Muster mit Schlauch (hier entfernt), das vor allem die Pulvergase des koaxialen Besa-MG absaugen sollte. In späteren Gusstürmen wurde der Lüfter nach rechts versetzt. Direkt unter dem Dach das Segeltuch-Staufach für Kartenmaterial. Darunter der Vorholer der Hauptwaffe. (Sammlung des Autors)

Der spätere Lüfter-Typ (hier in einem Mark VII) befand sich an einer günstigeren Stelle zum Absaugen der Pulvergase des Besa-MG. Rechts eine „Festoon"-Lampe. Die Kette links ließ sich aushängen und diente dazu, beim Nachladen den Verschlussdeckel des Besa-MG zu halten. Unten im Bild der Vorholer der Hauptwaffe. (Sammlung des Autors)

Ein Mark III oder Mark IV AVRE „Scimitar" mit den älteren schweren Guss-Kettengliedern. Die Besatzung hat den mittleren Teil des Kettenschutzes abgenommen, um ein Verklemmen des Turms nach Beschuss zu verhindern. Ebenfalls auffällig ist die umfangreiche improvisierte Zusatzpanzerung mit Kettengliedern. Der Fahrer-Winkelspiegel ist ausgefahren. Der Churchill dahinter transportiert ein großes Faschinenbündel. (Tank Museum)

sie schon schwacher Beschuss beschädigen. Ist dies im mittleren Bereich der Fall, blockieren die von Splittern verbogenen und aufgeworfenen Bleche das Schwenken des Turms." Dieses Problem und das Festsetzen von Schlamm und Steinen zwischen Kettenschutz und Kette führten dazu, dass viele Besatzungen die Mittelbleche abnahmen. Dies sollte ein Verklemmen des Turms und – was ebenso vorkam – sogar ein Anheben des Turms verhindern, was im schlimmsten Fall den Bruch des Turmschwenkwerks nach sich zog.

Die Anordnung der Winkelspiegel wurde als ungünstig beurteilt. Für Verbesserungen ließen die unter verschiedenen Gefechtsbedingungen gesammelten Erfahrungen unterschiedliche Schlüsse zu. Panzergefechte in der Weite der libyschen Wüste spielten sich in der Regel auf verhältnismäßig große Entfernungen ab. Im hügeligen, bewachsenen und wenig übersichtlichen Terrain Tunesiens und mehr noch in Italien und Frankreich verringerten sich die Gefechtsdistanzen. Feindliche Panzer konnten im Nahbereich lauern und aus allen Richtungen zuschlagen. Der Bericht vermerkt: „Es treten [hier] Schwierigkeiten auf, die es im Mittleren Osten [sprich Nordafrika] nicht gab, da Panzer dort nie mit geschlossenen Luken kämpften und die Kommandanten dauernd ihre Köpfe aus der Luke streckten, um gute Sicht zu haben. Die Entwickler haben immer gedacht, dass ein Richtschützen-Winkelspiegel eher als Luxus gilt, um dem Richtschützen einen allgemeinen Überblick zu verschaffen, wenn er nicht aktiv am Gefecht teilnahm. Das ist jedoch nicht der Fall. Er hat [auch hier] eine wichtige Rolle zu übernehmen, nämlich beim Aufklären und Ansprechen von Zielen in seinem Beobachtungsbereich." Dieser Kommentar zeigt auf, dass die Standardtürme der Mark IV, V und VI eigenartigerweise nicht über Richtschützen-Winkelspiegel verfügten – im Unterschied zu den Vorgängermodellen und allen späteren.

„Ganz ähnlich deckt der Ladeschütze einen weiteren Bereich ab, während der Kommandant das restliche Gelände im Blick behält. Der Kommandant muss auch auf benachbarte Panzer achten. Dazu ist es üblich, dass der Kommandant die Kuppel hin und her schwenkt, während er durch seinen Winkelspiegel beobachtet und der Panzer

vorrückt. Dies ist eine sehr ermüdende Arbeitsweise, wenn die Kuppel nicht vollkommen frei läuft, und das ist beim Churchill nicht immer der Fall... Im Allgemeinen ist man der Ansicht, dass eine höhere Kuppel mit Rundumsicht die richtige Ausrüstung für den Kommandanten sei."
Die erwähnten Churchill verfügten über die frühe Kommandantenkuppel mit nur zwei Winkelspiegeln. Das Problem wurde als solches erkannt und später nach deutschem Vorbild mit der „Rumdumsicht-Kuppel" gelöst. In Tunesien tüftelten die Iren der North Irish Horse mit typischem Erfindergeist daran, eigene Panzer mit den Rundsichtkuppeln liegen gebliebener deutscher Panzer „nachzurüsten".
„Die Sichteinrichtungen für den Fahrer waren nicht befriedigend. Wenn er seinen Winkelspiegel benutzt, kann er weder links noch recht etwas erkennen. Da die restlichen Besatzungsmitglieder ihren üblichen Pflichten nachgehen, kann der Fahrer bei geschlossener Luke nicht vor Fahrzeugen an den Seiten warnen. In England kam es deswegen zu einigen Unfällen. Man denkt, dass der Fahrer-Winkelspiegel verlängert werden sollte, damit er gute Sicht über die Flankenseiten des Panzers bietet. Die Fahrer stimmten überein, dass das Fahrerperiskop eine Schwäche des Entwurfs darstellt und schwierig zu benutzen ist. Sie würden seiner Abschaffung zu Gunsten zweier Fahrer-Winkelspiegel zustimmen."
All diese Berichte fanden Berücksichtung und flossen in die Fertigung der Churchill Mark VII und VIII ein. So erhielten der Fahrer zwei Winkelspiegel und der Richtschütze einen.

Eine Kuppel mit zwei Winkelspiegeln (der vordere geschlossen, der andere, hier nicht zu sehen, blickt zum Heck) auf dem Turm eines Mark IV. Bei der Vorrichtung vor der Kuppel handelt es sich um eine Art Grobvisier für den Kommandanten für die Zielzuweisung. (Sammlung des Autors)

Ein Mark-VII-Turm mit der Rundsichtkuppel und einem „Ami"-Stern als Fliegererkennungszeichen. (Tank Museum)

Ein unüblicherweise mit zwei 3-Zoll-Haubitzen ausgerüsteter Churchill Mark I der *North Irish Horse*, eine an der üblichen Stelle in der Wanne. Die von einem deutschen Panzerkampfwagen III „geborgte" Kommandantenkuppel macht die Aufnahme noch interessanter. Der Churchill ist auf den Namen „Bushmills" getauft. (Mit freundlicher Genehmigung von Bracken Anderson und den North Irish Horse Archives)

Bug eines Mark VII (des Panzermuseums) mit werksseitig verlängertem Fahrer-Winkelspiegel, der über einen Regenschutz verfügt. Die im Feld verlängerte Variante zeigt das Foto rechts. (Sammlung des Autors)

Beispiel eines von der Truppe verlängerten Winkelspiegels. Er entstand durch Aufschweißen einer Manschette und einer Platte über die alte Ausblicköffnung. Dieses Periskoptyp ist auch am AVRE auf S. 26 zu sehen. (Sammlung des Autors)

Die Rehabilitation des Churchill

Die Mängel des Churchill vor Anlaufen des Überarbeitungsprogramms ließen manchen am Sinn einer Fortsetzung der Serienfertigung zweifeln. Soldaten mit Gefechtserfahrung hielten diesen Zweiflern entgegen, dass der überarbeitete Churchill durchaus dazu taugte, die eigene Moral zu heben und die des Gegners zu schädigen. Die folgenden Zeilen widmen sich jenen, die wussten, was der Panzer tatsächlich leisten konnte.

„Nach der Überarbeitung spielt der Panzer im Vergleich mit seinem Vorgänger in einer völlig anderen Verlässlichkeitsriege. Das Getriebe, die Kupplung und die Aufhängung, die früher so viel Ärger bereiteten, machen jetzt so gut wie keinen mehr."

Ein weiterer Bericht bestätigte:

„Der Churchill hat sich bisher in Tunesien bewährt. [...] Der Panzer selbst stand verschiedenen gegnerischen Panzertypen gegenüber und hat sich bewährt. Die Moral der Besatzungen ist hoch, die Gegenwart der Panzer sorgt bei der Infanterie für Selbstvertrauen. Alle Beteiligten sind sich einig, dass es ein großer Fehler wäre, die Fertigung des Churchill einzustellen, bevor nicht ein Panzertyp mit gleichem oder besserem Panzerschutz und besserer Leistung hergestellt und erfolgreich erprobt worden wäre.

Die Verlässlichkeit des überarbeiteten Churchill zeigt am deutlichsten folgender Sachverhalt: Aus operativer Notwendigkeit marschierten 22 Panzer 70 Meilen [ca. 112 km] ohne ernsthafte mechanische Defekte, während 9 Fahrzeuge weitere 103 Meilen [ca. 166 km] innerhalb von 24 Stunden hinter sich brachten.

Die Panzer konnten auf unorthodoxe Weise eine vorgelagerte exponierte Stellung halten. In ein paar

Ein Churchill Mark III des *145 RAC* in Tunesien hat gerade einen Schuss aus seiner kurzläufigen 6-Pfünder-Kanone abgegeben und Staub aufgewirbelt. Ein zusätzlicher Staukorb wurde an den Turmgepäckkasten geschweißt und daran die Antenne des „A"- Funkgeräts festgebunden. Der Kommandant schaut aus der Luke. Bei genauem Hinsehen erkennt man ein Mikrofon in seiner Hand. (Tank Museum)

Ein Churchill Mark IV oder VI des *King´s Own Regiment* ist auf eine Mine gefahren. Ein Bergepanzer steht zum Abschleppen bereit. Mechaniker helfen der Besatzung. Die beiden rechts im Bild richten die Gleiskette aus, indem sie das Leitrad über den Kettenspanner mit speziellen Spannschlüsseln bewegen, die jeder Panzer mitführte. Die Kette ist hinten gerissen. Ein Soldat steht oben auf der Kette. Man beachte den fehlenden Kettenschutz. Er wurde abgenommen, damit er bei Beschuss-Schäden den Turm nicht blockiert. Die vorderen Hauben des Kettenschutzes fehlen ebenso und der Schutzschild links am Bug wölbt sich nach innen. Über der offenen Sichtluke des Fahrers befinden sich zwei Gleiskettenglieder älterer Bauart, die sich als Zusatzpanzerung nach vorn klappen lassen. Der Panzer hat die alte Kommandantenkuppel und ein Grobvisier zur Zielzuweisung. Der Richtschützen-Winkelspiegel ist ausgefahren. (Tank Museum)

Fällen haben sie vorgeschobene Stellungen gehalten, die zu wenig Schutz für die Infanterie boten. In dieser Zeit waren sie fortgesetztem Mörserfeuer ausgesetzt, das ihnen wenig anhaben konnte. Um den Schutz weiter zu verbessern, haben die Besatzungen Ersatzkettenglieder an jeder Seite zwischen den Lufteinlässen und den Notausstiegsluken anzubringen."

Diese Praxis setzte sich über den gesamten Krieg fort. Möglicherweise trug sie weniger zum Schutz des Churchill als zur Hebung der Moral seiner Besatzungen bei. Eine Verbesserung des Schutzes brachte tatsächlich erst die Verstärkung der Panzerung beim Mark VII.

Der Bericht unterstrich des Weiteren, dass die Besa-Maschinengewehre „sehr beliebt [waren] und von den Besatzungen als außerordentlich wirksam eingeschätzt" wurden.

Ein weiterer Bericht aus Tunesien hält fest, dass das Feuer eines Besa-MG den Schutzschild einer deutschen Panzerabwehrkanone durchschlug und die Bedienung tötete. Dieser MG-Typ blieb dem Churchill den gesamten Krieg erhalten.

Der Bericht besagte auch, dass „die Nutzung des Churchill als Bergepanzer sehr erfolgreich war und die Besatzungen vorschlugen, die Bestückung der Regimenter mit diesen Fahrzeugen von zwei auf vier zu erhöhen, auch wenn manche Einheiten gern noch mehr hätten." Der Churchill-Bergepanzer ARV erwies sich noch im Koreakrieg als unverzichtbar.

So wurden die ersten Fronterfahrungen dokumentiert und umgesetzt. Das Ergebnis war eine Reihe von Änderungen am Churchill, die häufig zuerst im Feld ausgeführt wurden. Im weiteren Sinne führten sie zu den Ausführungen Mark VI, VII und VIII sowie zu einem besseren Verständnis seiner Verwendungsmöglichkeiten.

Die größte Änderung kam mit der Ausführung Mark VII, manchmal als „schwerer Churchill" bezeichnet. Dies war in mancherlei Hinsicht ein neuer Panzer. Er erhielt eine ähnlich dicke Frontpanzerung wie der gefürchtete deutsche Tiger, auch wenn er über eine wesentlich schlechtere Kanone verfügte. Trotz der dickeren Panzerung war er nicht wesentlich schwerer als seine Vorgänger, wenn auch ein wenig langsamer. Mindestens ebenso wichtig war die Umsetzung weiterer Lektionen zur Entwicklung der Sonderausführungen für die Landung in der Normandie und für den Krieg in Italien und Mitteleuropa. Die Entwickler, die u. a. am Beispiel Dieppe gesehen hatten, wie schwierig das Überwinden von Strandbefestigungen war, entwickelten die Ausführung AVRE mit dem kleinen, bei geringer Reichweite aber doch potenten Petard-Mörser, den Crocodile-Flammpanzer aus dem Mark VII, Brückenlegepanzer und ARKs, sowie Pionier-Varianten, die Matten zum Überwinden schwergängigen Untergrunds verlegten. Diese Ausführungen werden im nächsten Kapitel ab Seite 53 näher beschrieben.

Eine Zusammenfassung der Errungenschaften des Churchill nach der Landung in der Normandie findet sich in der Antwort des *War Cabinet* (Kriegskabinett) auf einen kritischen Bericht des *Select Committee on National Expenditure* (Sonderausschuss für Staatsausgaben). Der Ausschuss versuchte verschiedene Abteilungen für die Mängel in der Panzerproduktion verantwortlich zu machen. Die Antwort kam vom Premierminister höchstpersönlich; die folgenden Auszüge beziehen sich auf den Panzer, der seinen Namen trug. Sie stammen vom 2. August 1944, also aus der Zeit kurz nach der Landung in der Normandie, und beinhalten eine Warnung: „Bestimmte Gesichtspunkte künftiger Entwicklungen, wie die neue 6-Pfünder-Sondergranate [panzerbrechend mit Treibspiegel], stehen unter höchster Geheimhaltung, und ich bin mir sicher, dass das Komitee dies berücksichtigen wird."

Der Premierminister zitierte General Leese, der die Kämpfe in Italien folgendermaßen kommentiert hatte:

„Sie werden wissen wollen, wie ausgezeichnet die Churchill-Panzer sich bewährt haben, die das kanadische Corps unterstützten, als es letzten Monat die Adolph-Hitler-Line [sic!; kurze Auffanglinie hinter der eigentlichen Gustav-Linie] angriff und durchbrach. Die Churchills widerstanden erheblichem Beschuss schwerer Panzerabwehrkanonen. Einige Panzer wurden schwer getroffen, ohne dass die Besatzungen verwundet wurden. Sie durchquerten unglaublich schwieriges Gelände. Ihre 6-Pfünder-Kanonen erzielten gute Treffer, waren schnell nachgeladen und auf das nächste Ziel gerichtet.

Die Zusammenarbeit der Brigade mit den Churchills war so gut, dass die Kanadier anfragten, ob die Churchills nicht das kanadische Ahornblatt als Auszeichnung tragen wollten.

Die Besatzungen überstanden den erfolgreichen Angriff auf die Adolf-Hitler-Linie mit enormem Vertrauen in den Churchill Panzer. Wir werden jeden Churchill, den Sie uns schicken, sinnvoll einsetzen."

Weiter heißt es:

„Vielleicht ist es zu früh, um ein endgültiges Urteil über die Effizienz verschiedener Panzertypen im Licht der Bedingungen zu fällen, auf die sie in Nordwesteuropa [gemeint ist Holland] gerade treffen, und auf die sie wahrscheinlich noch treffen werden. Während man bei früheren Operationen nicht leugnen konnte, dass, mit Ausnahme des Churchill, die effektivsten Panzer und Panzerwaffen amerikanischer Herkunft waren, ist die Führung aber sowohl bei Bewaffnung, Munition und Panzerung nun auf Panzer britischen Designs aus britischer Fertigung übergegangen."

Zwischen dem 25. September und dem 26. Oktober 1944, als die Entwicklung des Churchill zum Kampfpanzer letztlich vollendet war, erprobte das australische Heer in Neuguinea drei Churchill, einen Mark IV, einen Mark V und einen Mark VII, sowie zwei amerikanische Sherman der Ausführungen M4A1 und M4A2. Die Versuche boten einen direkten Vergleich zwischen den unterschiedlichen Typen und führten zu einer (eher leidenschaftslosen) Bewertung. Nachfolgender Auszug stammt aus dem „Vorläufigen Bericht über die Erprobung von Churchill- und Sherman-Panzern unter Feldbedingungen" aus dem Archiv des Panzermuseums Bovington.

„Während ihrer Zeit in Neuguinea legten sie [die Fahrzeuge] im Schnitt 130 Meilen [ca. 209 km] zurück, die aufgrund des schwierigen Terrains sämtlich im ersten oder zweiten Gang gefahren wurden.

Folgende Vorzüge des Churchill sprechen für eine Bevorzugung gegenüber dem Sherman:

I. Überlegene Beweglichkeit, besonders bei niedrigen Geschwindigkeiten.
II. Bessere Übersetzung der Gänge bei niedrigen Geschwindigkeiten im Zuge der Zusammenarbeit mit Infanterie
III. Höhere Panzerstärke
IV. Geringfügig bessere Leistungen beim Durchwaten von Flüssen und beim Klettern.
V. Größere Bodenfreiheit."

Die verschiedenen Bauausführungen

Der Churchill erfuhr eine Reihe grundlegender Änderungen, die sich in den Bauausführungen Mark I bis Mark VIII niederschlugen (die nicht mit der grundsätzlichen Bezeichnung des Churchill als Infanterie-Panzer Mark IV verwechselt werden sollten).

Hinweis zu den Kaliberangaben: Das 2-Pfünder-Geschütz entspricht einem metrischen Kaliber von 40 mm; die 6-Pfünder-Kanone von 57 mm und die 3-Zoll-Haubitze von 76,2 mm. Inch = Zoll.

REGISTRIERNUMMERN

Kleinere Änderungen am Churchill lassen sich am Anhang hinter der der so genannten *War Department*-Nummer erkennen – jener mit einem „T“ beginnenden Registrier- oder Kenn-Nummer, die jedes Serienfahrzeug erhielt. Diese verblieb über die gesamte Verwendungszeit am Fahrzeug, auch wenn dieses die Einheit wechselte und dort andere Kodierungen erhielt (Panzer, die nach 1945 im Dienst blieben, wurden mit einer neuen Nummer nach einem neuen Zahlen-Buchstaben-Code versehen).

Den „T“--Nummern des Churchill folgte ein Buchstabe: Entweder R, A, B, C, D oder E, je nachdem, welche Änderung von wem vorgenommen worden war. Beispielsweise sollten alle Panzer nach Durchlaufen des Überarbeitungsprogramms das Anhängsel „R“ (für *Rework*, Überarbeitung) erhalten. Im weiteren Verlauf des Krieges, nachdem die Mark III und IV Wannen-Zusatzpanzerung bekommen hatten, sollten alle Churchill mit dieser Nachbesserung den Buchstaben „E“‘ erhalten. Er sollte verdeutlichen, dass alle Modifikationen durchgeführt worden waren.

Churchill Mark IV, Registriernummer T31699R. Der Buchstabe „R“ zeigt an, dass das Fahrzeug das Überarbeitungsprogramm durchlaufen hat. Der am Schutzschild angebrachte rechteckige Holzblock diente bei weichem Untergrund als Unterlage für den hydraulischen Wagenheber. (Tank Museum)

Die hauptsächlichen Unterschiede der Bauausführungen:

Mark I – Standardwanne mit quadratischen Luken und kleinem Gussturm mit 2-Pfünder-Kanone (*Ordnance, Q.F. 2Pr., Marks IX, IXA, X or XA*) im Turm und koaxialem Besa-MG (*Besa 7.92mm. M.G., Marks II, III or III**) zur Rechten der Kanone. Die 3-Zoll-Haubitze (*Ordnance, Q.F. 3in Howitzer, Marks I or IA*) saß vorn in der Wanne.

Einige wenige frühe Exemplare trugen die 3-Zoll-Haubitze im Turm und die 2-Pfünder-Kanone in der Wanne; zumindest einem Fahrzeug verpasste man zwei 3-Zoll-Haubitzen. Es machte tatsächlich mehr Sinn, die Haubitze mit ihrer geringen Mündungsgeschwindigkeit und Reichweite im Turm zu platzieren. Ihrer Gattung entsprechend, erreichte sie höhere Schussweiten nur über verhältnismäßig große Rohrerhöhungen, wozu die Haubitze im Wannenbug nicht imstande war.

Im Gegensatz zur Haubitze stellte die 2-Pfünder-Kanone eine regelrechte Hochgeschwindigkeitswaffe dar. Sie wurde im Panzergefecht auf Entfernungen eingesetzt, die eine nur geringe Rohrerhöhung verlangten.

Die 3-Zoll-Haubitze kam bei diesem Mark I in den Turm und die 2-Pfünder-Kanone in die Wanne. Das Fahrzeug zeigt die frühen Gleisketten und Lufteinlässe. (Tank Museum)

Churchill Mark I mit 2-Pfünder-Kanone (40 mm) im Turm und 3-Zoll-Haubitze (76,2 mm) in der Wanne. (WM)

Seiten- und Frontansicht eines restaurierten Churchill Mark I. (Balcer, CC-BY-SA-3.0)

Dieser Churchill Mark II „Penelope“ zeigt die frühen, nach unten gerichteten Luftansaughutzen. Bemerkenswerter Weise ist er mit dem kompletten Gleiskettenschutz ausgestattet, obwohl in seiner Kennung kein „R“ zu finden ist, das darauf hinweisen würde, dass er das Überarbeitungsprogramm hinter sich gebracht hätte. Bei den Panzern dahinter fehlt der Gleiskettenschutz. (Tank Museum)

Mark II – Gleicher Turm wie Mark I, aber mit einem Besa-Maschinengewehr an Stelle der Haubitze in der Wanne.

Mark III – Gleiche Wanne wie Mark I und II. Neuer geschweißter Turm mit runden Schießöffnungen (Pistolenklappen) seitlich am Heck. Die Hauptbewaffnung bestand in der Regel aus einer 6-Pfünder-Kanone (*Ordnance, Q.F. 6-pounder, 7 Cwt, Marks III or V*); später aus einer 75-mm-Kanone (*Ordnance, Q.F. 75mm, Marks V or VA*). Von der 6-Pfünder-Waffe (57 mm) gab es zwei Ausführungen: die kurzrohrige Mark-III-Version bewaffnete frühe Fahrzeuge und die langrohrige Mark V spätere. Diese Kanonen wurden vom Richtschützen anfänglich über eine Schulterstütze nach Seite und Höhe gerichtet. Spätere 6-Pfünder (wahrscheinlich die meisten) sowie alle 75-mm-Kanonen erhielten ein mechanisches Richtwerk. Das koaxiale Besa-MG (*Marks II, II*, III or III**) wechselte auf die linke Seite der Hauptwaffe, was dem Ladeschützen leichte Schwierigkeiten bereitete: die Munition befand sich auf der rechten Seite der Kanone und der Gurt musste unter ihr hindurch auf die linke Seite geführt werden, wo Richtschütze und MG saßen.

Ab dieser Version blieb sich die Hauptbewaffnung bis zur Außerdienststellung der älteren 6-Pfund-Kanone gleich.

Ein Mark III mit Zusatzpanzerung (man beachte die aufgeschweißten quadratischen Panzerplatten beiderseits der 75-mm-Kanone), der dennoch auf den alten schweren Guss-Gleisketten läuft. (Tank Museum)

Der T31272R in der Frontansicht mit neuem Gleiskettenschutz, neuen Lufteinlässen und (offenbar) neuen Gleisketten. (Sammlung des Autors)

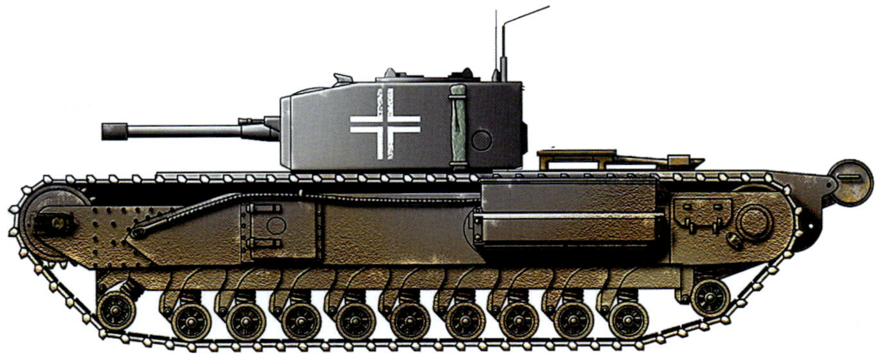

Bei der gescheiterten Landung von Dieppe im August 1942 erbeuteten deutsche Truppen erstmals Churchill-Panzer. Nach eingehender Untersuchung rüstete man einige Beute-Churchill zu Flammpanzern um; andere gingen mit deutscher Funkausrüstung und einigen Änderungen an rückwärtige oder Ersatztruppenteile, wie dieser mit dem Balkenkreuz geschmückte Mark III.
(Vincent Bourguignon)

Ein früher Mark III mit kurzläufiger 6-Pfünder-Kanone, frisch überarbeitet. Der linken Aufnahme entnehmen wir, dass es sich um den T31272R handelt. Am Heck ist ein zusätzlicher Kraftstoffbehälter angebracht. Direkt vor diesem tritt die warme Motorabluft über lediglich zwei Lüftungsschlitze aus (im Gegensatz zur größeren Öffnung des Mark VI). Der Turm verfügt über einen einfachen Metallstab zum groben Anrichten für den Kommandanten, der dem kruden Fluchtvisier voranging.
(Tank Museum)

Ein Mark III, T32149R, mit langer 6-Pfünder-Kanone. Dieser Panzer wurde mit einem Faschinenträger ausgestattet (unter dem Rohr gerade noch sichtbar). Das Faschinenbündel, das er zum Überwinden der Wand nutzte, liegt hinter ihm. Die Pistolenklappe hinten im Turm ist geöffnet, da das Sicherungsseil des Faschinenbündels aus dem Kampfraum heraus gelöst werden musste. Auffällig das Fehlen des Kettenschutzes, obwohl es sich um einen überarbeiteten Panzer handelt. Die Abdeckung über der Luftansaughutze ist ungewöhnlich. Dieses Stück stellte die Truppe oft selbst aus gerade verfügbaren Teilen her. (Tank Museum)

Ein Churchill Mark IV, T68421R, der zu Ausbildungszwecken diente. Der Ladeschütze hält das Mikrofon für den Funkgerätesatz WS19 in der Hand. Hinter ihm steht ein Ausbilder, der sich mit der rechten Hand am Sockel der Antenne des „B"-Funkgeräts WS19 festhält. Dieser Panzer verfügt über ein primitives Hilfsvisier vor der Kommandantenluke. Interessanter Weise weist das Fahrzeug einen Tarnanstrich auf. (Tank Museum)

Museums-Mark V „Jackal" mit 95-mm-Haubitze. Man beachte die als Zusatzpanzerung dienenden Kettenglieder am Turm sowie die fehlenden Laufwerksteile, die der Panzer wahrscheinlich durch Beschuss oder eine Mine verlor. Bei der Restaurierung beließ man die Schäden und zog lediglich eine neue oder geflickte Kette auf. (FreePhotos4you, CC-BY-2.0)

Ein makelloser Mark IV (oder VI) mit zusätzlicher Antenne für das Infanterie-Funkgerät WS38 und ausgefahrenem Fahrer-Winkelspiegel, der gerade so noch über den Kettenschutz ragt. Am Heck scheint ein altes Ersatzkettenglied des „Dieppe"-Typus zu hängen. Die Hauptbewaffnung besteht aus einer 75-mm-Kanone. (Sammlung des Autors)

Mark IV – Er verfügte über die gleiche Wanne wie die Versionen Mark I bis Mark III, erhielt aber einen neuen gegossenen Turm mit quadratischen Pistolenöffnungen im Heck. Die Hauptbewaffnung bestand entweder aus der 6-Pfünder- oder der 75-mm-Kanone.

Mark V – Auch diese Ausführung baute auf der Wanne der Vorgänger auf, war aber mit der 95-mm-Haubitze Mark I mit mechanischem Höhenrichtwerk bewaffnet.

Mark VI – Im Grunde das gleiche Fahrzeug wie der Mark IV, wahrscheinlich aber ausschließlich mit 75-mm-Kanone und mechanischem Richtwerk. Ging erst ab Ende 1943 in Serie (die Abnahmetests fanden im August statt). Der Mark VI verfügte über einen größeren Luftauslass am Heck; Fachleute sind sich aber nicht sicher, ob dieser nicht schon bei den späteren Varianten des Mark IV installiert wurde. Der Mark VI wurde mit gepanzerten Munitionsbehältern nachgerüstet, ähnlich dem Mark VII, außer dass der Behälter am Turmboden des Mark VI größer war und über einen Deckel verfügte.

Ein nagelneuer Mark V mit 95-mm-Haubitze, ausgefahrenem Fahrer-Winkelspiegel und zusätzlicher Antenne für das WS38-Funkgerät hinten auf dem Turmdach. Ein älteres Guss-Ersatzkettenglied ist hinten am Heck angebracht. (Tank Museum)

Links: Gestochen scharfe Aufnahme eines Mark IV mit kurzer 6-Pfünder-Kanone. Gut zu erkennen sind hier die kleinen Feuerlöscher über dem Motorraum sowie die Ersatzkettenglieder (früher Typ) auf den Motorklappen. Ein abwerfbarer Zusatztank befindet sich hinten am Heck. Der Turm verfügt über den pilzförmigen Lüfter (vorn links), den man später in die Mitte des Turmdachs verlegte, damit er die Pulvergase des Besa-MG besser absaugen konnte. Ein sehr früher Richtstab lässt sich am vorderen Turmdach erkennen. Das Fahrzeug verfügt über die neuen Luftansaughutzen an den Seiten und ein kleines Lüftergitter am Heck. Die nach oben gerichteten Lufteinlässe, der vollständige Gleiskettenschutz und das Suffix „R" legen nahe, dass dieser Churchill gerade das Überarbeitungsprogramm durchlaufen hat. (Tank Museum)

Unten: Ein Churchill Mark VI, T252227, namens „Saturn". Auffällig sind das größere Lüftungsgitter am Heck (das die Motorraum-Belüftung verbessern sollte), der Rauchabzug in der Mitte des Turmdachs, sowie die schmale U-förmige Zusatzpanzerung, die als Schutzplatte auf die untere Turmseite (über dem „urn" von ‚Saturn') geschraubt wurde. Der Turm besitzt einen Sockel für die PLM-Fla-Lafette (die runde Vorrichtung zwischen den Luken). Diese ermöglichte das Aufsetzen des Vickers-Zwillings-MG „K", das die Besatzung aus dem Turminneren bediente. Es gibt jedoch keinen Beweis dafür, dass der Zwilling jemals gefechtsmäßig eingesetzt wurde. Der „Saturn" verfügt über kein Anhängsel hinter seiner „T"-Nummer, das auf eine Überarbeitung hindeuten würde. Das Gegengewicht hinter der Mündungsbremse der 75-mm-Kanone könnte auf das „freie Richten" der Hauptwaffe via Schulterstütze hindeuten. Das Abschleppseil wurde auf unorthodoxe Weise verstaut, was man so aber auch bei anderen Churchill sieht. Abgesehen vom langen Stemmeisen (befestigt am rechten Kettenschutz) fehlen alle anderen Werkzeuge wie Schaufeln, Spitzhacke und Vorschlaghammer, die normaler Weise im Heckbereich untergebracht waren. (Tank Museum)

Seitenansicht eines Mark VII mit 75-mm-Kanone. (Vincent Bourguignon)

Mark VII oder A22F – eine andere Wanne und ein anderer, gegossener Turm. Diese Ausführung erhielt eine deutlich stärkere Panzerung und ein überarbeitetes Getriebe, was die Höchstgeschwindigkeit leicht verringerte. Der Mark VII ging Ende 1943 in die Zulassungserprobung.

Mark VIII – entspricht dem Mark VII, aber mit 95-mm-Haubitze für die Nahunterstützung.

TURMUNTERSCHIEDE BEI MARK IV, V UND VI

Ein überarbeiteter Mark IV, T68831R, mit dem neuen Turm und Lüfter in der Mitte des Turmdachs. Neben der rechten Hand des Mannes der Sockel für die PLM-Fliegerabwehrlafette. Das Fahrzeug wird gerade in einem Watbecken in der festgelegten Wattiefe erprobt, die häufig mit einem Strich an den Wannenseiten markiert wurde. Der Fahrer-Winkelspiegel fehlt ebenso wie die Hauptwaffe, was einen unverstellten Blick auf die innen liegende Blende erlaubt. Der Lastwagen im Hintergrund hat zwei Churchill-Motoren geladen. (Sammlung des Autors)

Wie die Fotos auf den Seiten 38-41 zeigen, gab es einige Unterschiede zwischen den Gusstürmen der verschiedenen Ausführungen. Die wesentlichen Unterschiede lassen sich nur von oben erkennen. Dazu gehört etwa die Anordnung des „Pilzes“, der den Lüfter abdeckt. Bei frühen Türmen befand dieser sich auf der linken Turmseite vor dem Richtschützen. Diese Churchill nutzten einen „Schnecken“-Ventilator mit einem Rohr, das sich über das Besa-MG erstreckte, um Pulvergase abzusaugen. Die Montage für diesen Ventilator ließ sich nicht für den späteren, leistungsfähigeren Lüfter in der Mitte des Turms verwenden. Ein weiterer Unterschied zwischen den Türmen lässt sich im Blick auf die rechte Seite erkennen. Bei späteren Türmen saß nämlich nicht nur der Lüfter in der Mitte des Dachs, sondern man schraubte zum Schutz des Turmrings auch eine schmale Panzerplatte an die rechte Turmseite. Dies lässt vermuten, dass die Gussform geändert wurde (vgl. Abb. S. 39 u.). Späte Turmausführungen wiesen im hinteren Bereich außerdem einen angegossenen Sockel für die Antenne des WS38-Funkgeräts auf. Einigen Churchill setzte man zwischen Kommandantenkuppel und Ladeschützen-Luke eine Halterung für die PLM-Lafette des Vickers-K-Zwillings-MG zur Fliegerabwehr.

Ein früher Mark VII, wahrscheinlich T173143H. Man beachte die gerade Turmfront, die frühe Kuppel und das Hilfsvisier. Das kleine Dreieck auf der rechten Frontseite des Turms könnte darauf hinweisen, dass es sich um einen aus ungehärtetem Stahl hergestellten Prototypen handelt. (Tank Museum)

Ein Mark VII mit Rundumsicht-Kuppel, Antennensockel für das WS38-Funkgerät am Turmheck sowie Außensprechanlage für die Infanterie am Wannenheck (spätere „Telefon"-Ausführung). (Sammlung des Autors)

Ein Mark VIII in gutem Zustand. Man weiß nicht, wie viele Panzer dieser Ausführung überhaupt zum Fronteinsatz kamen. (Sammlung des Autors)

FLIEGERABWEHR

Ein Mark II, T32092, mit Lakeman-Lafette und montiertem Bren-MG. Hinter dem Maschinengewehr ein Suchscheinwerfer. (Tank Museum)

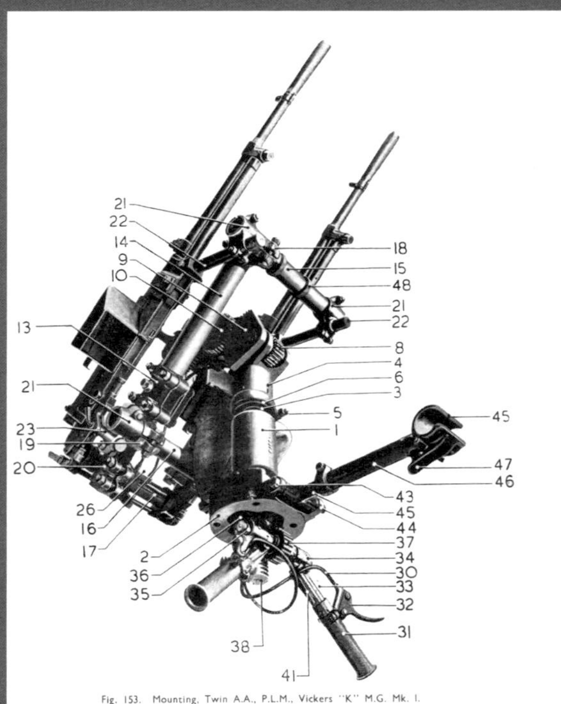

PLM-Lafette für das Zwillings-MG Vickers K. Ganz unten befinden sich die beiden Griffe zum Richten und Abfeuern der Waffe. Diese hätten sich in Inneren des Panzers befunden, während der Sockel (2) außen am Turmdach angebracht worden wäre. (Sammlung des Autors)

Bereits in der Frühphase des Krieges erkannten auch die Briten, dass Panzer eine Waffe zur Fliegerabwehr benötigten. Zu diesem Zweck verpasste man dem Churchill ein Bren-MG mit 100-Schuss-Trommelmagazin. Anfänglich setzte man es auf die so genannte Lakeman-Lafette; so benannt nach ihrem Erfinder, einem Major Lakeman. Bei Nichtgebrauch wurde die Lafette auf dem Turmdach verstaut. Sie bestand im Wesentlichen aus einem langen Lafettenarm, an den man das Maschinengewehr hängte (siehe Foto links). Zum Einsatz der Waffe musste der Kommandant aber halb aus dem Turm herausklettern und zuerst Lafette mit MG aufbauen. Wie auf Seite 161 erwähnt, schien es bei diesen Voraussetzungen ratsamer, die Luke dicht zu halten – dadurch vermied der Kommandant das nahezu selbstmörderische Risiko, bis zur halben Körperlänge aus dem Panzer klettern und unter Beschuss das MG aufbauen zu müssen. In jedem Fall stellte die Lakeman-Lafette allenfalls einen Notbehelf dar, bevor die PLM-Lafette in Erscheinung trat – jedenfalls theoretisch. Letztere wurde auf eine Sockelplatte in der Mitte des Turms gesetzt und nahm das Zwillings-MG Vickers K im Infanterie-Kaliber .303 in auf (7,7 mm). Es stammte aus Beständen der Luftwaffe, die diese als Flugzeugbewaffnung ausgesondert hatte, und diente auch der Kommandotruppe SAS zur Armierung ihrer Jeeps. Das Zwillings-MG wurde aus dem Turminnern über ein Gestänge mit zwei Griffen gerichtet und abgefeuert. Der gesamte Apparat scheint recht umständlich gewesen zu sein, hinzu kam sein stattliches Gewicht beim Auf- und Abrüsten (die Lafette wog 33,5 kg und die Waffe 20 kg). Außerdem schränkte die Lafette das Sichtfeld des Kommandanten ein und die Griffstangen stellten selbst in eingeklapptem Zustand ein beträchtliches Hindernis im Turm dar. Außerdem bereitete die Unterbringung der empfohlenen 20 Trommelmagazine in einem ohnehin überfüllten Turm Probleme. So blieb es bei der Theorie, zumal es nicht genug Platz für das Zwillings-MG und die PLM-Lafette gab. Es gibt jedenfalls weder Hinweise noch Bilddokumente, dass die Waffe auf Churchill-Panzern je zum Einsatz kam.

Die Bewaffnung

Die 2-Pfünder-Kanone (40 mm) als erste Hauptwaffe des Churchill war schon zur Zeit der Kämpfe in Tunesien 1943 veraltet und wurde durch die 6-Pfünder- und dann die 75-mm-Kanone ersetzt. Über die Vor- und Nachteile dieser Waffen wurde viel geschrieben und noch mehr spekuliert. Einen offiziellen zeitgenössischen Bericht liefert die oben zitierte Antwort Churchills vom 2. August 1944. Sie begegnet der Behauptung, dass der 6-Pfünder obsolet und die 75-mm-Kanone das Höchste der Gefühle sei:

„Die Annahme [des Ausschusses], dass keine Churchill mit 6-Pfünder-Kanone benötigt werden, ist falsch. Tatsächlich bewährten sich Churchill mit 6-Pfünder-Kanone in Italien und in der Normandie, und General Montgomery hat verlangt, dass ein Viertel seiner Churchill-Panzer mit der 6-Pfünder-Kanone ausgerüstet werden solle.

Dies ist auch die gegenwärtige Richtlinie des Generalstabs. Er berichtet vor allem, dass der 6-Pfünder, geladen mit spezieller panzerbrechender Hochgeschwindigkeitsmunition [DSAP-Geschosse, siehe S. 46], eine sehr gute Waffe ist, die den deutschen Panther überall durchdringt, außer frontal an der Bugplatte.

Der Ausschuss behauptet, dass die 6-Pfünder-Kanone wegen ihrer ineffektiven HE-Granate [d. h. Sprenggranate] seit Dezember 1942 grundsätzlich als Panzerkanone nicht mehr tauge, und lässt fragen, warum es eine so große Verzögerung beim Ersatz durch die 75-mm-Kanone gibt. Tatsächlich ist es jedoch so, dass die 6-Pfünder-Kanone mit ihrer im Vergleich zur 75-mm-Kanone überlegenen panzerbrechenden Leistung eine grundlegende Forderung des Generalstabs für eine erhebliche Menge Panzer bleibt.

Die offizielle Richtlinie des Generalstabs zur Panzerbewaffnung von 1942 verlangte, dass die Panzerkanone in erster Linie wirksam Feindpanzer und erst in zweiter Linie Personen und Lastwagen bekämpfen solle. Die Fronterfahrungen von Ende 1942 und die Weiterentwicklung der Panzertaktik zogen eine Änderung dieser Haltung nach sich. Am 3. Januar 1943 beschloss der Generalstab, dass die Masse der mittleren Panzer ein leistungsfähiges HE-Geschütz erhalten solle, das erst in zweiter Linie gegen Feindpanzer zum Einsatz kommt. Der Rest solle über eine panzerbrechende Waffe hoher Leistung verfügen.

Das *Ministry of Supply* [Versorgungsministerium] schritt unverzüglich zur Entwicklung der 75-mm-Kanone. Es stimmt, dass es Schwierigkeiten und Enttäuschungen gab. Die neue Waffe wurde 9 Monate nach der Entscheidung, sie einzuführen (i. e. im Oktober 1943), an die Truppe ausgegeben. Nach der Einführung traten jedoch Schwächen mit der halbautomatischen Richtmechanik auf. Um dieser Herr zu werden, mussten wichtige Änderungen vorgenommen werden. (…) Die Versuche fanden, wie bei anderen Kanonen, im üblichen Umfang statt. Dies ist einer der Fälle, bei dem Schwächen, die bei der Abnahme nicht auftauchten, erst bei der Truppenverwendung zu Tage traten. Die notwendigen Verbesserungen wurden schnell umgesetzt und alle Panzer mit 75-mm-Kanone sind jetzt vollständig modifiziert und entsprechen dem geltenden Standard.

Die wichtigsten Punkte von General Montgomerys Memorandum, der diesbezüglichen Kommentare des *War Office* und der jüngsten Truppenberichte lauten wie folgt:

Die 17-Pfünder- und die 6-Pfünder-Munition mit Treibspiegel sind sehr wirksam. Obwohl General Montgomery auf die Schwäche der 75-mm-Kanone als panzerbrechende Waffe aufmerksam macht, ist ihre HE-Granate gut und als Allzweckwaffe ist die Kanone weiterhin beliebt. Ferner bewährte sie sich im Angriff sowohl in den normalen Panzern, als auch in D.D. Sherman und Minenräumpanzern."

Wiege und 2-Pfünder-Kanone eines Chruchill Mark I oder II. Vorn die Schulterstütze, mit der der links sitzende Richtschütze die Waffe nach Höhe und Seite richtete. Beim gebogenen Blech rechts handelt es sich um den Hülsenfänger, der die beim Rücklauf der Kanone ausgeworfenen leeren Granathülsen in den Leinensack ableitete (hier nicht angebracht). (Tank Museum)

Rechts: Ein Vergleich zwischen deutscher und britischer Panzermunition. Von links: drei deutsche Granaten 8,8 cm (Spr.), 7,5 cm (Pzgr.) und 5 cm (Pzgr). In Gegenüberstellung eine britische 6-Pfünder-Wuchtgranate (davor eine 2-Pfünder-Granate), eine 6-Pfünder-APCBC, eine 6-Pfünder-DSAP, eine 75-mm-Hartkerngranante und eine panzerbrechende 75-mm-Granate mit Kappe (AP). (Sammlung des Autors)

Oben: Diese Aufnahme macht den Größenunterschied zwischen der 6-Pfünder- und der 75-mm-Sprengmunition besonders deutlich. Rechts eine 75-mm-Rauchgranate (man beachte den flachen Geschosskopf) und eine 2-Zoll-Nebelgranate. (Sammlung des Autors)

Hauptwaffe und Munition

Als panzerbrechende Munition für den 6-Pfünder diente zunächst ein einfaches Wuchtgeschoss, gefolgt von einem verbesserten panzerbrechenden APC-Geschoss mit Kappe (*Armour Piercing, Capped*) und schließlich von einem panzerbrechenden APCBC- Geschoss mit Kappe und ballistischer Haube (*Armour Piering, Capped, Ballistic Capped*). Diese Entwicklung steigerte die Wirkung des einfachen Wuchtgeschosses zunächst durch den Zusatz einer Kappe an der Spitze des Geschosses, die dabei half, Schrägpanzerung zu durchdringen. Später wurden mittels einer dünnen ballistischen Haube die aerodynamischen Eigenschaften verbessert (APCBC). Gegen Ende des Krieges entwickelten die Briten ein unterkalibriges panzerbrechendes DSAP-Geschoss mit abwerfbarem Treibspiegel (*Discarding Sabot Armour Piercing*), was die panzerbrechende Wirkung stark erhöhte.

Des Weiteren gab es ein Sprenggeschoss (HE, *High Explosive*) für den 6-Pfünder, das wegen des relativ kleinen Kalibers (57 mm) nicht besonders effektiv war.

Der Mark V und wenige Mark VIII waren als Begleitwagen für die Nahunterstützung der Infanterie vorgesehen (*Close Support Tanks*, CS). Sie erhielten eine 95-mm-Haubitze als Hauptwaffe, für die es verschiedene Munitionstypen gab: Sprengbrand-, Rauch/Nebel-, und panzerbrechende Geschosse (Letztere mit Hohlladung).

Eine außergewöhnliche Szene. Dieser Mark III scheint sich im Endstadium der Fertigung zu befinden und erhält eben seine 75-mm-Kanone mit Bodenstück. Die Aufnahme verdeutlicht die Größe der Kanone im Verhältnis zum Panzer. Die übliche Vorgehensweise bei der Geschützmontage war, das Rohr von hinten durch die Hecköffnung in den Turm zu schieben (gerade noch sichtbar, über dem Kettenschutz), in der Blende zu befestigen und dann den Verschluss anzubringen (da dieser nicht durch die Hecköffnung passte). Bei den Ketten handelt es sich um das gegossene alte Muster. (Tank Museum)

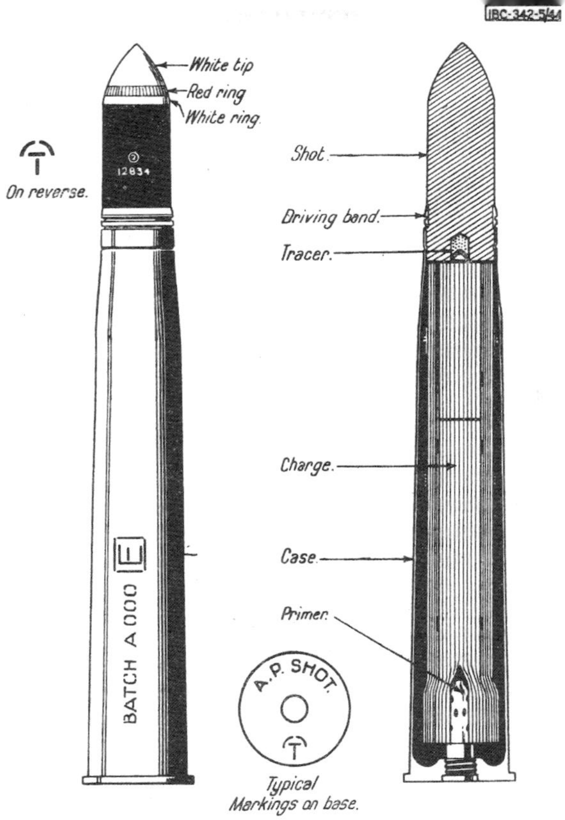

Eine 6-Pfünder-Granate mit Wuchtgeschoss, wie sie die ersten Churchill führten.

6-Pfünder-Sprenggranaten (HE). Man beachte die verhältnismäßig kleine Sprengstoffmenge, die in dem 57-mm-Geschoss Platz fand.
(Sammlung des Autors)

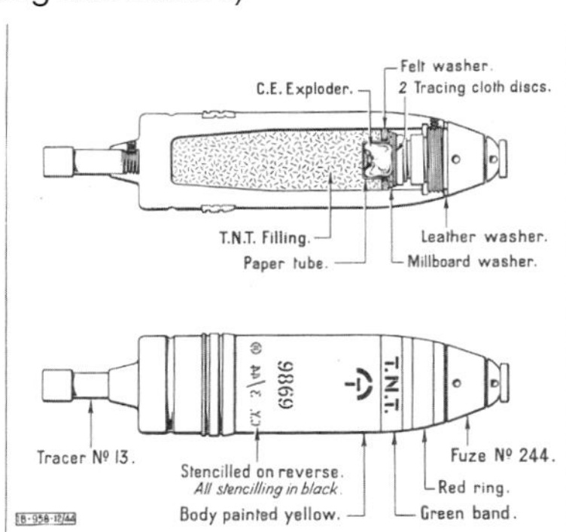

Fig. 22. H.E. Shell, Mark 10T.

The **Mark 1T** (Fig. 23) shell differs principally from the **Mark 10T** in being lighter and in its driving band which is to design No. D.D.(L)10399/7.
The **Mark 7** shell has a driving band to design No. R.L.12474/1.

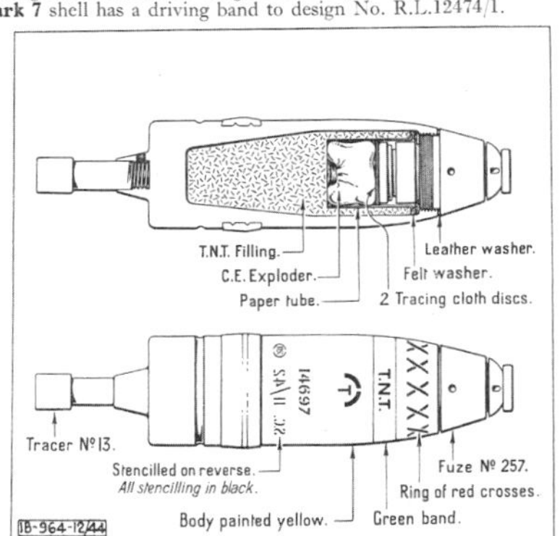

Fig. 23. H.E. Shell, Mark 1T.

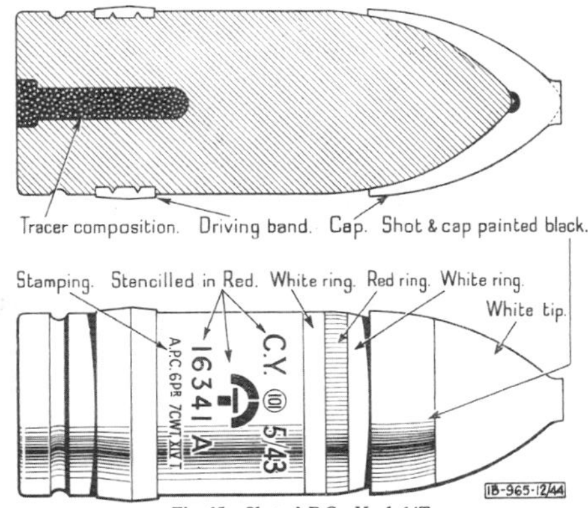

Fig. 25. Shot, A.P.C., Mark 14T.

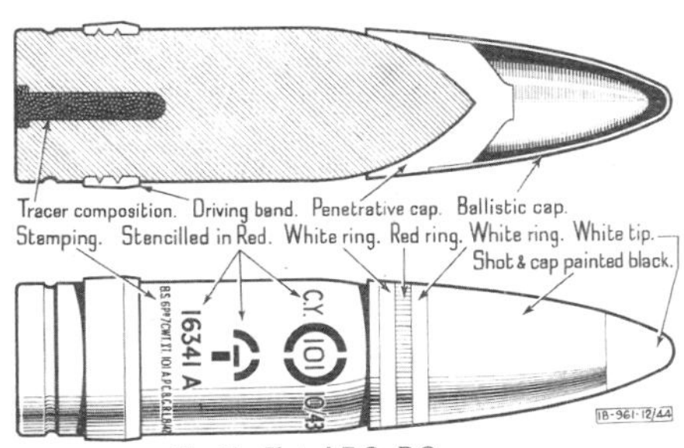

Fig. 26. Shot, A.P.C., B.C.

Die erste Verbesserung des panzerbrechenden 6-Pfünder-Geschosses stellte die aufgesetzte Weicheisenkappe dar, die ein Zerbrechen des Geschosses auf gehärteten Flächen und sein Abrutschen von Schrägflächen verhindern sollte.
(Sammlung des Autors)

Als nächsten Entwicklungsschritt bekam die 6-Pfünder-Granate eine stromlinienförmige ballistische Haube, die ihre aerodynamischen Eigenschaften verbesserte.
(Sammlung des Autors)

Ein Auszug aus deutschen Forschungsunterlagen zu panzerbrechenden Geschossen, die den Briten nach dem Krieg in die Hände fielen. Eine Reihe von Hochgeschwindigkeits-Aufnahmen zeigt, wenn auch unscharf, ein panzerbrechendes Geschoss mit Kappe, das auf eine schräge Panzerplatte trifft. Ohne die Kappe wäre das Geschoss zersplittert oder abgeprallt. Eine Kappe bietet verschiedene Vorteile. Zuerst zerstört sie die gehärtete Oberfläche der Panzerung. Die Deformation der Kappe verhindert ein Ableiten des Geschosses und verteilt seine Kräfte besser auf die Oberfläche. Letztlich wird die eigentliche Geschoss-Spitze so vor Schaden bewahrt und kann die Panzerung auch bei ungünstigem Auftreffwinkel durchschlagen. Dies sieht man im letzten Bild.

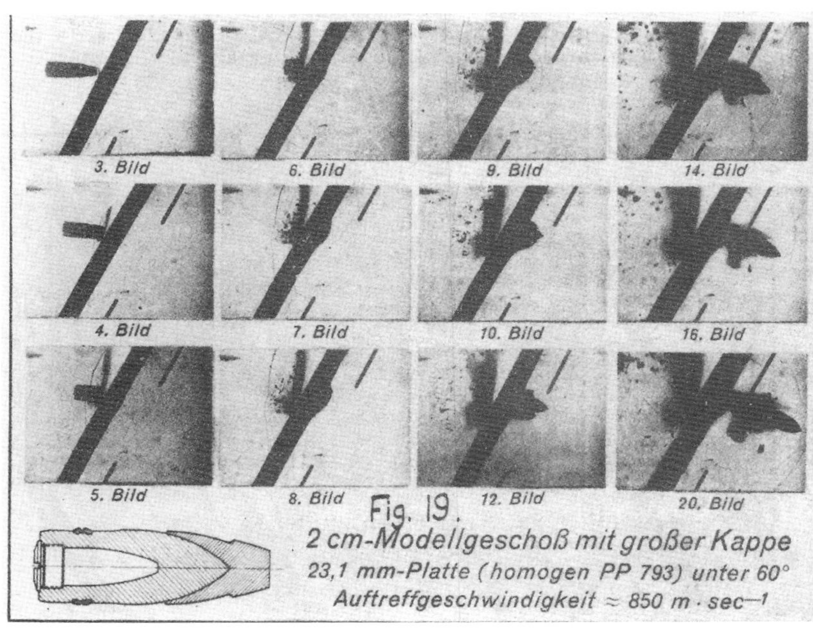

Fig. 19.
2 cm-Modellgeschoß mit großer Kappe
23,1 mm-Platte (homogen PP 793) unter 60°
Auftreffgeschwindigkeit ≈ 850 m · sec^{-1}

DAS NEUE PANZERBRECHENDE DSAP-GESCHOSS MIT TREIBSPIEGEL

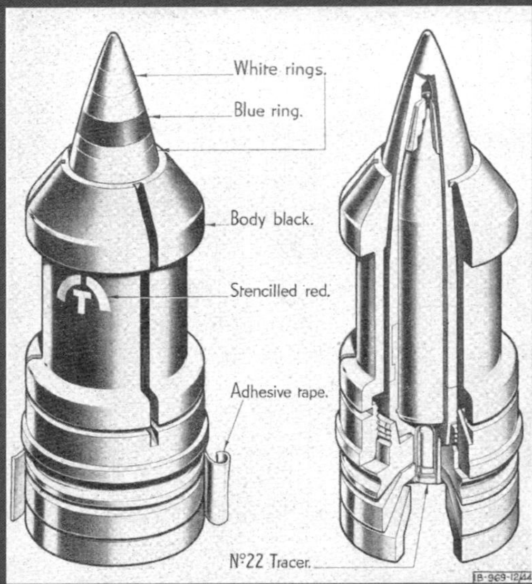

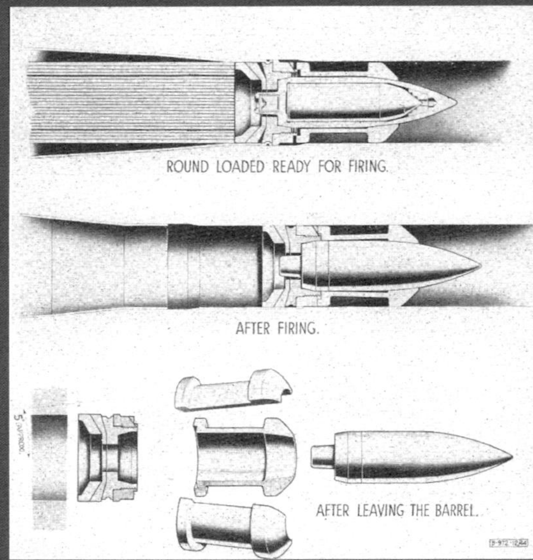

Rechts: Das panzerbrechende Geschoss mit abwerfbarem Treibkäfig (DSAP). (Sammlung des Autors)

Ganz rechts: Das DSAP-Geschoss im Rohr und beim Verlassen desselben. Das Lösen des Treibspiegels vom Projektil sorgte lange für dessen Instabilität. Das änderte sich erst mit neueren Entwicklungen und der Erkenntnis, was tatsächlich vor sich geht, wenn die Gase der Treibladung am Projektil und den abgeworfenen Teilen des Treibspiegels vorbei streichen. Moderne APDS-Treibkäfige heben sich eher vom Kern ab, statt ihn „abzuschütteln". Der Kern ist eher wie ein Pfeil geformt und erreicht eine höhere Mündungsgeschwindigkeit. Er wird auch als *Long Rod Penetrator* (LRP) bezeichnet, Langstab-Penetrator oder Stachel. Die Treffsicherheit der 6-Pfünder-DSAP-Geschosse nahm nach 500 yards (450 m) wegen der Instabilität, die der Ablösung folgte, stark ab. (Sammlung des Autors)

Einen ersten echten Entwicklungsschritt panzerbrechender Wuchtmunition brachte das unterkalibrige Treibspiegelgeschoss. Es wird heute noch verwendet und wird als *Armour Piercing Discarding Sabot* (APDS) bezeichnet: Panzerbrechendes Geschoss mit abwerfbarem Treibspiegel. Der einzige echte Unterschied zwischen den neuen und alten Typen liegt im Umstand, dass die neuen Projektile über Stabilisierungsflossen verfügen und daher eher Wurfpfeilen gleichen. Sie heißen deshalb *Armour Piercing, Fin Stabilised, Discarding Sabot* (APFSDS): Panzerbrechende Geschosse mit abwerfbarem Treibspiegel und Pfeilstabilisierung. Das DSAP-Geschoss war zu seiner Zeit – Anfang 1944 – eine geheime und recht erfolgreiche Innovation. Aus zehn verschiedenen Komponenten bestehend, hat es zwei Hauptelemente, die sich in den Begleitfotos gut erkennen lassen. Da ist zunächst der äußere, aus drei Teilen bestehende Mantel des Treibspiegels (*Sabot*), manchmal auch als Treibkäfig bezeichnet. Sie bilden die äußere Hülle mit kalibergleichem Durchmesser. Das eigentliche Geschoss ist ein unterkalibriges Wolfram-Projektil, das innerhalb des Treibspiegels liegt. Das Komposit-Geschoss ist für seinen Durchmesser relativ leicht, weshalb es sich auf hohe Geschwindigkeiten beschleunigen lässt. Beim Verlassen des Rohres werden die drei Mantelsegmente des Treibspiegels abgeworfen, wonach nur der harte Kern den Flug zum Ziel fortsetzt. Seine hohe Querdichte und sein geringer Durchmesser halten den Geschwindigkeitsabfall durch den Luftwiderstand wesentlich geringer als bei einem kalibergleichen Geschoss. Während des Krieges gaben die Briten DSAP-Munition in zwei Kalibern aus: für den 6-Pfünder (57 mm) und für das als Pak sowie als Bordkanone im Sherman „Firefly" eingesetzte 17-Pfünder-Geschütz (76,2 mm).

Die veröffentlichten Statistiken für die frühen DSAP-Geschosse des 6-Pfünders weichen voneinander ab. Manche nennen eine Verdopplung der Durchschlagsleistung auf 500 yards (450 m) gegenüber den Vorgängern. Die Präzision auf größere Distanzen ließ wegen der Instabilität, welche die Ablösung des Treibspiegels an der Mündung verursachte, zu wünschen übrig. Um den guten Ruf der neuen Munition zu illustrieren, zitieren wir nochmals aus oben angeführtem Bericht: „Das neue 6-Pfünder-Spezialgeschoss (...) hielt die versprochene Durchschlagsleistung [und] wirkte nach dem Durchschlag mit noch größerem tödlichen Effekt als erwartet."

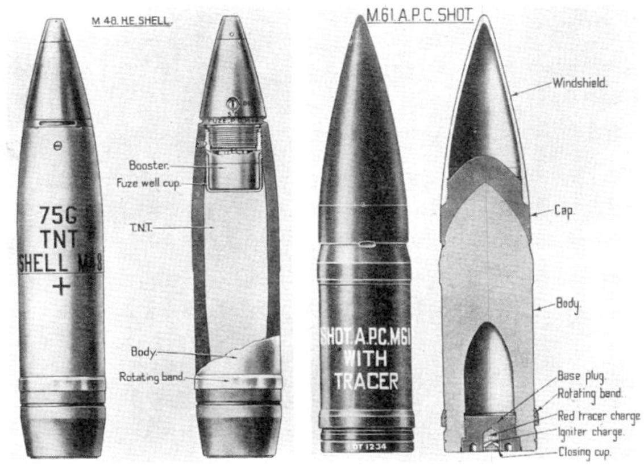

HE- und AP-Geschosse für die 75-mm-Kanone. Das AP-Geschoss hat eine Kappe und eine ballistische Haube, nichtsdestoweniger wurde es nur als „AP-Geschoss mit Kappe" bezeichnet. Der Zünder der HE-Granate ließ sich einstellen: An der Spitze des dargestellten Geschosses (2. v. l.) erkennt man unter der Lupe die Einstellungen „DELAY" und „SQ" an der Zünderstellschraube. „DELAY" steht für „Verzögerung" und „SQ" steht für „Super Quick" (Berührungszünder hoher Empfindlichkeit). Mit „SQ"-Einstellung sprach der Zünder bei der geringsten Berührung durch Äste usw. an, was eine hohe Splitterwirkung mit Luftsprengpunkt zur Folge hatte. Bei Einstellung „DELAY" reagierte der Zünder erst beim Auftreffen. (Sammlung des Autors)

Dieses Geschütz war ein leistungsfähiger Ersatz für die 3-Zoll-Haubitze (76,2 mm) der ersten Churchill. Es verschoss hauptsächlich Spreng- und Rauchmuntion mit wesentlich größerer Wirkung als jene der 75-mm-Kanone. Die Schussweite der Sprenggranaten lag bei mindestens 4400 m und der Rauchgranaten bei etwa 1600 m. Keine der frühen Churchill-Kanonen verfügte über ein mechanisches Richtwerk. Die Geschütze wurden so ausgewogen montiert, dass sie der Richtschütze allein durch Körpereinsatz mit Leichtigkeit heben oder senken konnte. Dazu nutzte er eine Schulterstütze. Dies brachte den – eher theoretischen – Vorteil mit sich, dass er auch im Fahren zielen konnte. Unter dem Strich aber erlaubte diese Methode eine rasche Zielerfassung. Richtwerke mit mechanischer Unterstützung wurden für die 6-Pfünder-Kanone, die 75-mm-Kanone und die 95-mm-Haubitze eingeführt.

Erhellende Kommentare in einem Bericht über die Erprobung des Churchill Mark III in Lulworth im Februar 1942 zeigen, wie umständlich die Bedienung der ersten Richtwerke insbesondere beim Fahren war: „Das Fehlen der Schulterstütze machte sich auffällig bemerkbar, als sich die Richtschützen an den spatenartigen Griffen des Turmschwenkwerks und des Höhenrichtwerks festklammerten, was nicht eben zu guten Schießleistungen führte. Ein kleines Polster für die rechte Schulter des Richtschützens wurde an der Kanone angebracht. Dies verbesserte die Schussposition des Richtschützen erheblich." Ebenso „blies die Druckwelle des ersten und des zweiten Schusses Staub und Ähnliches durch die Blende ins Gesicht des Richtschützen, was schlimm brannte und stach." Weiter „ blendete der Mündungsblitz stark und erschwerte die Zielbeobachtung auf Entfernungen bis 800 yards [730 m] erheblich bzw. verhinderte sie ganz. Über 900 yards [820 m] gibt es keine Schwierigkeiten [da der Mündungsblitz nicht mehr stört], sofern die Leuchtspur funktioniert. Bei einem nicht unerheblichen Teil der verwendeten Munition versagte die Leuchtspur oder erlosch unter 900 yards."

Als der Einsatz von Sprengmunition hohe Priorität gewann, mauserte sich die 75-mm-Kanone zur Standardwaffe der Ausführungen Mark VI und VII. Die 75-mm-Kanone nutzte im Grunde denselben Verschlussblock und dasselbe Bodenstück wie der 6-Pfünder, mit unterschiedlichen Auslösevorrichtungen. Sie passte in dieselbe Blende und die Munitionsstaufächer ließen sich im Grund austauschen, auch wenn die Staupläne für umgerüstete Mark III und Mark IV vermuten lassen, dass sie ein paar Granaten weniger mitführten. Dies bedeutete, dass der Wechsel vom 6-Pfünder auf die 75-mm-Kanone auch unter Feldbedingungen vorgenommen werden konnte. Selbstverständlich unterschieden sich Rohr und Kaliber. Die 75-mm-Kanone konnte auch US-amerikanische 75-mm-Munition verschießen, die in großer Menge zur Verfügung stand. Die 75-mm-Munition war ursprünglich für ein französisches Feldgeschütz des 1. Weltkriegs entwickelt worden und brachte mit ihrer geringen Anfangsgeschwindigkeit im Vergleich zum Kaliber keine günstigen Voraussetzungen für eine Verwendung im Panzerkampf mit. Die Spreng- und Rauchgeschosse waren jedoch effektiv. Selbst die panzerbrechenden Geschosse mit ballistischer Haube hatten ihren Wert, auch wenn sie schlechter waren als die des 6-Pfünders.

Die geringe Mündungsgeschwindigkeit der Kanonen (siehe unten) erklärt vieles, aber nicht alles über ihre Tauglichkeit zur Panzerbekämpfung. Die Mündungsgeschwindigkeit richtete sich nach der Art des Geschosses (Rauch, HE, oder AP) sowie nach der Treibladung. Im Falle des 6-Pfünders stieg die Mündungsgeschwindigkeit nach Einführung des längeren Geschützrohrs. Im Allgemeinen zählt eine hohe Mündungsgeschwindigkeit zu den wichtigsten Eigenschaften panzerbrechender Munition (Hohlladungen ausgenommen). Nachfolgend ein Vergleich der Mündungsgeschwindigkeiten bei verschiedenen Churchill-Geschützen:

Hülsenfänger der 6-Pfünder-Kanone eines Mark IV. Ausgeworfene Granathülsen trafen auf die Platte und fielen dann in den Leinensack darunter. Der Fänger ließ sich bei Nichtgebrauch nach vorn Richtung Verschluss klappen. Aufgeklappt diente er auch dem Schutz der Turmbesatzung vor dem rücklaufenden Verschluss und den ausgeworfenen Hülsen, denn er versperrte den Platz hinter dem Rohr. Wenn der Hülsenfänger sich durch einen Treffer verklemmte, konnten Teile der Besatzung nicht mehr den Panzer verlassen. (Sammlung des Autors)

2-Pfünder-Kanone (40 mm): 2600 ft/sec (790 m/s)

6-Pfünder-Kanone (57 mm): 2600-2950 ft/sec (790-900 m/s)

3-Zoll-Haubitze (76,2 mm): 600 ft/sec (180 m/s)

75-mm-Kanone: 2030 ft/sec (620 m/s) für das panzerbrechende M61-Geschoss mit Kappe
1980 ft/sec (600 m/s) für die Sprenggranate M48
850 ft/sec (260 m/s) für das Rauchgeschoss Mark II, dessen Flugbahn aufgrund seines flachen Kopfes als „erratisch" (unberechenbar) beschrieben wurde.

Blick auf den Boden einiger Besa-Patronen mit unterschiedlichen Farbmarkierungen und Bodenstempeln. Im Unterschied zu Deutschen und Amerikanern verzichteten die Briten auf die farbliche Kennzeichnung der Geschoss-Spitzen, was eine wesentlich schnellere Unterscheidung der Munition erlaubte. (Sammlung des Autors)

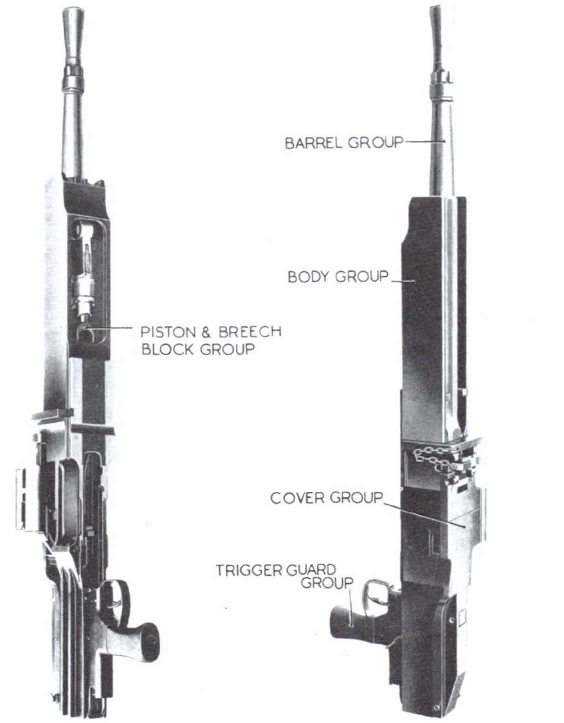

Das 7,92-mm-Besa-Maschinengewehr von unten und von der Seite. (Sammlung des Autors)

95-mm-Haubitze: 1050 ft/sec (320 m/s) für Sprenggranaten
655 ft/sec (200 m/s) für Rauchgeschosse
1700 ft/sec (520 m/s) für Hohlladungsgeschosse

Die Ausführungen Mark I und II führten als Kampfbeladung 150 2-Pfünder-Granaten mit sich und der Mark I zusätzlich 58 Granaten für die 3-Zoll-Haubitze. Für das Besa-MG nahm der Mark I immerhin 22 Kästen gegurteter Munition und der Mark II mit 44 Kästen die doppelte Menge an Bord. Jeder Munitionskasten fasste 225 Patronen 7,92 mm. Beide Muster verfügten über 25 Granaten für den „Bombenwerfer", 42 Stangenmagazine für die Thompson-Maschinenpistole zu 20 Schuss, 6 Handgranaten und 20 Leuchtpatronen. Die Kampfbeladung eines Mark III mit 6-Pfünder-Kanone umfasste 84 Granatpatronen für die Hauptwaffe und 35 Kästen Munition für das Besa-MG (7,92 mm). Zusätzlich führte er bis zu 600 Patronen (6 Magazine zu 100 Schuss) für das Bren-MG mit (7,7 mm), 42 Stangenmagazine für die Thompson-Maschinenpistole (.45 ACP/11,2 mm), 6 Handgranaten und 20 Leuchtpatronen. Die Kampfbeladung des Mark V bestand aus 52 Granatpatronen für die 95-mm-Haubitze (nach

Handbuch 28 Spreng-, 18 Rauch- und 6 Hohlladungsgranaten), 29 Kästen für das Besa- und 600 Schuss für das Bren-MG, 840 Schuss für die Thompson- oder 512 Schuss für die Sten-Maschinenpistole (9 mm), 30 Granaten 2 Zoll, 12 Handgranaten und 18 Leuchtpatronen.
Zu Zeiten des Mark VI, der im Grunde ein aufgerüsteter Mark IV war, befand sich der Churchill in der Übergangsphase von der alten, ungeschützten hin zu den gepanzerten Munitionsbehältern wie im Mark VII.
Das Handbuch für den Mark VI legte bezüglich der Munitionsverstauung fest, dass die ursprünglich 87 Granatpatronen für die 75-mm-Hauptwaffe sich in 28 Granaten AP (M61m), 23 HE (M48) und 36 Rauch-/Nebelgranaten zu unterteilen hätten. Mit der Einführung geschützter Behälter schrumpfte die Kampfbeladung auf 84 Granaten, die folgendermaßen verstaut werden sollten: 14 mit der Spitze nach unten im Korb am Turmboden und je 30 horizontal (in 6 Lagen zu 5 Granaten) in den beiden Wannenbehälter. Zusätzlich wurden 10 Rauchgranaten in zwei Behältern verstaut, zu denen nur der Fahrer und der Bug-MG-Schütze Zugang hatten. Im modifizierten Mark VI und im Mark VII lagerten zusätzlich 29 Kästen Besa-Munition, 6 Trommelmagazine für das Bren-MG, 36 Stangenmagazine für die Thompson-MP und 20 2-Zoll-Nebelgranaten für den „Bombenwerfer“ (statt 30 in den ungeschützten Behältern der Mark III und IV). Die „höchst launischen“ Phosphorgeschosse wurden bemerkenswerter Weise im mittleren Abschnitt des 10 Patronen fassenden Behälters verstaut. Dieser ließ sich im Brandfall wie eine Schublade entnehmen und außerbords werfen.
Jedes Fahrzeug führte außerdem neun Handgranaten mit, drei mehr als zuvor.
Der Mark VII hatte wie der Mark VI zwei gepanzerte Munitionsbehälter zu je 30 Granatpatronen, hinzu kamen 5 Nebelpatronen auf beiden Seiten hinter dem Fahrer und dem vorderen Richtschützen. Der Behälter am Turmboden war jedoch niedriger und kleiner, so dass er lediglich 15 Geschosse aufnahm. Außerdem sank die Kampfbeladung für die Hauptwaffe auf 85 Granaten. Der restliche Stauplan entsprach dem nachgerüsteten Mark VI.
Die übliche Leitlinie zur Aufteilung der Kampfbeladung besagte: „Das Verhältnis von panzerbrechender zu Sprengmunition ändert sich gemäß der taktischen Lage. Für ein [Bewegungs-]Gefecht sollten die Panzer 50 Prozent panzerbrechende und 50 Prozent Sprengmunition mitführen. Für den Kampf aus der Stellung sollte der Anteil an Sprengmunition erhöht werden.“
Zuletzt stellte sich noch die Frage, was nach Abfeuern der Hauptwaffe mit den leeren Hülsen geschehen sollte. Beim Rücklauf des Rohres warf der Verschluss die leere Hülse aus, die gegen den Hülsenfänger prallte und dann in den leinenen Hülsensack fiel.

Das Besa-Maschinengewehr 7,92 mm
Gewicht ca.: 24 kg
Gesamtlänge: 114,3 cm
Theoret. Feuergeschwindigkeit (abhängig vom Modell): 450–550 S/min bis 750–850 S/min
Mündungsgeschwindigkeit: 823 m/s
Das Besa-MG bildete einen Exoten im britischen Heer, nicht zuletzt wegen seines Kalibers. Dieses entsprach mit 7,92 mm dem deutschen Gewehr-Standardkaliber, das auch andere Nationen wie die CSSR übernommen hatten. Hingegen legten die Briten ihre Lee-Enfield-Repetierer, das leichte Bren-MG und das schwere Vickers-MG für das Kaliber .303 (7,7 mm) aus. Das Besa-MG war jedoch auf Grundlage eines tschechischen Entwurfs von BSA nachgebaut worden. Es wurde nahezu ausschließlich in gepanzerten Fahrzeugen verwendet und verfügte weder über ein Dreibein noch über ein übliches Kimme-Korn-Visier. Wegen seiner verhältnismäßig geringen Kadenz in Verbindung mit einem schweren luftgekühlten Lauf eignete es sich besonders für lange Feuerstöße und Dauerfeuer, ohne dass ein Laufwechsel nötig wurde. Das war sehr praktisch, denn zum Laufwechsel im Panzer hätte man das MG ausbauen müssen.
Das Besa-MG verschoss neben der üblichen Vollmantel-Munition leicht panzerbrechende Geschosse mit Stahlkern sowie Brand- und Leuchtspur-Munition.

Der 2-Zoll-Ladungswerfer („Bombenwerfer“)
Siehe Kasten Seite 22.

Die 4-Zoll-Nebelwerfer
Siehe Kasten Seite 23.

Persönliche Bewaffnung
Zur weiteren Bewaffnung eines Churchill zählte

ein leichtes Bren-MG Kaliber .303 (7,7 mm), das hauptsächlich zur Fliegerabwehr eingesetzt werden sollte, was aber selten geschah (im Übrigen ebenfalls ein tschechischer Entwurf). Die persönliche Bewaffnung der Besatzung bestand aus zwei Sten-MP (9 mm) oder Thompson-MP (.45 ACP/11,2 mm). Veteranen der *9 Royal Tank Regiment* (sprich der 9. Abteilung/*Royal Tank Regiment*), berichteten, dass ihre Thompson- durch Sten-Maschinenpistolen ersetzt wurden, damit man die Thompsons der Infanterie überlassen konnte. Viele zeitgenössische Fotografien zeigen die Sten-MP als Bewaffnung von Churchill-Besatzungen.

Des Weiteren führte jeder Panzersoldat einen Revolver oder eine Pistole am Mann. Zur Ausstattung des Panzers gehörte auch eine Leuchtpistole mit einem Vorrat an Signal- und Leuchtmunition (Signalpatronen rot, grün und weiß; dazu Leuchtmunition zur Gefechtsfeldbeleuchtung).

Das Bren-MG speiste sich im Panzer normalerweise aus einem 100-schüssigen- Trommelmagazin statt aus dem üblichen Kurvenmagazin für 30 Patronen. Zur Verwendung des 100-Schuss-Magazins benötigte das Bren einen Adapter. Adapter und Trommelmagazin brachten den Nachteil, dass sich das übliche Kimme-Korn-Visier nicht nutzen ließ, da die Trommel die Sicht versperrten. Das Trommelmagazin besaß eine Feder zum Transport der Patronen, die beim Laden mittels eines speziellen Werkzeugs gespannt werden musste, damit sich die Patronen einführen ließen. Beim Feuern begann es mit einer niedrigen Feuerrate und nahm dann Geschwindigkeit auf.

Handgranaten

Handgranaten gehörten ebenfalls zur Ausstattung; üblicherweise mit einer Spreng- oder einer Nebelfüllung. Man verstaute sie zunächst in einem offenen Fach für sechs Granaten. Dieses erwies sich als wenig praxistauglich und machte drei Stahlblechbehältern für je drei Handgranaten Platz. Es handelte sich meist um Handgranaten der Typen No 36 (Spreng-/Splitter, bekannt als *Mills bomb*, d. h. „Mills Granate“), No 80 (weißer Phosphor) und No 81 (Spreng-/Splitter und weißer Phosphor gemischt).

DER ROTA-ANHÄNGER

Abhilfe für den fehlenden Stauraum im Churchill sollte der Rota-Anänger schaffen, den der Panzer im Schlepp zog. Die Metallräder dienten als Kraftstofftanks; in der kistenartigen Transportlade fanden Munition und Material Platz (siehe Zeichnung unten). Bei den Besatzungen war der Rota-Anhänger nicht sonderlich beliebt, insbesondere bei den Fahrern, da er sich vor allem im Rückwärtsgang nur schwer manövrieren ließ. Außerdem neigten die Räder zu Lecks, in erster Linie durch Beschuss. Auslaufender, brennender Kraftstoff konnte Panzer und Besatzung dann leicht zur Gefahr werden. (Tank Museum)

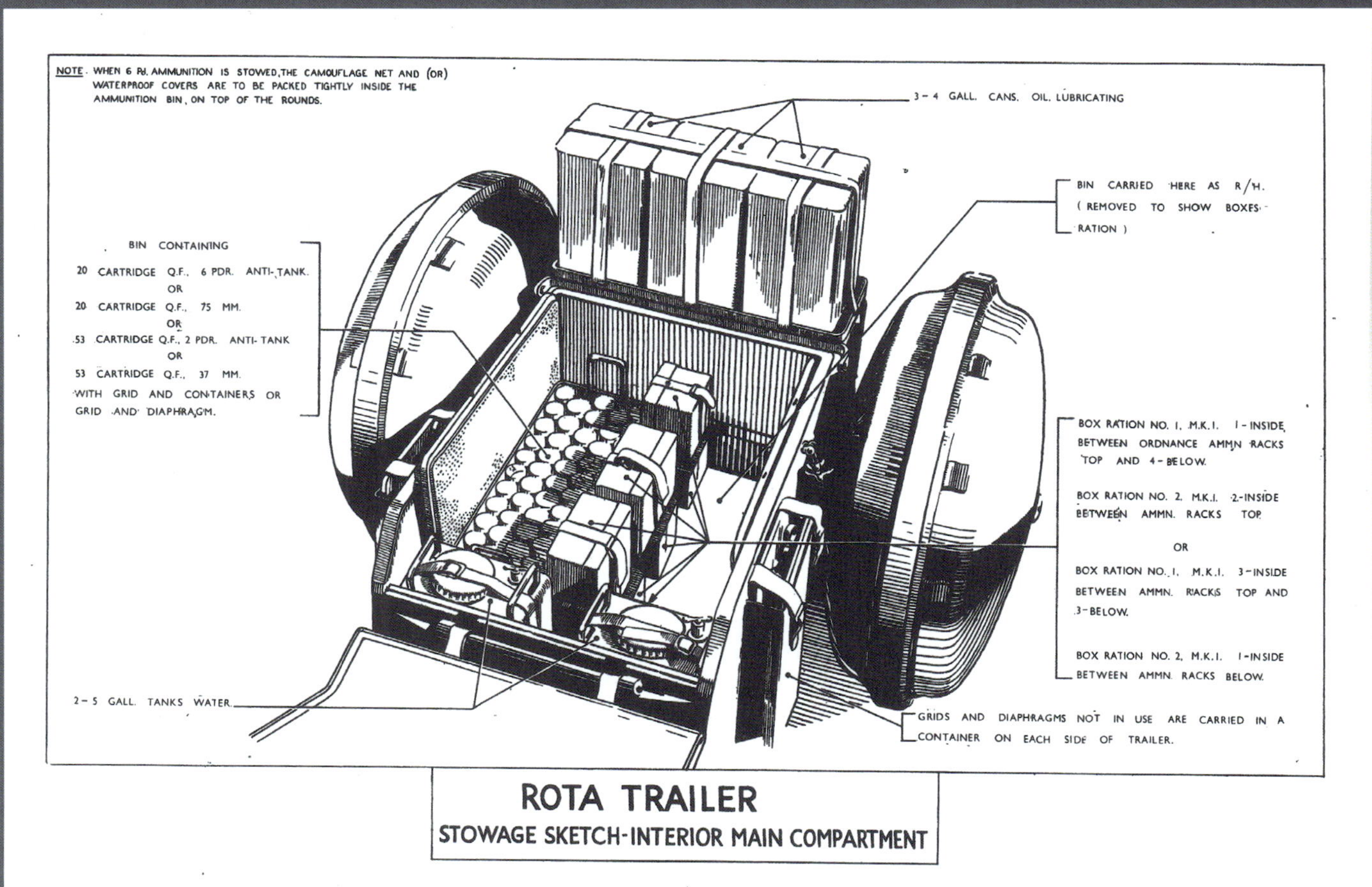

4A

Kapitel 2

„Funnies“ und Spezialausführungen

Der Churchill war nicht nur Kampfpanzer. Es entstanden zahlreiche Abarten für Unterstützungsaufgaben: Ob für amphibische Landungen oder für den Kampf gegen befestigte Stellungen – der Churchill wurde gewissermaßen zum „Schweizer Taschenmesser“ mit vielen Anwendungsbereichen und reichlich Zubehör.

Eine der seltenen Gelegenheiten, einen Churchill-Minenräumpanzer mit rotierenden Flegeln in Aktion zu sehen. Hier „dreschen“ die Flegel zu Demonstrationszwecken aber nur Stroh, wofür sie eigens gekürzt wurden. (Sammlung des Autors)

Ein Churchill Mark IV wird für das Waten vorbereitet. Man beachte die Luftansaugschächte auf beiden Wannenseiten sowie den Schacht für die Entlüftung des Motorraums am Heck. Die beiden Auspuffrohre wurden ebenfalls verlängert. Die umfangreichen Abdichtungen im unteren Bereich der Wanne kann das Foto allerdings nicht zeigen. Wer sich bei den unterschiedlichen Türmen der Mark IV, V und VI auskennt, wird feststellen, dass sich die Abdeckung für den Rauchabzug im Turmdach hier etwas weiter rechts befindet als bei den früheren Varianten. Den Auslass schützt ein erhabener Rand, der Querschlägern und Splittern vorbeugen sollte, die den Vorgängerversionen noch gefährlich wurden. Bei späteren Türmen rückte der Lüfter noch mehr zur Mitte. (Tank Museum)

Neben seiner Rolle als Unterstützungspanzer für die Infanterie wurde der Churchill auf zahlreiche andere Aufgaben zugeschnitten. Dafür gab es augenscheinlich zwei Hauptgründe: zum einen seine Größe mit Ausbaupotenzial im Innenraum; zum anderen seine Seitenluken, die einen einfachen Zugang von außen erlaubten. So war es ein Leichtes, Material, Munition und andere Gegenstände in den Panzer hinein und wieder heraus zu schaffen. Die Seitenluken waren für die Tiefwatfähigkeit natürlich ein Handicap, weshalb der Sherman letztlich den Vorzug vor dem Churchill erhielt. Der Sherman ließ sich ohne größeren Aufwand in einen Amphibienpanzer verwandeln, der sozusagen von Landungsbooten an Land „schwamm". Hingegen erforderte die Herstellung der Tiefwatfähigkeit beim Churchill langwierige Vorbereitungen, wozu die Versiegelung der zahlreichen Wannen-Öffnungen gehörte. Er ließ sich auch nicht so ohne weiteres zum Minenräumpanzer umbauen. Auch hier hatte der Sherman mit seinen vorn liegenden Antriebsrädern die Nase vorn und blieb für die Westalliierten während des 2. Weltkriegs die erste Wahl. Den Churchill bugsierten die Briten erst nach 1945 in diese Rolle, wie im Abschnitt „Räumen von Minen und Hindernissen" auf Seite 63 dargestellt. Doch er schlüpfte in so ziemlich jede andere mögliche Adaption.

MAJOR GENERAL PERCY C.S. HOBART

Die Geschichte der Churchill-Spezialausführungen ist untrennbar mit Major General (Generalmajor) Percy C.S. Hobart verbunden. Hobart, genannt „Hobo", hatte sich während des 1. Weltkriegs das *Military Cross* (MC, Militärverdienstkreuz) und den *Distinguished Service Order* (DSO, in etwa: Orden für herausragende Verdienste) erworben, außerdem tauchte sein Name in verschiedenen Sondermeldungen auf. Er und andere Visionäre hatten sich zwischen den Kriegen für den Aufbau einer operativen britischen Panzerwaffe eingesetzt. Während die deutschen Streitkräfte, wenn auch nicht ohne Widerstand aus konservativen Kreisen, diesen Gedanken in den 1930er-Jahren umsetzten, konnte man dies vom „Establishment" beherrschten britischen Militär nicht behaupten. Im Zuge eines nicht gerade viel versprechenden Starts in den Krieg gegen Deutschland erhielt „Hobo" zuerst ein Kommando, um dann abgelöst und in die Reserve versetzt zu werden. Churchill und Montgomery erkannten jedoch seine Talente und im Oktober 1942 übertrugen sie ihm den Befehl über die *79th Armoured Division* (79. Panzerdivision). So erhielt er Gelegenheit, innerhalb seines Verbandes Taktiken und Einsatzmöglichkeiten für jene Spezialfahrzeuge zu entwickeln, die bei den Landungen in Frankreich und anderswo als „Hobart's Funnies" (in etwa: „Hobarts Klamottenkisten") bekannt werden sollten. Viele „Funnies" beruhten natürlich auf Churchill-Fahrgestellen. Sie trugen in den britischen Landungsabschnitten erheblich zum Gelingen der Invasion in der Normandie 1944 bei, ebenso zum Erfolg vieler anderer Unternehmungen bis zur Rhein-Überquerung im März 1945. Die 79. Panzerdivision fungierte dabei als „Mutterhaus" und gab, je nach Bedarf, die „Funnies" in kleinen Gruppen an andere Verbände ab.

Das Stier-Abzeichen der 79th Armoured Division. (Sammlung des Autors)

Eine seiner erfolgreichsten Rollen war die des Pionierpanzers. Eine weitere, einigermaßen erfolgreiche Abart ließ sich als Flammpanzer „Crocodile“ aus dem Mark VII stricken.
Der zur Verfügung stehende Raum lässt hier keine umfassende Betrachtung aller Spezialausführungen zu, sie finden sich aber in einigen der Bücher, die im Schrifttumsverzeichnis auf Seite 174 aufgeführt sind. Bei der Betrachtung des Churchill darf jedoch zumindest eine Auswahl an Sonderfahrzeugen nicht fehlen.

Einsatz als Pionierpanzer und Brückenleger

Armoured Vehicle Royal Engineers (AVRE)

Das „Panzerfahrzeug für die Königlichen Pioniere“ (AVRE) entstand aus den Erfahrungen der so kläglich gescheiterten Landung bei Dieppe 1942. Es war das geistige Kind eines kanadischen Pionieroffiziers: *Lieutenant* (Oberleutnant) John James Denovan von den *Royal Canadian Engineers*, der in der Abteilung Spezialausrüstung des *Departement of Tank Design* (DTD) in England arbeitete. Der Stellvertretende Direktor dieser DTD-Abteilung war *Lieutenant Colonel* (Oberstleutnant) George Reeves, der als Beobachter an der Dieppe-Landung teilgenommen hatte.

Oben: Ein ziemlich mitgenommener Churchill AVRE vom *42nd Assault Regiment* (42. Sturmregiment) der *79th Armoured Division* (erkennbar am Stierkopf-Abzeichen und der Nummer 1235 auf der Wanne). Die Winkelspiegel von Fahrer und Bug-MG-Schützen sind ausgefahren, damit diese über den vorderen Kettenschutz blicken können. Bei diesem Panzer sitzt die UV-Lampe unüblicher Weise auf der Seite des MG-Schützen und nicht auf der Fahrerseite. Ein Soldat hat seinen Helm ans Hilfsvisier auf dem Turmdach gehängt. (Tank Museum)

Links: Blick auf den Petard-Mörser, an dessen Sockel die Stabilisierungsflossen eines Geschosses (genannt *„Flying Dustbin“*, etwa: „Fliegender Mülleimer“) gerade noch sichtbar sind. Das Fahrzeug wurde vor einer amphibischen Landung abgedichtet und die Sichtluke des Bug-MG-Schützen mit Segeltuch und wasserdichtem Material abgedeckt. Die Feder rechts neben dem Mörser ist Teil des Rohr-Kippmechanismus: der Mörser ließ sich zum Laden durch den Bug-MG-Schützen wie eine Schrotflinte abkippen. (Tank Museum)

Unten links: Nahaufnahme des Petard-Mörsers eines Mark IV AVRE. Daneben die Mündung des Besa-MG und darunter eine Rohrleitung. Diese leitete die Pulvergase einer Zündpatrone zum Mörser, welche die Treibladung des Petard-Geschosses aktivierten. Ganz unten der Griff zum Entriegeln des Mörsers. (Tank Museum)

Unten: Ein zügig fahrender Mark IV AVRE „Liberator“ mit Zusatzpanzerung. (Tank Museum)

Ein Churchill Mark IV AVRE, der für einen Tiefwat-Einsatz vorbereitet wurde – man erkennt die Segeltuchüberzüge auf Blende und Besa-MG. Auch das Geschoss im Petard-Mörser wurde abgedeckt. Von der Luftansaughutze auf der rechten Wannenseite führt ein langer Ansaugschacht für die Verbrennungsluft des Motors nach oben. Mittels einer Sprengschnur, die im Kampfraum gezündet wurde, ließ sich die „Tauchausrüstung" absprengen, sobald der Panzer trockenes Land erreicht hatte. (Tank Museum)

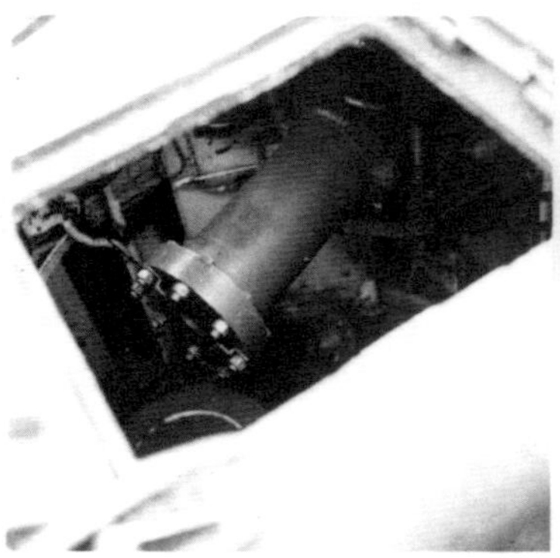

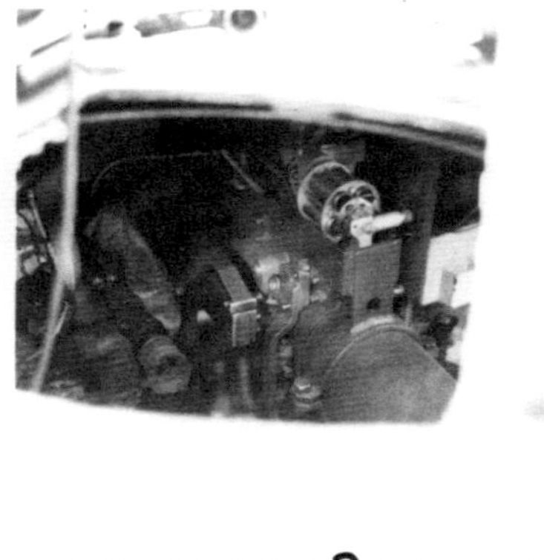

Blick in einen AVRE-Turm: links durch die Ladeschützen- und rechts durch die Kommandantenluke. Der lange Zylinder, an dessen Ende eine runde Platte verschraubt ist, ist die Bodenplatte des Petard-Mörsers. Er enthielt eine starke Feder zur Dämpfung des Rückstoßes. Beim trommelartigen Gegenstand (rechts) handelt es sich um das Magazin für die Zündpatronen des Petard-Werfers. Deren Zündstrahl schoss durch eine Rohrleitung und entzündete die Treibladung hinter dem Geschoss. Links daneben das Besa-Maschinengewehr und das Zielfernrohr für den Schützen. (Tank Museum)

Dieses Foto zeigt die Baugruppen eines Zapfenmörsers. Vorn der stachelartige Zapfen zur Aufnahme des Geschosses. Die riesige Feder im Vordergrund fängt den Rückstoß ab. (Tank Museum)

Nach der Landung bei Dieppe schrieb *Colonel* (Oberst) George Reeves einen Bericht über die Schwierigkeiten des Einsatzes. Dieser legte u. a. dar, dass es die Pioniere am Strand von Dieppe mit am schwersten hatten. Reeves kannte ihre schweren Verluste nur zu gut: auf fast deckungslosem Strand und unter Feindfeuer versuchten sie Hindernisse zu sprengen, damit die Panzer den Abschnitt überhaupt überwinden konnten. Der kanadische Oberleutnant Denovan sah die Notwendigkeit, den Pionieren beim Kampf in vorderster Linie Unterstützung durch einen auf ihre Zwecke zugeschnittenen Panzer zu schaffen. Er entschied sich für den Churchill. Im Oktober 1942 ließ er ein Fahrzeug regelrecht ausschlachten, um sich einen Überblick zu verschaffen, wie viel Pioniermaterial sich darin unterbringen ließ – Sprengladungen, Zünder und vieles mehr, was ein Pionier-Herz höher schlagen lässt. Dabei sollte der Panzer nicht nur als Material- und Truppentransporter dienen, sondern auch als Ladungsleger – sprich: die Besatzung sollte, ohne den Schutz des Fahrzeugs verlassen zu müssen, Sprengladungen anbringen bzw. werfen. Sollte eine Ladung etwas bewirken, musste sie viel Sprengstoff enthalten und wog entsprechend. Eine solche Sprengstoffladung konnte keine damalige Panzerkanone verschießen; ein solches Geschütz hätte sich allein wegen der erforderlichen Masse, seiner Abmessungen und des gewaltigen Rückstoßes nicht in einem Panzer unterbringen lassen. Denovan holte sich Hilfe bei *Colonel* Stewart Blecker, Erfinder des schultergestützten PIAT-Ladungswerfers zur Panzerabwehr, sowie der so genannten *Blacker Bombard*, einer Waffe der *Home Guard* (Heimwehr). Bei beiden Waffen handelte es sich im Grunde um simple Zapfenwerfer oder -mörser. Ein Zapfenwerfer verschießt auf so einfache wie clevere Weise Geschosse. Das Prinzip basiert

Ein Mark IV AVRE, T172622B, hat über eine Hilfsbrücke ein hohes Hindernis erklettert und steht nun kurz vor dem Abwurf des Faschinenbündels. (Sammlung des Autors)

auf einem soliden Stab oder „Zapfen“, auf den das Projektil gesteckt wird. Dessen hohler Schaft weist außen Stabilisierungsflossen auf. Vorn im Schaft befindet sich das Treibmittel. Nach der Zündung treiben die Pulvergase das Projektil dem Zapfen entlang, der es – durch die Flossen pfeilstabilisiert – gerichtet auf die Reise schickt. Zapfenwerfer und ihre Munition lassen sich recht einfach herstellen, haben aber nur begrenzte Schussweiten.

Blacker entwickelte einen Zapfenmörser für den Einsatz auf Panzern, der die Bezeichnung *„Petard“* erhielt, nach der Petarde, einem bereits im 16. Jahrhundert bekannten Kurzmörser und Ladungsträger. Der Petard-Werfer schleuderte eine etwa 14 kg schwere Ladung rund 90 m weit. Letztere erhielt wegen ihrer Form den Spitznamen *„Flying dustbin“*, also „Fliegender Mülleimer“. Am 14. Januar 1943, nach der Vorführung eines Prototyps, genehmigte das *War Office* den Entwurf, der unmittelbar in Fertigung ging. Er war für die Bewaffnung bzw. Umrüstung von Churchill Mark III und Mark IV vorgesehen. Der Petard-Mörser passte, ob Zufall oder nicht, in die vorhandene Blende und ließ sich so gegen die 6-Pfünder- oder die 75-mm-Kanone tauschen. Sein Nachteil war die geringe Reichweite und die Tatsache, dass der Bug-MG-Schütze zum Nachladen von außen den Schutz des Panzers – zumindest zeitweise – verlassen musste. Er öffnete eine Schiebeluke über sich, beugte sich hinaus, klappte das Rohr des Petard-Mörsers ab, führte das Geschoss ein und klappte die Waffe wieder zu. Es empfahl sich kaum, diese Arbeitsschritte unter Feindfeuer vorzunehmen.

Die AVRE-Pionierpanzer führten im Einsatz meist zusätzliche Ausrüstung oder Gerät mit sich. Dazu gehörten vor allem Faschinenbündel zum Gangbarmachen schwierigen Terrains bzw. zum Überwinden von Hindernissen; aber auch die so genannte *„small box girder“* (etwa: kleine Kastenbrücke) oder Sturmbrücke. Sie ließ sich vom vorderen Wannenteil absenken und trug Lasten bis zu 40 Tonnen.

Eine wichtige Rolle spielten AVRE-Panzer als Mattenleger an Stränden mit tiefgründigem Sand. Sie trugen an zwei Armen eine riesige Spule, die eine mit Stangen durchwirkte Segeltuchrolle vor dem Panzer abrollte. So entstand eine befahrbare Bahn für nachfolgende Fahrzeuge. Bei der Invasion 1944 setzten die Briten letztlich 24 verschiedene Spezialausführungen des Churchill ein.

Nachkriegsaufnahme des Churchill-Brückenlegers Mark IV AVRE „Desirée“ . Schnellbrücken brachten Vorteile, machten die Panzer auf dem Gefechtsfeld aber auch schwer- und auffällig. (Tank Museum)

Ein Churchill Mark IV AVRE beim Verlegen von Mattenbahnen. (Tank Museum)

Ein Nachkriegs-Mark VII AVRE namens „Mars“ mit 6,5-Zoll-Geschütz und einem Faschinenbündel huckepack. An der Turmseite ein nach rückwärts gerichteter Lautsprecher, der der Verständigung mit nachrückenden Truppen diente. (Tank Museum)

Der Churchill AVRE nach dem Krieg

Nachdem sich das AVRE-Konzept im Krieg bewährt hatte, rüsteten die Briten zwischen 1947 und den frühen 1950er-Jahren etwa 88 Mark VII und VIII zu verbesserten AVRE-Ausführungen um. Die Hauptbewaffnung bildete ein 6,5-Zoll-Hinterlade-Sturmmörser (16,5 cm) und AVRE stand jetzt für *Assault Vehicle Royal Engineers* (also Pionier-Sturmpanzer), statt wie bisher für *Armoured Vehicle Royal Engineers*. Die Kanone verschoss ein so genanntes Quetschkopfgeschoss (*High Explosive Squash Head*, HESH) mit dünner Wandung. Seine Wirkung beruht auf einer Ladung aus plastisch verformbarem Sprengstoff, der sich beim Auftreffen auf ein Ziel breitquetscht. Die Detonation erzeugt auf Panzerplatten eine intensive Stoßwelle, die Splitter an der Innenseite abplatzen lässt. Diese setzen die Besatzung im Kampfraum außer Gefecht. Die 6,5-Zoll-Granate kam ohne Hülse im herkömmlichen Sinn aus. Die Treibladung befand sich sozusagen in einer Aussparung des Geschossbodens.

Der Nutzen des neuen Churchill AVRE lag hauptsächlich in der Zerstörungskraft dieser Waffe, aber er führte auch Pionierladungen und Zünder mit, die ein Besatzungsmitglied händisch an Hindernissen platzierte. Darüber hinaus sah man weitere Aufgaben vor; so als Bulldozer, mobiler Kran, Brückenleger, Schlepper und Faschinenleger. Obwohl die Entwicklung des neuen AVRE bereits 1947 einsetzte, wurde er erst 1954 offiziell in Dienst gestellt. Es handelte sich wahrscheinlich um die letzte Churchill-Ausführung des britischen Heeres, die, so weit bekannt, nie gefechtsmäßig eingesetzt wurde. 1955 begann die Entwicklung des Nachfolgers, des ausgezeichneten Centurion AVRE.

Ein weiterer Nachkriegs-Churchill namens „Mons II“, bewaffnet mit der späteren Ausführung des 6,5-Zoll-Geschützes mit Rauchabsaugung. Das Fahrzeug verfügt zudem über einen Räumschild. (Tank Museum)

Churchill AVRE mit einem Stoß an Faschinenbündeln im Gelände. Die Aufnahme daneben zeigt das übungsweise Überschreiten eines Grabens, der vorher mit Faschinenbündeln verfüllt wurde. (PD)

Ein frühes Muster des Churchill-ARK. (Tank Museum)

Churchill ARK
Während des Krieges ergab sich die Notwendigkeit, künstliche Hindernisse überwinden zu müssen, wie sie etwa die deutschen Streitkräfte in Italien oder Frankreich in Form von Panzergräben errichtet hatten. Auch kleinere Gewässer und größere Bombenkrater stellen Hindernisse für Panzer dar. Daher rüsteten die Briten einige Churchill zu „Grabenpanzern" um. Die Türme wurden entfernt und über die Ketten kamen feste Abdeckungen, so dass eine befahrbare Rampe entstand. Im Einsatz fuhr der Churchill ARK

Ein Churchill ARK dient einem Sherman, T211770, an einer steilen Böschung als Rampe. Die schlitzartige Lufteinlasshutze an der rechten Wannenseite scheint entfernt worden zu sein. (Tank Museum)

Ein paar „verkuppelter“ Nachkriegs-ARK. Beim Fahrzeug links handelt es sich um eine ältere Bauart (vor Mark VII), denn die Fahrersichtluke ist noch rechteckig (im Unterschied zur runden der Mark VII und VIII, siehe rechts). Beim älteren ARK wurde auch die Besa-Blende entfernt, die dem jüngeren, einem umgerüsteten Mark VII oder VIII, erhalten blieb. (Tank Museum)

(*Armoured Ramp Carrier*, Gepanzerter Rampenträger) also in den Panzergraben oder Bombentrichter und bildete eine feste Rampe, über die andere Panzer und Fahrzeuge rollen konnten. Während und nach dem Krieg entstanden verschiedene ARK-Ausführungen. In der ursprünglichen Form fuhren andere Panzer einfach über das Dach des turmlosen ARK, spätere Varianten erhielten pontonartige Ausleger zur Verlängerung der Rampe. In seiner letzten Nachkriegsversion wurde der ARK zum Zwilling: zwei miteinander verkuppelte Fahrzeuge bildeten eine breitere Rampe, die auch schwere und breite Kampfpanzer vom Schlage Conqueror oder Centurion befahren konnten.

Dieser Brückenleger auf Churchill Fahrgestell konnte eine 9 Meter lange Brücke mit bis zu 60 Tonnen Tragkraft zum Einsatz zu bringen. (Vincent Bourguignon)

Nachkriegsaufnahme eines übungsweisen Brückenschlags; ausgeführt von einem älteren Churchill-Brückenleger. (Tank Museum)

Diese bekannte Aufnahme vom 30. Oktober 1944 zeigt den Brückenschlag eines Churchill-Brückenlegers über das Roosendaalse Vliet in Holland. Die Brücke wurde anschließend von der 9 RTR überquert und von den Roosendaalern „London Bridge“ getauft. (Tank Museum)

Brückenleger

Der ARK taugte zur Überwindung kleinerer und üblicher Weise trockener Gräben und Einschnitte. Für breitere Hindernisse und Gewässer bedurfte es eines Brückenlegers. Auch dazu wurde der Churchill nach Entfernen des Turms umgerüstet. Er erwarb sich den Ruf eines recht erfolgreichen Brückenlegepanzers und legte seine Brücke, ohne dass die Besatzung den Schutz des Fahrzeugs verlassen musste.

Bergepanzer (ARV)

Beim Churchill-Bergepanzer (*Armoured Recovery Vehicle*) handelte es sich zuerst lediglich um eine turmlose Variante des Panzerkampfwagens. Er diente dem Bergepersonal der *Royal Electrical and Mechanical Engineers* (REME; brit. Instandsetzungstruppe) zur Bergung havarierter oder abgeschossener Churchill und anderer Fahrzeuge unter Panzerschutz. Desgleichen zum geschützten Transport von Werkstattpersonal auf das Gefechtsfeld, wo es Reparaturen vornahm, welche die Möglichkeiten der Havaristen-Besatzung überstiegen. So wechselten die REME-Mannen Motoren und Getriebe, Laufrollen und deren Federn nach Minentreffern, beseitigten Beschuss-Schäden usw. Das notwendige Werkzeug und Gerät befand sich an Bord ihres ARV. Letztlich stattete man den ARV auch mit einem nicht drehbaren Turm und einer Kanonenattrappe aus. Derartige ARV waren noch während des Korea-Krieges im Einsatz.

Ein früher ARV setzt seinen Auslegerkran zum Ziehen des Getriebes aus einem Churchill Mark VI ein. (Tank Museum)

Unten links: REME-Mechaniker beim autogenen Schweißen einer Klammer. Der Schraubstock ist am Bug eines Churchill AVRE angebracht. (Tank Museum)

Unten: Beim Churchill ARV, T38306R, handelt es sich um eine der jüngsten Bergeversionen. Das Fahrzeug verfügt über die Turm- und Kanonenattrappe sowie über eine verbesserte Kran- und Abschleppvorrichtung. (Tank Museum)

Räumen von Minen und Hindernissen

Während des 2. Weltkriegs testeten die Briten etliche Minenräumpflüge und andere -apparate am Churchill; außerdem Vorrichtungen zum Anbringen von Sprengladungen an Hindernissen. Von allen Abarten des Churchill scheinen diese am wenigsten zum Einsatz gekommen zu sein, ungeachtet der erheblichen Ressourcen, die ihre langwierige Entwicklung verschlungen hatte.

Nach 1945 erhielt die Distington Engineering Company in Cumberland den Auftrag zur Entwicklung eines unbewaffneten Churchill mit Minenräumflegeln. Er sollte auf den Turm verzichten, eine Höhe von acht Fuß (ca. 2,4 m) und eine zweiköpfige Besatzung aufweisen.

Hinter dem Besatzungsraum befand sich ein Einspritzmotor M120 Meteor, dessen ausschließlicher Zweck darin bestand, die Trommel mit den Minenflegeln anzutreiben. Der übliche Fahrmotor des Churchills blieb erhalten, so dass sich der „Dreschflegel"-Panzer mit derselben Geschwindigkeit wie ein Churchill Mark VII fortbewegte (12,7 mph oder 20,4 km/h). Beim Einsatz der Flegeltrommel verringerte sich diese auf 2 mph (ca. 3,2 km/h). Mit Ausrüstung wog das Fahrzeug 56 Tonnen.

Hinten am Heck befand sich ein Spurmarkierungsgerät, das Pflöcke zur Markierung der geräumten Strecke in den Boden rammte. Eine ausgeklügelte Vorrichtung mit gyroskopischem Richtungsanzeiger half dem Fahrer beim Halten der gewünschten Räumspur. Eine weitere Anzeige half den richtigen Seitenabstand zu einem zweiten Minenräumpanzer zu wahren. Für ein

Ein Churchill-Minenräumpanzer „Toad“ neben seinem Vorgänger auf Sherman-Basis. (Tank Museum)

Bei diesem „Toad“ liegt die Flegeltrommel in Ruheposition über dem Heck. Den Churchill verrät seine markante Wanneform. Der große Kasten am Heck enthielt das Spurmarkierungsgerät. (Sammlung des Autors)

Fahrzeug mit so viel fortschrittlicher Ausrüstung scheint es ungewöhnlich, dass sich die Trommel nicht über ihre beiden Arme steuern ließ, sondern mittels Seilwinden gesenkt und wieder gehoben werden musste. Das Fahrzeug erhielt den Spitznamen *„Toad“* (Kröte) und wurde nie einsatzmäßig verwendet.
Die Firma Robinson and Kershaw Limited aus Dunkenfield rüstete Mark-VII- und –VIII-Wannen um und das Eisenbahnwerk Horwich in Lancastershire führte die Innenarbeiten aus. Etwa 42 Churchill wurden zwischen 1954 und 1956 zu „Dreschlflegel“-Minenräumern umgebaut.

Der Churchill als Waffenträger

Churchill 3-Zoll-Sturmgeschütz

Der Anforderung für eine Selbstfahrlafette folgend, die es mit deutschen Panzern bei einer Landung in England aufnehmen sollte, fiel die Entscheidung, eine 3-Zoll-Flugabwehrkanone (76,2 mm) in einen modifizierten Churchill ohne Turm einzubauen. Es entstand ein fürchterlicher Kasten ohne jegliche Schrägflächen. Die Firma Beyer Peacock & Company stellte bis Ende 1942 fünfzig Fahrzeuge her, die, soweit man weiß, (glücklicher Weise) nie zum Einsatz kamen.

Flammpanzer „Crocodile“

Der *„Crocodile“* (Krokodil), ebenfalls ein *„Funny“*

Rechts: Der Fahrersitz im „Toad“. Er hat mehr Instrumente zu bedienen und dafür mehr Platz als im Kampfpanzer. (Sammlung des Autors)

Ganz rechts: Der Sitz des „Beifahrers“ im Minenräumpanzer „Toad“. (Sammlung des Autors)

von Hobart, wurde unter höchster Geheimhaltung für die Invasion 1944 entwickelt. Zusammen mit dem AVRE und seinem Petard-Mörser sollte der „Crocodile" den Angriff der britischen Landungstruppen durch die befestigten deutschen Stellungen an den Stränden der Normandie tragen.

Beim „Crocodile" handelte es sich um einen üblichen Mark VII ohne Besa-MG. In dessen Wiege setzte man einen Flammenwerfer; bedient vom bisherigen MG-Schützen. Zwei Rohre liefen vom Flammenwerfer durch ein Loch im Wannenboden zu einer großen gepanzerten Kupplung am Heck. Daran hing ein ebenfalls gepanzerter Anhänger von etwa 6,5 t, der in zwei Behältern rund 400 Gallonen (ca. 1514 l) Flammöl fasste. Außerdem fünf Tanks mit komprimiertem Stickstoff, der als Treibmittel diente und Flammstöße bis auf 150 yards (136 m) ermöglichte (wobei knapp 70 m realistischer waren). Das Flammöl wurde aus Kanistern von Hand in die beiden Tanks gefüllt und die Hähne der Stickstofftanks wurden auf den Befehl *„Pressure Up!"* („Druck an!") geöffnet. Der Stickstoff reichte freilich nur begrenzte Zeit; in der Regel für 80 Flammstöße zu einer Sekunde. Die Zündung des Flammöls erfolgte entweder gleich an der Strahlrohr-Mündung oder es wurde aufs Ziel gesprüht und von einem nachfolgenden Flammstrahl entzündet. Der Anhänger ließ sich aus dem Panzerinnern abkoppeln.

Neben dem Flammenwerfer verfügte der „Crocodile" über eine 75-mm-Kanone und die gesamte Kampfbeladung an Granaten. Er ließ sich daher auch als Kampfpanzer einsetzen. Wie es heißt, war der „Crocodile" beim Gegner gefürchtet. Erschienen „Crocodile" auf dem Schlachtfeld, konzentrierte die deutsche Abwehr ihr Feuer besonders auf diese Panzer und ihre Anhänger. Der Einsatz von Flammenwerfern erfreute sich auf der Empfängerseite hüben wie drüben nie besonderer Beliebtheit. Auf beiden Seiten gab es manchmal keinen Pardon für Flammenwerfer-Bedienmannschaften, die in Gefangenschaft gerieten. So ist mindestens ein Vorfall dokumentiert, bei dem eine „Crocodile"-Besatzung kurzum erschossen wurde.

Häufig genügte es, wenn ein AVRE und ein „Crocodile" vor einer hart umkämpften Stellung auftauchten und ihre Waffenwirkung demonstrierten, um die Besatzung zur Aufgabe zu bewegen.

Ein Churchill-Sturmgeschütz im Hof einer Erprobungsstelle. (Sammlung des Autors)

Funktionierte das nicht, kam zuerst der Petard-Mörser zum Einsatz. Die Wirkung einer Granate reichte meist aus, um die Rahmen von Bunkertüren so zu verziehen, dass Flammöl des „Crocodile" eindringen konnte.

Bereits vor dem „Crocodile" gab es Churchill-Flammpanzer. Einige frühe Churchill wandelten sich zu Flammpanzern „Oke" – benannt nach ihrem Schöpfer, Major J.M. Oke.

Dieser reichte seinen Oke-Entwurf Ende 1941 ein. Er nutzte den Ronson-Flammenwerfer, wie ihn bereits Bren-Karetten der Infanterie führten. Der Oke wurde nur in geringer Stückzahl hergestellt und vom „Crocodile" abgelöst.

Die anfänglichen Erprobungen des „Crocodile"-Flammpanzers wurden mit Mark IV durchgeführt, bevor man den Entwurf annahm und auf den stärker gepanzerten Mark VII übertrug.

Das Bugabteil im „Crocodile" mit den Bedienelementen für den Flammschützen. Man vergleiche die Zeichnung mit der Fotografie auf S. 67 Mitte. (Sammlung des Autors)

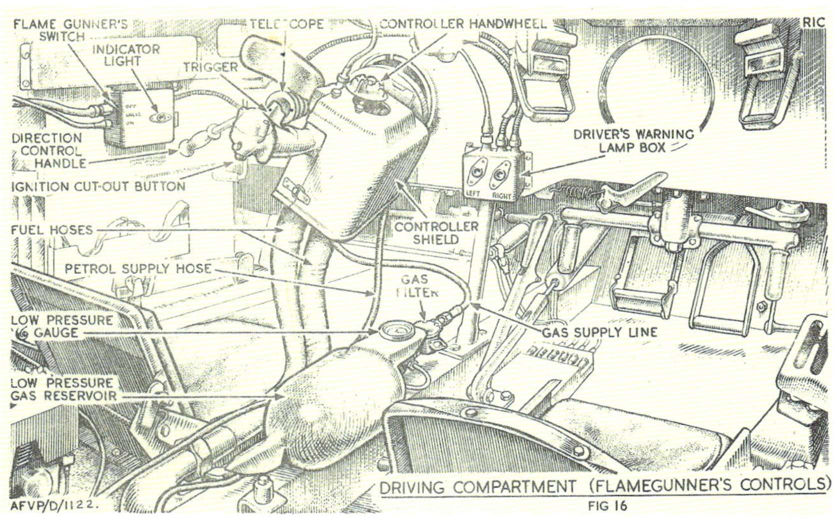

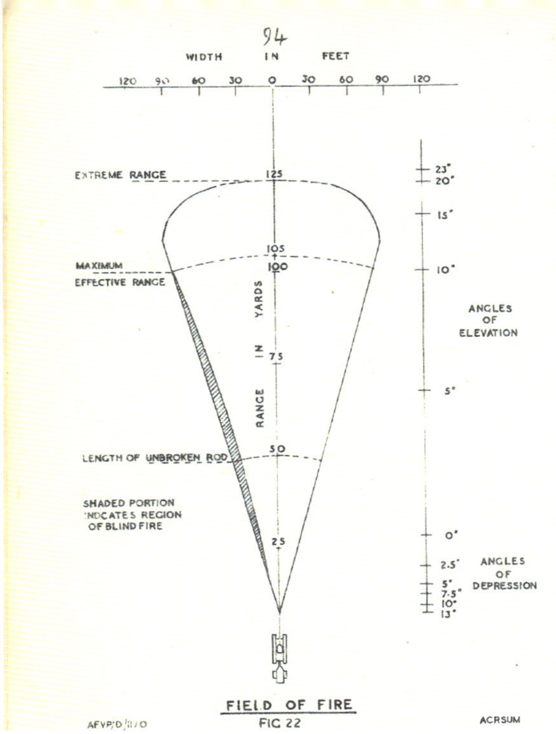

Dieses Schaubild zeigt die Reichweite des Flammenwerfers. (Sammlung des Autors)

Der gepanzerte Anhänger mit Flammöl- und Stickstofftanks hinter einem „Crocodile“. Ein Besatzungsmitglied nimmt gerade Einstellungen vor. (Sammlung des Autors)

NA 75

Diese Variante des Churchill Mark IV verdankt ihre Entstehung dem Erfindergeist und der Hartnäckigkeit von *Captain* P.H. Morrell. Hauptmann Morell diente bei der Instandsetzungstruppe REME in Nordafrika. In Tunesien erkannte er die Möglichkeit, Kanonen und Blenden der vielen beschädigten Sherman-Panzer in Churchill Mark IV einzubauen. Damit verfolgte er zwei Ziele: Erstens ließen sich die 75-mm-Sprenggranaten des Sherman so auch in Churchill nutzen. Zweitens bot die außen liegende Sherman-Blende der Besatzung wesentlich besseren Schutz; darüber hinaus verschwand auch der verräterische Schatten der Churchill-Innenblende. Die gleißende Sonne Afrikas verschaffte gegnerischen Richtschützen mit dem Blenden-Schatten nämlich einen wunderbaren Zielpunkt. *Captain* Morell fand dies an abgeschossenen Churchill im Medjerde-Tal bestätigt: 60 % aller Treffer lagen in der Blende oder um sie herum. Er überzeugte Vorgesetzte davon, dass die Sherman-Blende und -Kanone in den Turm des Churchills passen würden, was Versuche bestätigten. Aber es dauerte. Die eigentliche Arbeit wurde erst im Vorfeld der Landung in der Normandie 1944 aufgenommen, um etwa 190 bis 200 Churchill Mark IV zu so genannten NA 75 umzurüsten – „NA“ stand für *North Africa* (Nordafrika) und „75“ für das Kaliber. Die ersten Churchill NA 75 kamen allerdings erst in Italien zum Einsatz.

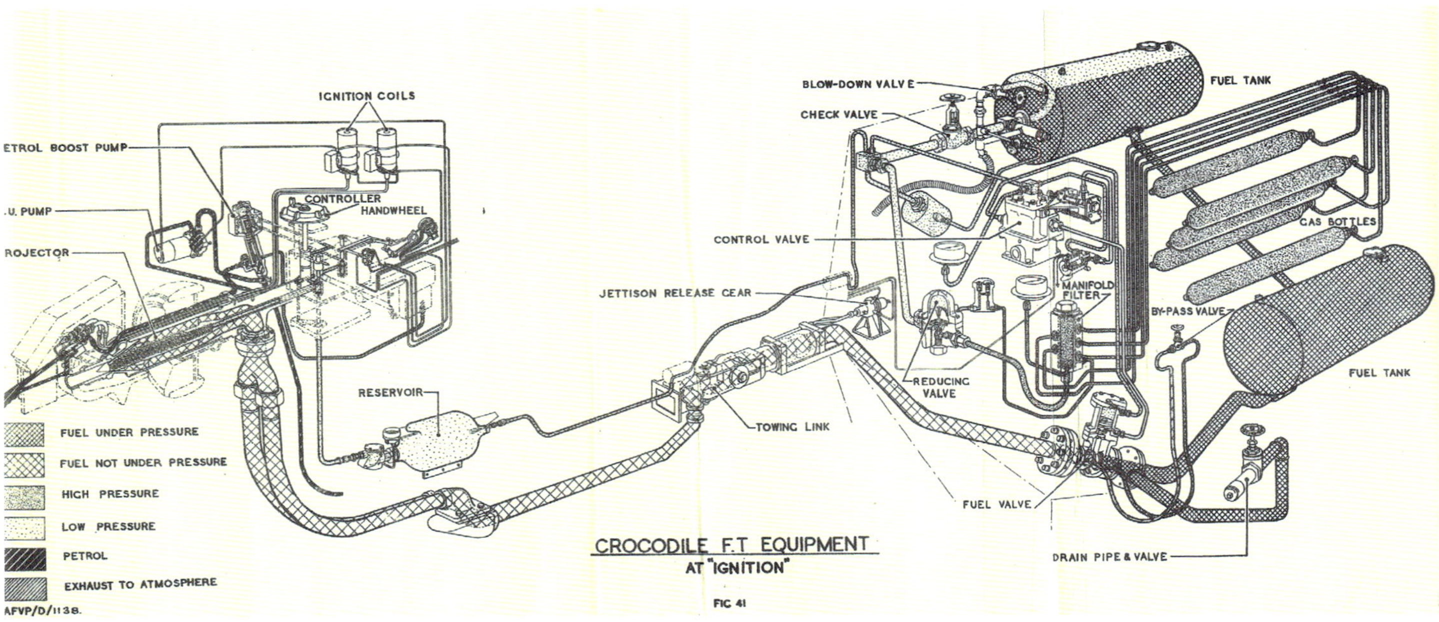

Die gesamte „Crocodile“-Flammenwerferanlage einschließlich Anhänger. (Sammlung des Autors)

Churchill „Crocodile“ Flammpanzer auf Basis des Mk VII mit 75-mm-Kaonone. Der Flammenwerfer befand sich vorn in der Wanne, das Flammöl wurde in einem gepanzerten, einachsigen Anhänger mitgeführt. (IWM)

Ein „Crocodile“ am Eingang des Konzentrationslagers Belsen 1945. „Crocodile“-Flammpanzer brannten die Baracken und Gebäude nieder, um einer Epidemie vorzubeugen. (Tank Museum)

Seltener Einblick in einen Churchill „Crocodile“. Man erkennt das topfartige Bedienelement für den Flammenschützen links; der Griff mit Auslöser zeigt nach hinten. Im Vordergrund der Fahrersitz. Zur Linken ein Kästchen mit Lämpchen. Diese warnten, wenn der Anhänger dem Panzer in einer Kurve zu nahe kam. (Tank Museum)

Ein „Crocodile“ demonstriert den Einsatz seines Flammenwerfers. Aufnahme von 1944.
(Imperial War Museum, PD)

Die offizielle Bildunterschrift dieses Propagandafotos lautet: „Britische Crocodile-Flammpanzer bei einer Vorführung auf deutschem Boden gegen ein kampfunfähiges Nazi-Sturmgeschütz. Drei Flammpanzer beschießen das Ziel.“ (Sammlung des Autors)

Bugansicht eines „Crocodile“-Flammpanzers. Der Flammenwerfer ersetzte das bisherige Besa-MG. (Imperial War Museum, PD)

Ein „Crocodile“ wirft einen Flammstrahl auf ein unbekanntes Ziel. (Sammlung des Autors)

Auch bei diesem Churchill Mark V mit 95-mm-Haubitze soll es sich um einen Flammpanzer handeln. (Bukvoed, CC-BY-SA-3.0)

OPERATION „WHITEHOT" – DER CHURCHILL NA 75

Captain Morrell gehörte 1943 in Tunesien zu einer Instandsetzungseinheit der REME (*Royal Electrical and Mechanical Engineers*) und war mit dem Abwracken abgeschossener Sherman-Panzer betraut, deren Reparatur unwirtschaftlich gewesen wäre. Ihm fiel auf, dass viele Sherman-Kanonen unbeschädigt geblieben waren. Daher unterbreitete er den Vorschlag, sie im Churchill weiter zu verwenden. Das Konzept klang so vielversprechend, dass das Churchill-Mutterhaus Vauxhall einen Mitarbeiter namens John Jack nach Tunesien entsandte. Außerdem nickte *Major General* (Generalmajor) W.S. Tope, Leiter der REME im Mittelmeerraum, die Sache ab. Das als *„Top Secret"* (streng geheim) eingestufte Projekt erhielt den Decknamen „Whitehot". General Tope gab *Captain* Morrell (der erst vor einigen Jahren aus dem Unteroffiziersstand aufgestiegen war) folgenden Rat: „Ich muss Sie warnen: Wenn Sie dieses Projekt durchbringen, das einige Panzerexperten garantiert madig machen werden, werde ich dafür sorgen, dass es Ihnen nicht zum Nachteil gereichen wird. Sollten sie die Sache aber in den Sand setzen und einen funktionstüchtigen Panzer ruinieren, der den britischen Steuerzahler eine Menge Geld gekostet hat, ist dies das Ende ihrer Karriere. Verschwenden Sie keine Zeit. Ich glaube, dass Sie es schaffen."

Der Umbau gelang und *Captain* Morrell notierte Folgendes zur Ersterprobung:

„Die Erprobung war ein durchschlagender Erfolg. Major »Dick« Whittington, Schießausbilder beim RAC Training Depot in Le Khroub gabelte, nachdem er mit einigen Probeschüssen ein Gefühl für die Kanone bekommen hatte, ein verlassenes arabisches Dorf in etwa 7500 m Entfernung ein. Danach feuerte er eine Sprenggranate nach der anderen auf es ab. Er sagte, dass durch die schwerere Schießplattform des Churchill gegenüber dem Sherman und durch die geringere Erschütterung beim Rückstoß Präzision und Reichweite gestiegen seien."

Morrell erhielt nach Abschluss des Projekts einen Brief von *Major General* Tope, der einen Bericht über Gefechte der *21 Tank Brigade* zwischen Arezzo und Florenz im Zeitraum von etwa vier Wochen beinhaltete: „ Ich wäre Ihnen dankbar, wenn Sie den verantwortlichen REME-Leuten zu ihren Verdiensten, die sie für diese Brigade erworben haben, [in meinem Namen] gratulieren würden." *Captain* Morrell erhielt den Verdienstorden MBE (*Member of the Most Excellent Order of the British Empire*) für seine Arbeit.

P.H. Morrell nach der Beförderung zum Major. Er trat am 29. Juni 1940 in Leeds ins Heer ein und stieg schnell auf. Am 6. Februar 1943 wurde er als *2nd Lieutenant* (Leutnant) in die Offizierslaufbahn übernommen und kam im April nach Nordafrika. Er brachte es bis zum *Lieutenant-Colonel* (Oberstleutnant). (Familienarchiv Morrell)

Diese Abbildung zeigt die schnellste Art, die Kanone des Churchill auszubauen – wozu allerdings der Turm gezogen werden musste. Statt, wie üblich, mühsam den Verschluss abzumontieren, wurde die Kanone samt Verschluss um 90 Grad nach unten geschwenkt und fiel sozusagen von allein aus dem Turm. (Familienarchiv Morrell)

Die Kreidemarkierung zeigt den zu entfernenden Ausschnitt, um den Mark-IV-Standardturm in einen NA 75 umzubauen. Bei manchen Gusstürmen ließ sich das Loch des Rauchabzugs für das „Periteleskop" der Sherman-Kanone nutzen, wobei eine neue Öffnung für den Lüfter geschaffen werden musste. Dies war ein solcher Turm. (Familienarchiv Morrell)

Ein nicht fertig gestellter NA-75-Turm. (Familienarchiv Morrell)

Die gesamte Sherman-Kanone einschließlich Blende fertig zum Einbau. Es war erforderlich, die Kanone im Churchill um 180 Grad zu drehen, damit der Ladeschütze überhaupt ran konnte. Der saß im Sherman links der Waffe, im Churchill rechts. (Familienarchiv Morrell)

Oben: Die Sherman-Kanone im Churchill. Der Verschluss wurde freigiebig mit Schmierfett behandelt und die Munitionshalterung für den 2-Zoll-Ladungswerfer auf zehn Granaten reduziert. Weitere Granaten wurden im Turmheck untergebracht. Die Höhenrichtmechanik musste mit einer langen Welle über die Kanone herum geführt werden, da der Richtschütze im Sherman ja auf der rechten Seite saß. Kaum sichtbar auf der linken Seite, über dem Getriebe des Schwenkwerks, das im Zuge des Umbaus ebenfalls installierte US-Browning-MG. Es ist in maximaler Erhöhung auf der Getriebebox festgestellt. Der Höhenrichtbereich reichte für die üblichen MG-Einsatzentfernungen, der bei der Hauptwaffe freilich größer war. Die Halterung für den MG-Patronenkasten befindet sich unter der Halterung für die Mörsergranaten. (Familienarchiv Morrell)

Unten: Der fertige Umbau. Die 75-mm-Kanone besaß einen größeren Höhenrichtbereich als das koaxiale Browning-MG. Das Standlicht dieses Panzers wanderte auf die Außenseite des Kettenschutzes. Im Hintergrund ein Churchill Mark IV ohne Geschütz. (Familienarchiv Morrell)

Ein fertiger NA 75, das Foto signiert vom damaligen *Captain* Morrell:. „*Bone* [Ort der Werkstatt], *North Africa, May `44*“. (Familienarchiv Morrell)

7

Kapitel 3

Der Churchill im Einsatz

Trotz einiger Mängel in Bewaffnung und Ausrüstung machte der Churchill als Infanterie-Unterstützungspanzer starken Eindruck sowohl auf die eigenen Besatzungen als auch auf den Gegner. Dies galt ebenso für seine Eigenschaft, Treffer wegzustecken und weiterzukämpfen, und seine Kletterfähigkeit an steilen Hängen.

Ein mit allerhand Ausrüstungsstücken wie Planen, zusätzlichen Wasser- oder Kraftstoffbehältern befrachteter Mark IV oder VI rückt vor, Turm in Stellung etwa 2 Uhr. Den Kopf des Kommandanten scheint eine aufgeschweißte Panzerplatte gegen Feuer von Infanterie oder Scharfschützen zu schützen. (Tank Museum)

Dieses Foto zeigt den Churchill Mark II „Backer“, T68352, am Strand von Dieppe. Beim Verlassen des Landungsbootes erhielt er einen Treffer in die linke Seite unterhalb des Turms. Dieser schlug nicht durch, blockierte aber den Turmdrehkranz. Kurz darauf riss die Kette; entweder durch Beschuss oder wegen der Steine. Da der Panzer parallel zur Strandlinie stand, konnte er mit der Kanone nicht mehr wirken. Im feindlichen Feuer stieg Bug-MG-Schütze *Trooper* (Panzerschütze) Chapman aus und befestigte ein Seil mit einem Ende an der Kanone und mit dem anderen an der gerissenen linken Kette. Darauf setzte der Fahrer zurück, wobei es den Turm in Richtung Dieppe zog und der Richtschütze nun einige Gebäude auffassen konnte. Der Panzer verschoss seine gesamte Munition, dann bootete die Besatzung unter Zündung einer Handgranate aus und suchte Deckung. Dabei traf eine Kugel *Trooper* Provis, den Richtschützen, tödlich.

DAS CALGARY-REGIMENT

Das kanadische *Calgary Regiment* wurde 1910 errichtet. Im 2. Weltkrieg erlebte es, nach der Ausbildung in England als *Calgary Regiment (Tank)*, den ersten Fronteinsatz eines kanadischen Heeresverbandes. Bei Dieppe verlor es zwei Offiziere und zehn Mann an Gefallenen; 157 Mann gerieten in Gefangenschaft. Das Regiment stand bis Anfang 1945 in Italien, um anschließend an den Kämpfen um den Reichswald teilzunehmen. Dort lieferte es u. a. Feuerunterstützung beim Übergang über die Ijsel und stieß nach Holland vor, wo es bis zum 8. Mai verblieb. Das Regiment als aktiver Verband wurde am 15. Dezember 1945 offiziell aufgelöst und in die Reserve versetzt.

Mützenabzeichen des *Calgary Regiment.* (Sammlung des Autors)

Um den Churchill richtig einschätzen zu können, muss man seine Aufgaben und Leistungen im Gefecht ebenso kennen wie die Schwierigkeiten, mit denen sich die Besatzungen herumzuschlagen hatten. Einige der folgenden Berichte über maßgebliche Einsätze stammen aus einer Reihe ausgezeichneter, von Veteranen verfasster Bücher. Viele sind bereits vergriffen, aber gebraucht noch zu bekommen. So erhält der Leser Eindrücke aus erster Hand von Zeitzeugen. Alle Quellen werden in der Literaturliste auf S. 174 aufgeführt.

Die Landung bei Dieppe

Seine Feuertaufe erlebte der Churchill im Zuge der Landung bei Dieppe am 19. August 1942 beim kanadischen Calgary-Regiment (*14th Canadian Army Tank Regiment*). Bei den eingesetzten Churchill handelte es sich um Mark I, II und III. Darunter wahrscheinlich drei Mark I des Oke-Typs (vgl. S. 58) mit Flammenwerfern statt Haubitzen. Von den 58 Churchill des Calgary-Regiments kamen bei Dieppe 29 zum Einsatz. Zwei gingen beim Absetzen von den Landungsbooten in tiefem Wasser verloren. Von den 27 angelandeten gelang es nur 15, den Uferdamm zu überwinden und sich der stark befestigten Promenade der Stadt zu nähern. Nur zwei Fahrzeuge konnten ihre Panzerung richtig unter Beweis stellen und wurden von deutschen Granaten durchschlagen (nach britischen Berichten führten die Treffer nicht zum Durchschlag; nach Meldungen der Deutschen, welche die Panzer untersuchten, aber doch). Etliche Churchill büßten ihre Bewegungsfähigkeit durch geworfene Ketten ein, wobei auch Abwehrfeuer seinen Teil beigetragen haben mag. Bei mindestens acht Panzern rissen die Ketten, als sie die großen Felsbrocken am Strand zu überwinden suchten. Sämtliche Churchill rollten auf Gussketten, die Handbücher als *„Heavy Cast Steel Tracks, old type“* (Schwere Stahlgussketten, altes Muster) beschreiben. Wie sich herausstellte, eignete sich dieser Kettentyp nicht für den steinigen Strand von Dieppe. In vielerlei Hinsicht wurde der Dieppe-Raid zum Fehlschlag, was die Tapferkeit der Panzerbesatzungen und der begleitenden Infanterie und Pioniere sowie der in Masse kampfunerfahrenen deutschen Verteidiger nicht schmälert. Deutsche Panzerfachleute untersuchten die erbeuteten Churchill (alle blieben am Strand) und befanden

sie in mancherlei Hinsicht für kampftauglich. Einige Churchill dienten deutschen Versuchsstellen als Ziele bei der Erprobung deutscher und russischer Waffen. Zumindest ein Churchill-Turm fand weitere Verwendung in einer Strandbefestigung bei Dieppe. Unter dem Strich stellten die Deutschen dem Churchill aber das Zeugnis aus, er sei unterbewaffnet, sehr laut im Kampfraum und schwach gepanzert. Nach den eigenen Maßstäben beurteilten die Briten die Panzerung als gut; sie entsprach anderen britischen und US-amerikanischen Panzertypen. Ihrer Meinung nach war der Churchill robust und beim Gegner gefürchtet. Dennoch ließ sich die Tatsache nicht abstreiten, dass er unterbewaffnet war – und es während des gesamten Krieges blieb.
Von den Planungsmängeln einmal abgesehen, lieferte der Dieppe-Raid militärischen Strategen das Musterbeispiel, was man bei einer amphibischen Landung alles falsch machen konnte – Dinge, die sie eigentlich schon hätten wissen müssen. Sie zogen ihre Lehren daraus und setzten sie bei der Landung in der Normandie 1944 um, bei der der Churchill eine wichtige Rolle spielen sollte. Vor der Normandie musste sich der Churchill seine Sporen jedoch zuerst auf anderen Kriegsschauplätzen verdienen, so in Nordafrika.

Die „Kingforce“ bei El Alamein

Ende 1942 wurden sechs Churchill Mark III mit 6-Pfünder-Geschützen entladen; sie nahmen an der zweiten Schlacht von El Alamein teil. Dieser Einsatz diente als eine Art Einsatzerprobung um „Gefechtserfahrung zu sammeln“. Sie kamen zur so genannten *Special Tank Squadron* (Panzersonderkompanie) unter Major King, Träger des *Military Cross* (MC), von den *Royal Gloucestershire Hussars*, die nach ihrem Chef *„Kingforce“* (Kings Truppe) genannt wurde. Sie bestand aus sechs Offizieren und 52 Unteroffizieren und Mannschaften. Die Einheit gehörte zur *1st Armoured Division* (1. Panzerdivision). Drei Churchill erlebten ihren Ersteinsatz am 27. Oktober im Zuge der Unterstützung der *Queen`s Bays* (*2nd Dragoon Guards*; 2. Garde-Dragonerregiment). Major Kings Churchill verschoss dabei 45 6-Pfünder-Granaten, aber nur zwei Gurte MG-Munition. Er kassierte sechs Treffer, vier Kaliber 5 cm und zwei 7,5 cm, wobei keiner die Panzerung durchschlug. Ein zweiter Churchill unter *Corporal* (Unteroffizier) Kelly musste sich gleich wieder zurückziehen, da die Kanone nach dem Schuss zwar zurücklief, aber der Vorlauf blockierte (ein altes Manko der frühen 6-Pfünder). Der dritte Churchill unter *2nd Lieutenant* (Leutnant) Allan Appleby geriet unter schweren Beschuss und rollte brennend zurück. Nach dem Gefecht zählte man 38 Fronttreffer, meist Sprenggranaten und 7,5-cm-Panzergranaten. Eine 7,5-cm-Panzergranate durchschlug die Panzerung. Am Heck fanden sich weitere acht Treffer von 57-mm-Granaten höchstwahrscheinlich aus britischen oder australischen Panzerabwehrgeschützen, die im Trubel irriger Weise das Feuer auf den rückrollenden Churchill eröffnet hatten.

Übernahme einer 6-Pfünder-Granate in einen Churchill Mark III der „Kingforce“. Man beachte die Zünder-Schutzklammer am Boden der Granate sowie die Beschuss-Schäden vorn und seitlich am Turm sowie an den Kettenschürzen. Der Mann an der Kette entfernt mit einer Drahtschere eingewickelten Draht. (Tank Museum)

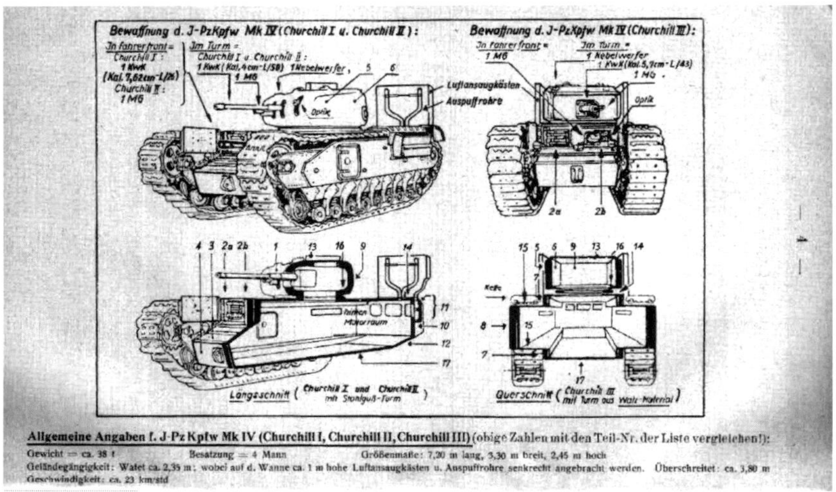

Auszug aus dem deutschen Bericht über die bei Dieppe erbeuteten Churchill Mark I, II und III. (Tank Museum)

Der Churchill brannte aus; Leutnant Appleby kam ums Leben (sein Name findet sich in Spalte 13 des *Alamein Memorial*/Ägypten). Sieben Tage später stand die „Kingforce“ erneut im Gefecht. Bei einem Churchill versagte das Turmschwenkwerk; zwei weitere kassierten Treffer (einer von neun 5-cm-Granaten), die ebenfalls die Türme blockierten. Ein anderer erhielt 30 Treffer und warf eine Kette. Dem Panzer von Major King widerfuhr unglaubliches Glück: eine 5-cm-Granate flog durch die offene Fahrersichtluke ohne jemand zu verletzten oder das Fahrzeug außer Gefecht zu setzen. Die fünf Churchill wurden repariert, doch dieses Gefecht war ihr letztes im Rahmen der „Kingforce“ gewesen.

Einsatz in Tunesien

Die nächsten Churchill-Einsätze in wesentlich größerem Rahmen fanden Anfang 1943 in Tunesien statt, nachdem eine angloamerikanische Heeresgruppe unter General Eisenhower im Rücken der deutsch-italienischen Truppen gelandet war. Doch die Deutschen und Italiener schickten neue Truppen nach Tunesien (Heeresgruppe Afrika), die sich entlang von Hügel- und Bergketten zur Verteidigung einrichteten. Bei den Briten nahm die *25th Army Tank Brigade* (Heeres-Panzerbrigade 25) an den Kämpfen teil. Sie setzte sich aus drei Churchill-Regimentern zusammen: *North Irish Horse, 51 Royal Tank Regiment (RTR)* und *142 Regiment Royal Armoured Corps (RAC)*. Wenig später stieß die ebenfalls mit Churchill bestückte *21st Army Tank Brigade* hinzu mit folgenden Verbänden: *12 RTR, 48 RTR* und *145 Regiment RAC* (aufgestellt aus dem *8th Battalion the Duke of Wellington`s Regiment*). In Tunesien begegnete der Churchill erstmals dem deutschen Tiger mit seiner gefürchteten 8,8-cm-Kanone. Der Churchill war eigentlich kein ernst zu nehmender Gegner für den Tiger, dennoch gelang es einem Churchill durch einen Glückstreffer, einen Tiger außer Gefecht zu setzen. Letztlich schlugen sich die Churchill wacker und bewiesen ihren Wert in der Infanterie-Unterstützung, wie u. a. folgender zeitgenössischer Bericht belegt:

„Insofern scheinen die Meldungen eine beträchtliche moralische Wirkung [des Churchill] auf den Gegner zu bestätigen. Der Churchill überraschte die Deutschen. Mit Nachlassen der Überraschung wird sich dies zweifellos ändern. Nachfolgend ein Auszug aus der Befragung eines Gefangenen, der bei den Gefechten um El Aroussa vom 27.–28. Februar in Gefangenschaft geriet. Auf das Fiasko vom 28. Februar angesprochen, antwortete der Gefangene »es waren die Panzer. Natürlich rechneten wir damit, dass ihr Panzer einsetzen würdet, aber wir wussten nicht, dass es Churchill waren. Das warf unsere Rechnung über den Haufen.«“

Lieutenant Peter Gudgin schilderte auf herrlich lakonische Weise die Paktreffer, die seinen Churchill beschädigten:

„Churchill IV No T68605 unter meinem Kommando erhielt 4 Treffer deutscher Pak verschiedener Kaliber. Die Treffer 2, 3 und 4 folgten praktisch zeitgleich 10 Sekunden nach dem ersten. Die Besatzung begann sofort nach dem ersten Treffer auszubooten, war aber bis zu den drei folgenden noch nicht draußen.

Treffer 1: Eine 88-mm-Granate durchschlug die Blende des Bug-MG-Schützen und querte den Panzer die Länge nach bis in den Motor. Dabei ließ sie vier 6-Pfünder-Granaten in ungepanzerten Staufächern hinter dem Fahrer hochgehen und löste einen Brand im Motorraum aus. Das Feuer im Motorabteil wurde vom CO2-Löscher erstickt, aber durch explodierende Munition wieder angefacht. Der Panzer stoppte. Der Fahrer und Beifahrer [Bug-MG-Schütze] wurden davon als einzige der Besatzung in Mitleidenschaft gezogen und booteten aus. Treffer 2: Eine 75-mm-Granate in die linke Turmseite neben dem Kommandanten im Winkel von etwa 45 Grad, die aber nicht durchschlug. Abgeplatzte Stücke der Innenpanzerung ließen jedoch eine im Handgranatenfach gelagerte 6-Pfünder-Granate hochgehen (die Handgranaten waren entfernt worden). Darüber bin ich mir sicher, da ich mich neben der Granate befand, als sie hochging. Treffer 3: Eine 50-mm-Granate vorn rechts am Turmdrehkranz; sie blieb stecken, wobei die Spitze durchschlug und die 2-Zoll-Nebelmunition zündete.

Treffer 4: Eine weitere 50-mm-Granate im Winkel von etwa 45 Grad in die rechte Panzerplatte hinter der Notausstiegsluke schlug nicht vollständig durch, ließ aber Panzerung abplatzen und setzte mehrere Granaten beim Ladeschützen in Brand.

Verluste: Fahrer Brandwunden. Beifahrer [Bug-MG-Schütze]: einen Arm und drei Rippen gebrochen, Brandwunden. Ladeschütze: Splitter im Bein, ein Arm gebrochen durch Turmtreffer.

Richtschütze: leichte Brandwunden am Rücken, Splitter im Bein. Kommandant: Augen verblendet durch Detonationsblitz, Splitter im Bein.
Ich erhielt Gelegenheit, den Panzer in der Abteilungswerkstatt ausgiebig zu untersuchen und oben genannte Einzelheiten festzustellen, denn seinerzeit war der Panzer voller Rauch, der jede Untersuchung unmöglich machte.
Die Munition im Behälter im Heck [die vier hinter dem Ladeschützen auf dem Wannenboden, nicht auf der Turmbühne untergebrachten Granaten] waren unbeschädigt, aber alle übrige Munition verbrannt. Der Panzer führte keine 6-Pfünder-Sprenggranaten mit."
Weitere Gefechtsschilderungen mögen die Eindrücke aus dieser Kriegsphase vertiefen. So ein Gefecht vom 5. Februar 1943 an einem Ort, den die Engländer als „Steamroller Farm" bezeichneten, in der Nähe eines Passes. Auf britischer Seite nahmen 13 Churchill der *A Squadron 51 RTR* sowie zwei Kompanien des *2nd Battalion Coldstream Guards* teil. Ihnen standen zwei Bataillone des Regiments „Hermann Göring" sowie Teile eines Panzergrenadier-Regiments gegenüber, also durchaus Ernst zu nehmende und kampfkräftige Gegner. Beschuss nagelte die englische Infanterie am Boden fest, als der Befehl erging, den Pass unter allen Umständen zu nehmen.
Darauf rollten zwei Churchill unter *Captain* E.D. Hollands und *Lieutenant* J.G. Renton über rund 1400 m deckungsloses Gelände vor. Eine 8,8-cm-Flak walzten sie nieder und erklommen dann eine steile Anhöhe am Ende des Passes, wo sie in der Ferne eine gegnerische Einheit unter Feuer nahmen, die dies von besagter Höhe sicher nicht erwartet hatte. Dabei setzten sie zwei weitere 8,8-cm-Geschütze, 25 Radfahrzeuge, zwei Granatwerfer und zwei Panzerkampfwagen III außer Gefecht.
Am 27. Februar 1943 beschoss *Lieutenant* Hern von den *North Irish Horse* auf etwa 400 m einen Feindpanzer, nur um festzustellen, dass er einen Tiger außer Gefecht gesetzt hatte. Eine weitere Begegnung des 48 RTR streicht die im Gefecht entstehende Verwirrung und die Nehmerqualitäten des Churchill heraus. Im April 1943 leistete die *B Squadron* (B-Kompanie; Briten und Amerikaner bezeichnen Kompanien nach Buchstaben) einem Bataillon des *East Surrey Regiment* Feuerunterstützung gegen deutsche Panzer auf einem Bergrücken. Die Churchill eröffneten das Feuer auf zirka 180 m, einer unter dem Kommando des vorher erwähnten *Lieutenant* Peter Gudgin. Im entbrennenden wilden Nahgefecht setzten sie drei Panzer III, einen Panzer IV und einen Tiger außer Gefecht. Es scheint dass diese Panzer – bis auf einen, der in Flammen aufging – von ihren Besatzungen verlassen wurden, zum Teil nach unerheblichen Treffern.

Nach der Einnahme der so genannten *Toukabeurfront* geht Infanterie unter Überwachung zweier Churchill-Panzer auf den so genannten „Longstop Hill" und benachbarte Höhen vor. Ein schwieriges Terrain für Panzer, aber der Churchill erwies sich als verlässlicher Erkletterer steiler Hügel, manche mit extremer Steigung. Dieser Eigenschaft verdankte er den Beinamen „Bergziege". (Tank Museum)

Der im April 1943 vom *48 RTR* durch einen Zufallstreffer außer Gefecht gesetzte Tiger. Eine 6-Pfünder-Granate prallte von der Unterseite des Rohres auf die Blende und von da in den Turmdrehkranz (der Turm wurde zur besseren Kenntlichmachung auf drei Uhr gedreht). (Sammlung des Autors)

Der Zufallstreffer einer 6-Pfünder-Granate – ein Abpraller von der Kanone in den Turmdrehkranz – blockierte das Turmschwenkwerk, hätte möglicher Weise aber auch die dünne Deckenpanzerung über Fahrer oder Funker durchschlagen können. Dieser Tiger kam zur Untersuchung nach England, zur Untersuchungskommission gehörte ironischer Weise auch Peter Gudgin. Er steht heute mit belassenen Origianl-Gefechtsspuren im Panzermuseum Bovington (zu dessen Hauptattraktionen er zählt). Freilich fielen Tigern und anderen deutschen Panzertypen in Tunesien deutlich mehr Feindpanzer als umgekehrt zum Opfer. Dennoch bewährte sich der Churchill in Tunesien und gab jenen Recht, die seinen Entwurf und seine Verwendung als Infanterie-Panzer gefördert hatten.

Einsatz in Italien

Nach dem Ende der Kämpfe in Nordafrika blieben die Churchill zunächst einmal dort und verlegten im April 1944 mit der *25th Army Tank Brigade*, gefolgt von der *21st Tank Brigade*, nach Italien. Die Gefechte u. a. um die befestigte Goten- und Hitler-Linie sind gut dokumentiert. Bei den Kämpfen um die Hitler-Linie (kurzer Nebenarm der Gustav-Linie) im Mai 1944 stellte der Churchill seine Widerstands- und Kletterfähigkeit erneut unter Beweis. Die Churchill-Einheiten wurden vor allem zur Unterstützung des kanadischen Infanterieregiments *Princess Patricia`s Infantry* abgestellt. Die Deutschen hatten ihre Stellungen gut eingerichtet und von langer Hand vorbereitet. Dazu gehörten auch acht auf Betonsockel gestellte und durch MG gesicherte Panther-Türme. Raketenwerfer und Sturmgeschütze agierten mobil. Bunker und Verteidigungsanlagen waren geschickt gewählt und ihre Wirkungsbereiche von Bäumen und Bewuchs befreit, so dass sie angreifende Panzer gut erfassen konnten. Dass aber zahlreiche Scharfschützen in Bäumen Stellung bezogen und sogar auf Krankenträger gefeuert haben sollen, war wohl eher Teil britischer Kriegspropaganda. Vor Angriffsbeginn eröffneten 768 alliierte Geschütze das Feuer. Eine rund 3000 m breite und bis zu 2700 m tiefe Feuerwalze trommelte über die deutschen Stellungen hinweg, in ihrem Schutz gingen Panzer und Infanterie vor. Die Walze war so angelegt, dass sie rund 100 m vor der Angriffsspitze einsetzte und danach in je drei Minuten 100 m vorverlegte. Die deutsche Artillerie aber legte ihr Sperrfeuer mit Luft- und Bodenzündern hinter die alliierte Feuerwalze, so dass die Angreifer nicht allein durch Splitter und Druck, sondern auch durch das ohrenbetäubende Bersten der Granaten in Mitleidenschaft gezogen wurden. Vor allem aber nahm der aufgewirbelte Staub Panzerkommandanten und –fahrern jegliche Sicht, die ohnehin die Luken dicht halten mussten. Schlimmer noch: Splitter rasierten die Antennen von den Türmen und unterbrachen vielfach die Funkverbindungen zwischen den Fahrzeugen. Allein über Winkelspiegel und Periskope war eine geordnete Führung unmöglich, so dass jeder Panzer auf sich allein gestellt war. Hinzu kamen schwere Verluste bei den Funkern der Infanterie, so dass auch keine Funkverbindung zwischen Infanterie und Panzern mehr bestand. In der A-Kompanie der *North Irish Horse* führte *Lieutenant* Donald Hunt den an der rechten Angriffsflanke eingesetzten 5. Zug. Nach Angriffsbeginn rollte Hunt gegen 06.00 Uhr ins deutsche

„Persönliche Mitteilung“ vom britischen Oberkommandierenden Montgomery zum Ende der Kämpfe in Tunesien. (Sammlung des Autors)

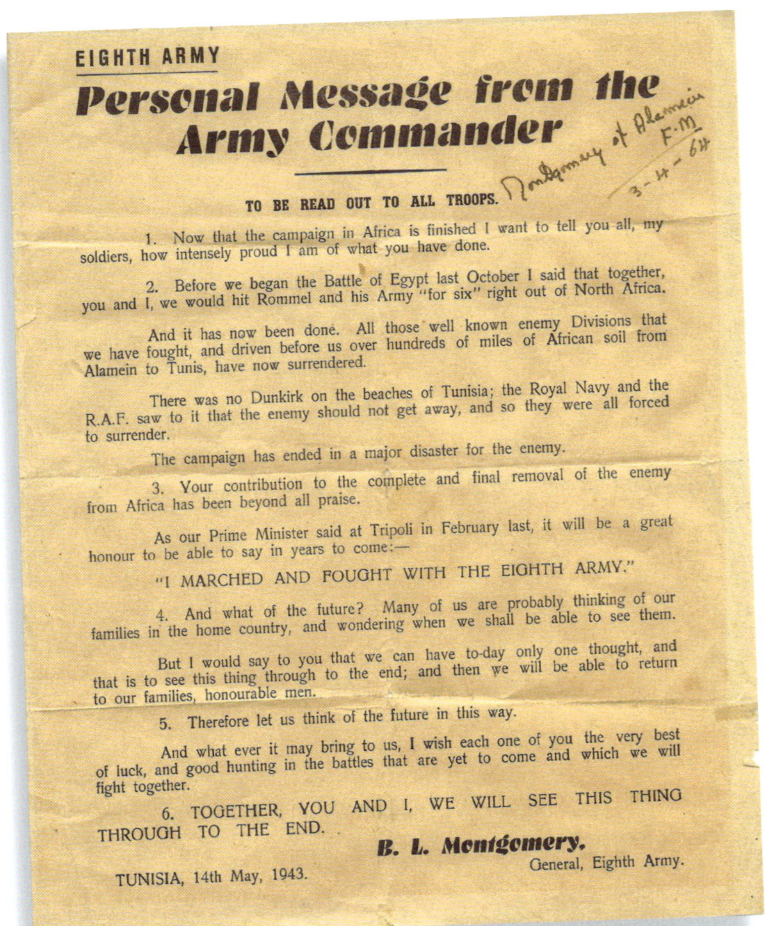

EIGHTH ARMY

Personal Message from the Army Commander

Montgomery of Alamein F.M. 3-4-64

TO BE READ OUT TO ALL TROOPS.

1. Now that the campaign in Africa is finished I want to tell you all, my soldiers, how intensely proud I am of what you have done.

2. Before we began the Battle of Egypt last October I said that together, you and I, we would hit Rommel and his Army "for six" right out of North Africa.

And it has now been done. All those well known enemy Divisions that we have fought, and driven before us over hundreds of miles of African soil from Alamein to Tunis, have now surrendered.

There was no Dunkirk on the beaches of Tunisia; the Royal Navy and the R.A.F. saw to it that the enemy should not get away, and so they were all forced to surrender.

The campaign has ended in a major disaster for the enemy.

3. Your contribution to the complete and final removal of the enemy from Africa has been beyond all praise.

As our Prime Minister said at Tripoli in February last, it will be a great honour to be able to say in years to come:—

"I MARCHED AND FOUGHT WITH THE EIGHTH ARMY."

4. And what of the future? Many of us are probably thinking of our families in the home country, and wondering when we shall be able to see them.

But I would say to you that we can have to-day only one thought, and that is to see this thing through to the end; and then we will be able to return to our families, honourable men.

5. Therefore let us think of the future in this way.

And what ever it may bring to us, I wish each one of you the very best of luck, and good hunting in the battles that are yet to come and which we will fight together.

6. TOGETHER, YOU AND I, WE WILL SEE THIS THING THROUGH TO THE END.

B. L. Montgomery.
General, Eighth Army.

TUNISIA, 14th May, 1943.

Mit Mörsergranaten bepackte Infanteristen auf einem Uferweg des Flusses Senio. Im Hintergrund ein Flammpanzer Churchill „Crocodile“ mit Flammtank-Anhänger. (Sammlung Jonathan Falconer)

Sperrfeuer, um das zugewiesene, rund 1000 m entfernte erste Angriffsziel zu nehmen. Um einen Eindruck von den Verhältnissen zu geben: nach anderthalb Stunden waren die Angreifer lediglich an die 500 m vorangekommen. Die A-Kompanie hielt ein Minenfeld auf. Kompaniechef Major Griffith erteilte *Lieutenant* Hunt den Befehl, einen Weg zur Umgehung des Minenfelds zu erkunden. Hunt zog seinen Churchill heraus und machte sich auf den Weg. Die Deutschen hatten ihre Stellungen trefflich gewählt, so dass Hunt im Abwehrfeuer die Orientierung schwer fiel und in Folge einen Steilhang übersah, der mehrere Hundert Meter in die Tiefe führte. Der Churchill verlor die Balance, überschlug sich, landete auf dem Dach, kippte wieder auf die Ketten und schlitterte auf einen Vorsprung, wo er zum Halten kam. Wie durch ein Wunder war die Besatzung unverletzt und der Panzer bis auf die Funkgeräte unbeschädigt geblieben. Hunt machte sich auf Schusters Rappen zurück zu Major Griffith und meldete, dass keine Umgehungsmöglichkeit bestehe und sein Churchill abgestürzt sei. Zu diesem Zeitpunkt hatte das Gefecht eine kritische Phase erreicht und die Briten brauchten jeden Panzer. Griffith befahl Hunt, seinen Panzer unverzüglich zurückzuholen und mit anzugreifen. Unter Beschuss aus Handwaffen rannte Hunt los. Mit Blick auf das Tal erkannte er die Möglichkeit, den Panzer vielleicht am Gegenhang hochklettern zu lassen, denn zurück schaffte er es auf keinen Fall. Das schier Unmögliche gelang, nicht zuletzt dank der ausgezeichneten Fahrkünste von Fahrer Davy Graham, der nach mehreren Anläufen – und trotz Befürchtung der Besatzung, das Fahrzeug könne sich rückwärts überschlagen – seinen Churchill tatsächlich den Steilhang hocharbeitete. Dass Panzer und Besatzung einen rund 30 m tiefen Sturz überlebten und es anschließend aus eigener Kraft wieder zurück zur Truppe schafften, gibt Zeugnis von der Widerstandsfähigkeit von Mensch und Material.

Einsatz in Holland

Von Italien nun zurück zu den Kämpfen in Frankreich und weiter in Holland 1944/45. Bis Juni 1944 hatte sich der Churchill zu einem durchaus leistungsfähigen Panzer gemausert, der auf zahlreiche Einsätze zurückblicken konnte. Zudem baute man für die Invasion 1944 auf Churchill-Basis zahlreiche Spezialfahrzeuge, wie ab Seite 53 beschrieben. Dank der Erfahrungen von Dieppe und der Früchte folgender Entwicklungen und Planungen bewährten sich die Churchill-Abarten nicht nur in der Normandie, sondern auch in allen nachfolgenden Feldzügen bis Kriegsende. Zum Zeitpunkt der Invasion 1944 waren die frü-

PANZERREGIMENT NORTH IRISH HORSE

Mützenabzeichen der *North Irish Horse*. (Sammlung des Autors)

Schulterklappe eines Soldaten der *25th Army Tank Brigade* mit winzigem Ahornblatt. (Sammlung des Autors)

Das 1901 errichtete Regiment *North Irish Horse* (Nordirisches Reiterregiment) kämpfte zusammen mit seinem Schwesterregiment *South Irish Horse* im 1. Weltkrieg, und zwar als erster, außerhalb des stehenden britischen Heeres aufgestellter Verband an der Westfront. Nach dem Waffenstillstand 1918 wurde das Regiment aufgelöst, um, 1939 neu errichtet, unter die Fittiche des *Royal Armoured Corps* (RAC) zu kommen (das die britischen gepanzerten und mechanisierten Verbände zusammenfasste). 1941 erhielt es den Churchill zur Infanterie-Unterstützung. 1943 wurde das Regiment als Teil der *25th Army Tank Brigade* nach Algerien verschifft. Es kam bei Beja (Hunt´s Gap) nordwestlich Tunis, bei Sedjenane und weiteren Gefechten zum Einsatz und seine Panzer erreichten am 8. Mai 1943 als erste Tunis. Im April 1944 verlegte der Verband zur britischen 8. Armee nach Italien, wo er seinen ersten größeren Einsatz bei der Unterstützung kanadischer Infanterie an der Hitler-Linie erlebte. Bei diesen Kämpfen verlor das Regiment 34 Mann an Gefallenen und 25 Panzer; 36 Mann wurden verwundet. Die Kanadier erlitten insgesamt mit 1000 Gefallenen, Verwundeten und Vermissten immense Verluste. In Anerkennung der Verdienste bei der Unterstützung der Kanadier verlieh General G.C. Vokes, Kommandeur der *1 Canadian Infantry Division*, der *25th Army Tank Brigade* ein Ahornblatt mit dem Hinweis „er fühle sich geehrt, wenn alle Soldaten der Panzerbrigade 25 ein Ahornblatt tragen würden in Anerkennung der Unterstützung, die sie der 1. kanadischen Infanteriedivision beim Durchbruch durch die Adolf-Hitler-Linie gewährten." Das Regiment *North Irish Horse* nahm diese Auszeichnung als Teil der *25th Tank Brigade* an. Die Soldaten trugen das Ahornblatt künftig nicht nur am Ärmel des Kampfanzugs, sondern schmückten auch ihre Panzer damit. Nach dem Durchbruch durch die Hitler-Linie nahm der Verband weiter an den Kämpfen in Italien bis zur Teilkapitulation der deutschen Heeresgruppe teil. Die *North Irish Horse* bestehen noch heute als Teil der *Yeomanry* (eine Art Landwehr oder Heimatschutztruppe) in Nordirland. In ihrer Kaserne haben sie zwei Churchill als Denkmäler aufgestellt.

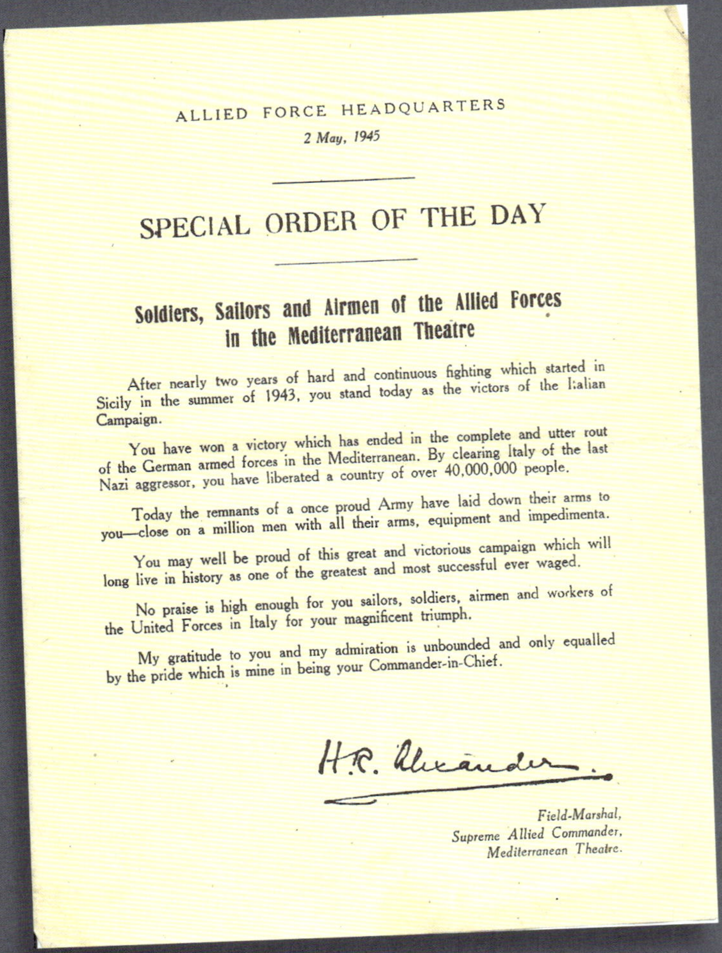

ALLIED FORCE HEADQUARTERS

2 May, 1945

SPECIAL ORDER OF THE DAY

Soldiers, Sailors and Airmen of the Allied Forces in the Mediterranean Theatre

After nearly two years of hard and continuous fighting which started in Sicily in the summer of 1943, you stand today as the victors of the Italian Campaign.

You have won a victory which has ended in the complete and utter rout of the German armed forces in the Mediterranean. By clearing Italy of the last Nazi aggressor, you have liberated a country of over 40,000,000 people.

Today the remnants of a once proud Army have laid down their arms to you—close on a million men with all their arms, equipment and impedimenta.

You may well be proud of this great and victorious campaign which will long live in history as one of the greatest and most successful ever waged.

No praise is high enough for you sailors, soldiers, airmen and workers of the United Forces in Italy for your magnificent triumph.

My gratitude to you and my admiration is unbounded and only equalled by the pride which is mine in being your Commander-in-Chief.

H.R. Alexander

Field-Marshal,
Supreme Allied Commander,
Mediterranean Theatre.

Diese Sondermeldung ließ Feldmarschall Alexander anlässlich der Beendigung der Kämpfe in Italien am 2. Mai 1945 herausgeben. (Sammlung des Autors)

Aufruf des britischen Oberkommandierenden Montgomery an die Invasionstruppen vor der Landung in der Normandie. (* Sammlung des Autors)

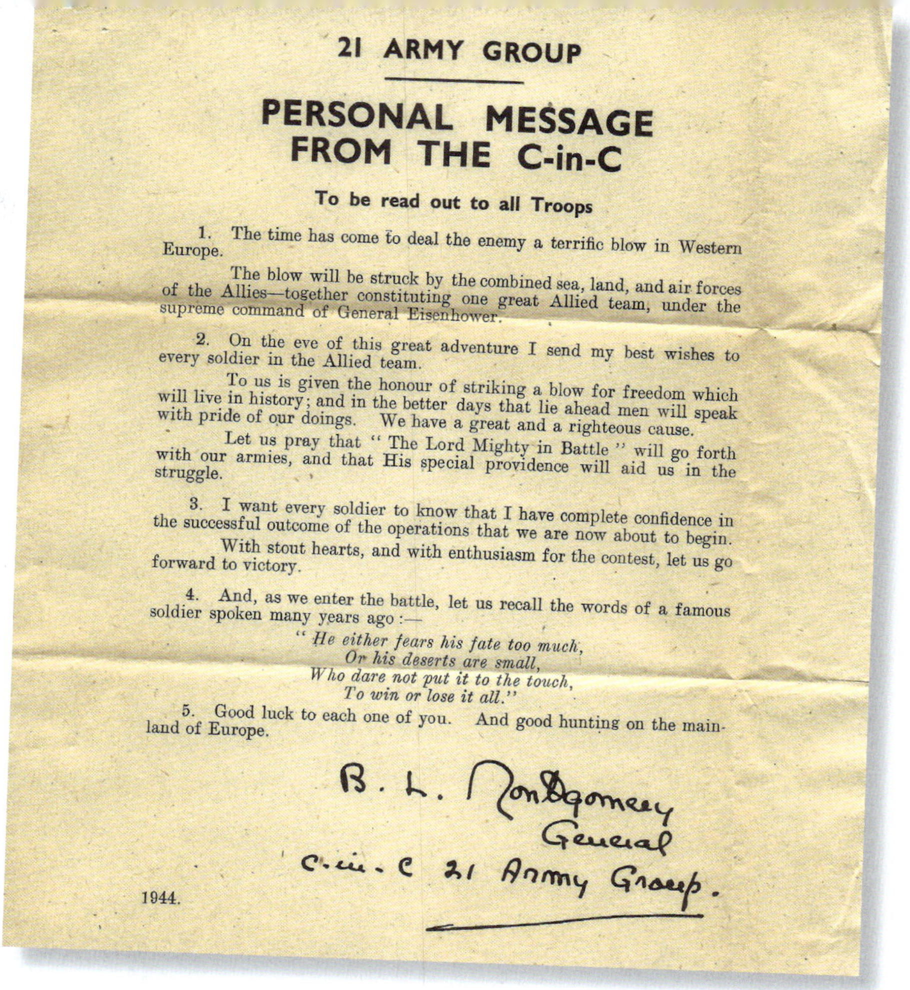

21 ARMY GROUP

PERSONAL MESSAGE FROM THE C-in-C

To be read out to all Troops

1. The time has come to deal the enemy a terrific blow in Western Europe.

The blow will be struck by the combined sea, land, and air forces of the Allies—together constituting one great Allied team, under the supreme command of General Eisenhower.

2. On the eve of this great adventure I send my best wishes to every soldier in the Allied team.

To us is given the honour of striking a blow for freedom which will live in history; and in the better days that lie ahead men will speak with pride of our doings. We have a great and a righteous cause.

Let us pray that "The Lord Mighty in Battle" will go forth with our armies, and that His special providence will aid us in the struggle.

3. I want every soldier to know that I have complete confidence in the successful outcome of the operations that we are now about to begin.

With stout hearts, and with enthusiasm for the contest, let us go forward to victory.

4. And, as we enter the battle, let us recall the words of a famous soldier spoken many years ago:—

"He either fears his fate too much,
Or his deserts are small,
Who dare not put it to the touch,
To win or lose it all."

5. Good luck to each one of you. And good hunting on the mainland of Europe.

B. L. Montgomery
General
C-in-C 21 Army Group.

1944.

hen Churchill Mark I und II u. a. mit neuen Türmen kampfwertgesteigert worden. Die Briten setzten hauptsächlich die Ausführungen Mark III und IV sowie den Mark VI als Kampf- und Flammpanzer ein. Viele Mark III und IV erhielten Zusatzpanzerung an den Wannenseiten; der Mark III auch an den Turmseiten und der Turmfront.

Außer zu Vorstößen mit all ihren Gefahren durch Feindpanzer, Pak, Scharfschützen und Nahkampftrupps mit Panzerfäusten, wurden die Churchill oft auch in der Verteidigung eingesetzt. So an der heiß umkämpften Höhe 112 in der Normandie. Ein Churchill-Verband, das zur *34 Tank Brigade* gehörende *107 Regiment (The King's Own)*, lag ganze zehn Tage am Kamm der Höhe. Man kann sich das Leben der Besatzungen – hüben wie drüben – im Panzer unter den herrschenden Bedingungen kaum vorstellen. Kein Foto kann die Nöte und Belastungen der Männer wiedergeben. Unter ständigem Feuer liegend, konnten sie ihre Panzer allenfalls für wenige Minuten verlassen. Das ganze Leben spielte sich im Panzer ab – Schlafen, Kochen, Essen, Waschen (sofern überhaupt möglich). Manche Besatzungen schliefen unter ihren Panzern, andere vermieden es: da gab es Geschichten von

In zahllosen Manövern übten die Invasionstruppen das Anlanden von Panzern. (Tank Museum)

Seitenansicht eines Mark IV, der heute als „Torposten" am Eingang der Kaserne der *North Irish Horse* in Belfast steht. Man beachte die Zusatzpanzerung. Die zusätzlichen Platten wurden mit großen Schrauben auf der Panzerung befestigt (siehe die Ausnehmungen und die spitz zulaufenden Schraubenenden). Auf der Seitentür eine aufgeschweißte Panzerplatte in T-Form. Der Panzer hat eine interessante Geschichte: Nach 1945 vom irischen Heer übernommen, wurde er nach der Ausmusterung „unterirdisch entsorgt". Vor Jahren wieder ausgegraben, schenkte ihn die irische Regierung freundlicher Weise den *North Irish Horse*. (*)

Deutsche Anleitung zum Einsatz der Panzerfaust. Beim dargestellten Panzermodell handelt es sich um einen sowjetischen T-34, aber der Fahrer im Churchill hatte sicher keine bessere Sicht. Die Panzerfaust knackte auch so manchen Churchill. (Sammlung des Autors)

Panzern, die in weichem Untergrund langsam einsanken und ihre schlafenden Besatzungen erdrückten. Zum Erledigen größerer Geschäfte stiegen die Männer aus und spurteten in den nächsten Krater, jederzeit auf dem Sprung, sich bei einsetzendem Mörser- oder Artilleriefeuer wieder im Panzer in Sicherheit zu bringen. Zum Pinkeln mussten leere Granathülsen herhalten, deren Inhalt man über die Luken entleerte. Stunden- wenn nicht tagelanges Sitzen und Stehen im Panzer ließ früher oder später Füße und Beine anschwellen. Ein Offizier musste nach einem solchen Einsatz für einige Tage Segeltuchschuhe tragen, da seine Füße nicht mehr in die Stiefel passten. Heute erinnert ein Denkmal in Gestalt eines Churchill Mark VII an die Kämpfe um Höhe 112.

Zu den bekanntesten Churchill-Verbänden in der Normandie zählte das *9th Battalion Royal Tank Regiment* (9. Abteilung RTR), das kurz nach der Landung in der Normandie bis Kriegsende im Einsatz stand. Die Abteilung wurde in den schweren Stürmen vom 18. bis 20. Juni 1944 über den Kanal verschifft und stieß später über Holland bis an den Westwall vor; auch in der Ardennen-Offensive Ende 1944, dem letzten großen deutschen Vorstoß an der Westfront, kam es zum Einsatz. Bill Thompson war Ladeschütze und Funker in einem Churchill des 9 RTR namens „Impassive" („Gleichmütig") unter *Corporal* (Unteroffizier) Freddie Homer. Der Panzer gehörte zum 11. Zug (*11 Troop*) unter Eb Wood.

Thompson berichtet von einem Gefecht am 29. Oktober 1944 bei Roosendaal in Holland: „In strömendem Regen suchten wir unseren Weg durch Moore und über Dämme, bis wir offenes Gelände erreichten. Unser Panzer rollte an das Nebengebäude einer Farm; die beiden anderen Panzer des Zuges dahinter. Wir waren erst ein paar Minuten da, als ich durch den Winkelspiegel in etwa einer Meile (1,6 km) Entfernung etwas aufblitzen sah. Ich war mir sicher, dass es nur von einer deutschen Acht-Acht kommen konnte. Ein zweiter Schuss schlug neben dem Panzer in den Boden – klar, die Acht-Acht schoss sich auf uns ein. Unser Kommandant Freddie Horner reagierte prompt und befahl dem Fahrer, schnell zurückzusetzen, was dieser tat. Über das B-Funkgerät [Funkausstattung siehe ab S. 99] meldete sich unser Zugführer Mr. Wood und gab den Befehl, wieder die alte Stellung zu beziehen. Als wir nicht reagierten, fuhr er mit seinem Panzer selbst an die Stelle.

Nach ein paar Sekunden tat es einen gewaltigen Schlag – eine Granate hatte die Turmfront getroffen. Als sich der Staub gelegt und Wood, noch ganz benommen, seinen Panzer hastig zurückgesetzt hatte, stellte er fest, dass eine panzerbrechende Granate in der Turmfront steckte, grad so wie ein großer Bohrer. Mr. Woods Panzer war ein neuer Mark VII; unserer ein [deutlich

Ein Churchill Mark IV oder V mit 75-mm-Kanone vom *7 RTR* der *31st Tank Brigade* während der Operation „Epsom" am 28. Juni 1944. Die Infanteristen gehören zu den *8th Royal Scots*. Man beachte die Ausrüstungsstücke am Turm sowie das Rohrreinigungsgerät auf dem Heck. (Tank Museum)

schwächer gepanzerter] Mark IV. Hätten wir an seiner Stelle gestanden, hätte die Panzergranate mit Sicherheit den Turm durchschlagen, die Besatzung im Kampfraum getötet und bei Berührung der Munition den ganzen Panzer hochgehen lassen. Überflüssig zu erwähnen, dass uns unser Ausweichmanöver nachgesehen wurde. Mr. Woods Panzer kam zur Reparatur in die REME-Werkstatt und kurz danach wieder in den Einsatz."

In der Tat konnte der Churchill so einiges an Beschuss verkraften. Aus der Geschichte der *34 Armoured Brigade* (Panzerbrigade 34): „Ein bemerkenswerter Ausfall betraf einen Mark VII der 9 RTR, der aus kurzer Entfernung 9 direkte Fronttreffer von panzerbrechenden 75-mm-Granaten erhalten hatte, ohne dass einer vollständig durchschlug!"

Mit dem Ende des 2. Weltkriegs endete die Einsatzgeschichte des Churchill nicht. 1950 kam er beim britischen Kontingent in Korea erneut zum Einsatz. Dies aber sollte seine letzte kriegsmäßige Verwendung sein.

9TH BATTALION ROYAL TANK REGIMENT

Die Ursprünge der 9. Abteilung des RTR (*9th Batallion Royal Tank Regiment*) reichen bis in den Dezember 1916 zurück, als es noch *9th Battalion Heavy Machine Gun Corps* (9. Bataillon/Schweres Maschinengewehrkorps) hieß und in der Schlacht von Cambrai zum Einsatz kam. Der Verband bewährte sich bis Ende des Krieges und wurde von den Franzosen mit dem *Croix de Guerre avec Palme* (Kriegskreuz mit Palme) ausgezeichnet sowie der Ehre, das Abzeichen der französischen 3. Division des General Bourgon zu tragen. Dieses Ärmelabzeichen führte die *9 RTR* auch im 2. Weltkrieg, mit gleicher Aufschrift: *„Qui s'y frotte, s'y brule"*, was soviel heißt wie „Wer mich anfasst, verbrennt sich". Nach 1918 war der Verband aufgelöst und 1940 neu errichtet worden. Er gehörte zu den ersten mit Churchill ausgerüsteten Abteilungen und bewährte sich. Seine Kriegsgeschichte erzählt das ausgezeichnete Buch von Peter Beale: *Tank Tracks, 9th Battalion Royal Tank Regiment at War 1940–45*. Der Bericht von der Begegnung mit der 8,8-cm-Flak stammt daraus (mit freundlicher Genehmigung von Peter Beale).

Rechts: Das auf eine Auszeichnung des Ersten Weltkriegs beruhende Ärmelabzeichen trugen die Angehörigen der *9 RTR* auch im Zweiten. Es geht auf das Wappen der französischen 3. Division des General Bourgon zurück und trägt die Aufschrift *„Qui s'y frotte, s'y brule"* („Wer mich anfasst, verbrennt sich"). (Sammlung des Autors)

Mützenabzeichen des *Royal Tank Regiment.* (Sammlung des Autors)

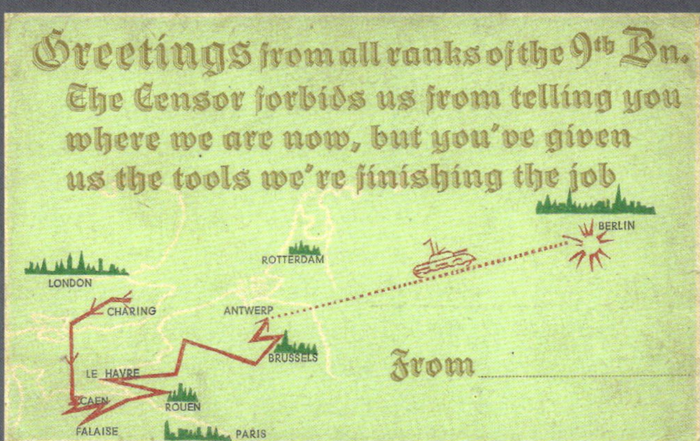

Links: Eine humorige Weihnachtskarte der *9 RTR* zeigt den Vormarsch nach dem „D-Day". (Sammlung des Autors)

Einsatz in Korea

Am Morgen des 25. Juni 1950 stießen nordkoreanische Truppen über den 38. Breitengrad nach Südkorea vor. Die Vereinten Nationen beschlossen darauf eine Resolution, die den Rückzug der Nordkoreaner forderte. Diese blieb ohne Reaktion und am 30. Juni mobilisierte US-Präsident Truman amerikanische Verbände zur Unterstützung der Südkoreaner und der UN-Sicherheitsrat rief seine Mitglieder zur Waffenhilfe auf. Am 29. Juli erging an die 7. Abteilung des RTR (*7th Royal Tank Regiment*), die bereits im 2. Weltkrieg den Churchill verwendet hatte, der Befehl, eine Kompanie „Crocodile"-Flammpanzer für den Einsatz in Korea bereitzustellen. Diese Aufgabe fiel der *C Squadron* zu, die seinerzeit einen Flugplatz bei Norfolk bewachte. Als Kompanieführer war Major A.J.D. Pettingel vorgesehen. Die Hälfte der Panzer befand sich noch in Deutschland und war die letzten fünf Jahre in Depots untergebracht gewesen. Bis zum 12. Oktober hatte die Einheit Panzer und Besatzungen zusammengezogen, einige Übungen absolviert und sich dann nach Fernost eingeschifft. Vor ihr lag keine leichte Aufgabe, da es Fahrzeugen und Besatzungen an ausreichender Vorbereitung fehlte; aber grundsätzlich war der Churchill noch immer in der Lage, seine Aufgabe bei der Infanterie-Unterstützung zu erfüllen. Die Churchill standen in Korea zwar kaum in Gefechten, aber die Kompanie musste bei eisigen Witterungsbedingungen sowie einer dünnen Ersatzteil- und Versorgungslage ihre ständige Einsatzbereitschaft aufrecht erhalten. Zwei Churchill (einen Flamm- und einen Bergepanzer) mussten gesprengt werden, damit sie nicht in Feindeshand fielen. Eine harte Lektion durch den Gegner: die Einheit war unter den Beschuss eines von den Nordkoreanern erbeuteten britischen Cromwell-Panzers geraten, der erst mit Hilfe einiger Centurion-Kampfpanzer ausgeschaltet werden konnte. In ungewisser Lage ging man dabei auf Nummer Sicher und sprengte die beiden Panzer, da man sie im Fall einer Beschädigung nicht hätte reparieren können. Der Auszug aus einem Bericht des Abteilungskommandeurs der 7 RTR vermittelt einen Eindruck von den Zuständen in Korea:

„Die [Panzer] haben, je nach Besatzung, zwischen 350 und 500 Meilen zurückgelegt. Durch das sumpfige Gelände hatten wir in den letzten beiden Tagen zwei Kolbenschäden und Pleuelstangenbrüche. Haben rasch Ölwechsel vorgenommen. Dem Churchill fehlt eine einfach zu öffnende Ablassöffnung im Getriebe- und Motorabteil, so dass sich bei Gewässerdurchfahrten aufgenommenes Wasser rasch entfernen lässt. Zwei Zoll stehendes Wasser [ca. 5 cm] am Boden friert um das Gangwahlhebel-Gestänge fest, so dass es sich nicht mehr bewegen lässt, bis die Motorabwärme es schmilzt, was 30 Minuten dauern kann. Wenn die Gänge über Nacht nicht ausgekuppelt wurden, bedeutet dies, das Kupplungspedal 30 Minuten gedrückt zu halten – mit dem Ergebnis starker Abnutzung der Kupplung. Wir legen die Laufrollen mit Keilen fest und kuppeln aus, wann immer möglich. Turmdrehkränze werden durch gefrorenes Schmierfett schwer in Mitleidenschaft gezogen. Lösung: Schmieren mit OE 30 [Öl] und den Drehkranz außen rundum mit Stroh bepacken. Crocodile-Panzer auf vereisten Straßen sind der Schrecken aller hier in Korea.

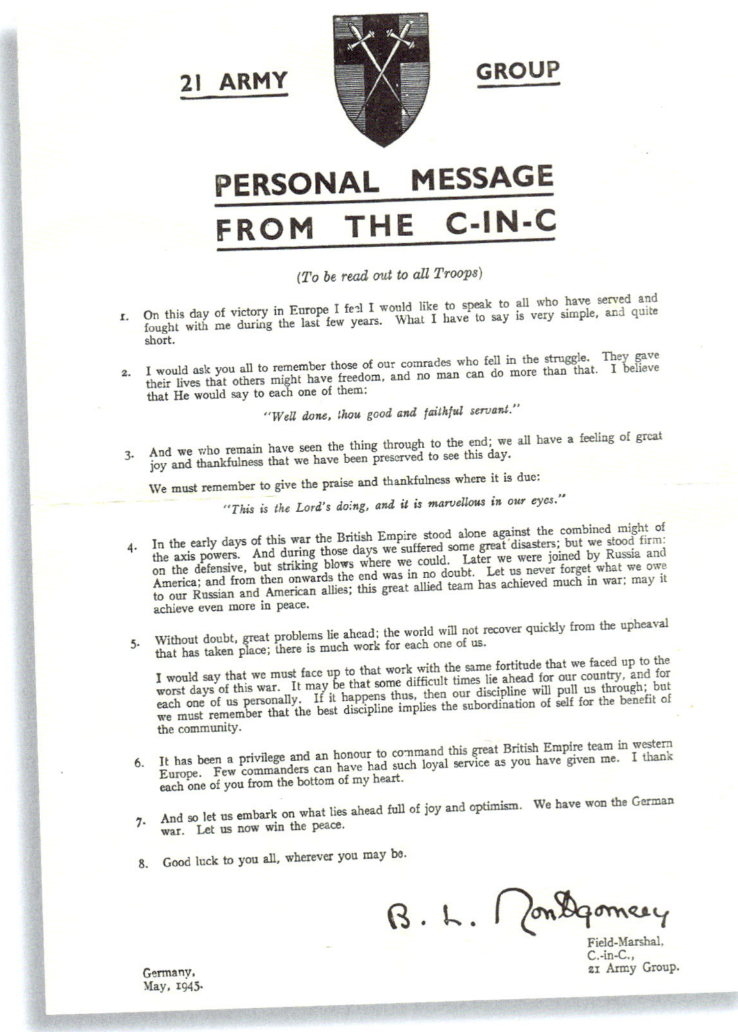

21 ARMY GROUP

PERSONAL MESSAGE FROM THE C-IN-C

(To be read out to all Troops)

1. On this day of victory in Europe I feel I would like to speak to all who have served and fought with me during the last few years. What I have to say is very simple, and quite short.

2. I would ask you all to remember those of our comrades who fell in the struggle. They gave their lives that others might have freedom, and no man can do more than that. I believe that He would say to each one of them:

"Well done, thou good and faithful servant."

3. And we who remain have seen the thing through to the end; we all have a feeling of great joy and thankfulness that we have been preserved to see this day.

We must remember to give the praise and thankfulness where it is due:

"This is the Lord's doing, and it is marvellous in our eyes."

4. In the early days of this war the British Empire stood alone against the combined might of the axis powers. And during those days we suffered some great disasters; but we stood firm: on the defensive, but striking blows where we could. Later we were joined by Russia and America; and from then onwards the end was in no doubt. Let us never forget what we owe to our Russian and American allies; this great allied team has achieved much in war; may it achieve even more in peace.

5. Without doubt, great problems lie ahead; the world will not recover quickly from the upheaval that has taken place; there is much work for each one of us.

I would say that we must face up to that work with the same fortitude that we faced up to the worst days of this war. It may be that some difficult times lie ahead for our country, and for each one of us personally. If it happens thus, then our discipline will pull us through; but we must remember that the best discipline implies the subordination of self for the benefit of the community.

6. It has been a privilege and an honour to command this great British Empire team in western Europe. Few commanders can have had such loyal service as you have given me. I thank each one of you from the bottom of my heart.

7. And so let us embark on what lies ahead full of joy and optimism. We have won the German war. Let us now win the peace.

8. Good luck to you all, wherever you may be.

B. L. Montgomery

Field-Marshal,
C.-in-C.,
21 Army Group.

Germany,
May, 1945.

„Persönliche Mitteilung" Feldmarschall Montgomerys anlässlich des Kriegsendes in Europa. (Sammlung des Autors)

Beim jüngsten Vormarsch nach Yongdeungpo brach einer seitlich aus und schlitterte 45 Fuß [ca. 14 m] weit. ARVs [Bergepanzer] – eine traurige Geschichte! Wegen durchrutschender Ketten ziehen sie beim Bergen keine Wurst vom Teller. Die Verbindung von Kran und Schaufel gehört jedoch zum Besten, was die Alliierten an Bergegerät aufbieten können. Allerdings brachen bei beiden unserer Fahrzeuge die Wellen der Rückförder- und Benzinpumpen im Abstand von vier Meilen [ca. 6,5 km]. Eines wurde geborgen und das andere musste in Brand gesteckt werden. Sprengung: Ein wirksames und schnelles Standardverfahren zur Sprengung aufgegebener Panzer ist dringend erforderlich. Sprenggranaten in Verschluss und Mündung sowie 45 Yards [40 m] Feldkabel [zum Abziehen aus sicherer Distanz] zerstören die Kanone. Probleme gibt es jedoch bei der Inbrandsetzung, wenn man nur noch wenig Munition und Kraftstoff im Tank hat. Den Panzer von Sgt. Robbins, den wir nicht mehr bergen konnten, nachdem in Seoul der Rote Knopf gedrückt worden war [gemeint ist die überstürzte Räumung der Stadt], zerstörten wir mit 15 Pfund Plastiksprengstoff im Fahrerraum und 30 Pfund im Turm. Ergebnis: eine komplette Wannenseite stak über der Straße in einer Mauer, Turm weg und die Wanne in zwei Hälften, einer der schönsten Querschnitte eines Churchill-Motors, der je in Korea zu sehen war, eine Laufrolle samt Aufhängung 147 Schritt über den Platz geschleudert."

Mit dem Waffenstillstand endete auch die aktive Dienstzeit des Churchill bei den britischen Streitkräften. Spezialausführungen blieben in Panzerdepots noch bis in die 60er-Jahre aktiv (wie zum Teil im vorigen Kapitel gezeigt). Alles in allem brachte es der Churchill für einen Panzer recht weit, der am Anfang wenig Grund zur Hoffnung gab. Er bleibt ein Sinnbild seiner Zeit.

Februar 1951: Ein Churchill Mark VII „Crocodile" der 7 RTR im Raum Yongdeungpo beim Beschuss von Seoul. Der Panzer trägt den ungewöhnlichen Namen „Gynaecolater" (Verballhornung von „Gynaecologist", Gynäkologe). (Sammlung des Autors)

„Zum Besten an Bergegerät": Ein Churchill ARV bei der Bergung eines US-Panzerspähwagens in Korea. Diesem riss eine Mine offensichtlich die Hinterachse weg. (Tank Museum)

MARK IV CHURCHILL. (A.22.C. CAST TURRET.

Kapitel 4

Anatomie des Churchill

Der Churchill mag wie ein Tank des Ersten Weltkriegs ausgesehen haben, war aber geräumig und überzeugte – nach Beseitigung der Kinderkrankheiten – im Einsatz durch Verlässlichkeit. Innerhalb kurzer Zeit durchlief er zahlreiche Änderungen, ohne sein Erscheinungsbild und seine wichtigsten Ausstattungsmerkmale wesentlich zu verändern.

Eine hübsche Röntgenzeichnung des Churchill Mark IV mit langer 6-Pfünder-Kanone, die der Richtschütze über die Schulter richtete. (Sammlung des Autors)

Dieses Kapitel konzentriert sich auf den Churchill als Panzerkampfwagen – das Rückgrat der mit ihm ausgestatteten Panzerverbände. Selbst diese Fahrzeuge erfuhren noch Änderungen durch die Truppe, was sich, je nach Kriegsschauplatz, etwa in unterschiedlichen Aufbauten niederschlug. Dies belegen zeitgenössische Fotos. Es folgen Beschreibungen der Hauptausführungen. Interessanter und zugleich verwirrender Weise unterscheiden sich die offiziellen Handbücher in einigen technischen Angaben zum Panzer und seinen Hauptbaugruppen. Sämtliche hier aufgeführten Angaben und Zeichnungen stammen aus offiziellen Quellen.

ERKLÄRUNGEN

Lesern, die sich mit Panzern und vor allem dem Churchill nicht auskennen, mögen die nachfolgenden Zeichnungen und Erklärungen dabei helfen, den Stoff leichter zu verdauen. Wie im ersten Kapitel geschildert, untergliederte sich der Churchill in verschiedene Bauausführungen „Marks“ (Muster), die mit römischen Ziffern von I (erste Serienausführung) bis zu VII und VIII (letzte Serienausführungen) bezeichnet wurden. Auch die Bewaffnung änderte sich von anfänglich einer kleinen 2-Pfünder-Kanone (40 mm) zu größeren, wirksameren Kalibern mit längeren Rohren. Das Kaliber bezeichneten die Briten vorwiegend nicht nach dem Rohr- bzw. Geschossdurchmesser in Zentimetern oder Millimetern, sondern nach der archaischen Gewichtsangabe „Pfund“ (pound). Dies geht auf die Zeit der Vorderlader-Artillerie zurück, als das Kalibermaß einer Waffe nach dem Gewicht einer Rundkugel aus Blei angegeben wurde, die in etwa dem Innendurchmesser des Rohres entsprach. Eine Sechspfünder-Kanone verschoss also 6 Pfund schwere Geschosse, wobei ein englisches Pfund 453,6 Gramm entspricht. Entsprechend wiesen 2-Pfünder- und 6-Pfünder-Kanonen ein metrisches Kaliber von 40 mm bzw. und 57 mm auf. Die jüngeren Kaliber 75 mm, 95 mm und 3 inch (3 Zoll = 76,2 mm) wurden indes von Anfang an nach Rohrdurchmesser bezeichnet.

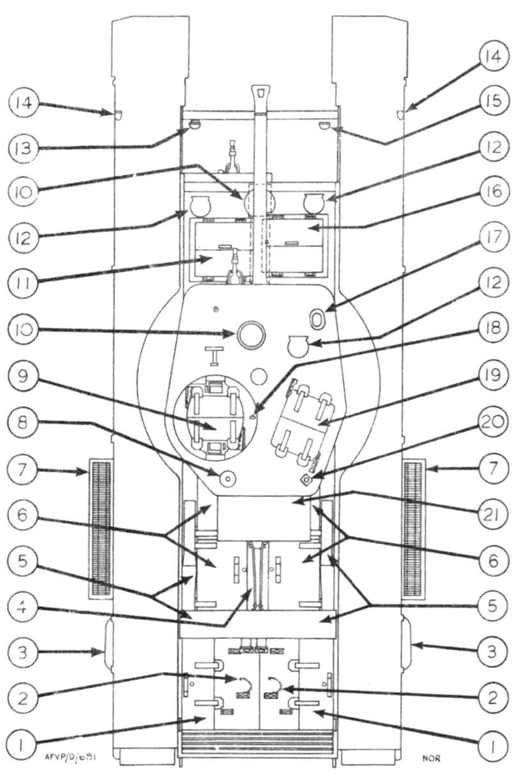

PLAN VIEW OF THE VEHICLE

1. Verschlussklappen Getriebeabteil
2. Sicherungsketten
3. Ersatzkettenglied
4. Haltegestänge für Klappen
5. Auspuff mit Dämpfern
6. Motorabteil mit Klappen
7. Luftansaugschlitze
8. Antenne für Funkgerät „A“
9. Kommandantenkuppel
10. Lüfterklappe
11. Luke des Bug-MG-Schützen
12. Winkelspiegel
13. Tarnscheinwerfer („Blackout“ lamp)
14. Seitenscheinwerfer/Standlicht auf den Kettenabdeckungen. Die vorkragenden Kettenschützen wurden oft als „Hörner“ (Horns) bezeichnet.
15. UV(Blaulicht)-Scheinwerfer
16. Fahrerluke
17. Öffnung für 2-Zoll-Ladungswerfer
18. Halterung Suchscheinwerfer
19. Ladeschützen-/Funkerluke
20. Antenne für Funkgerät „B“
21. Turmgepäckkasten

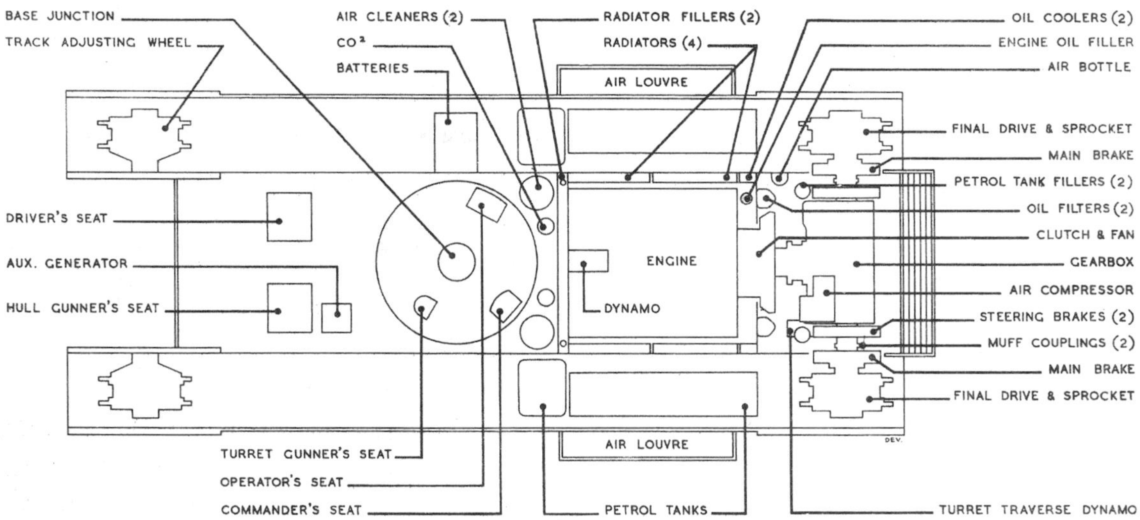

LAYOUT OF MAIN COMPONENTS.

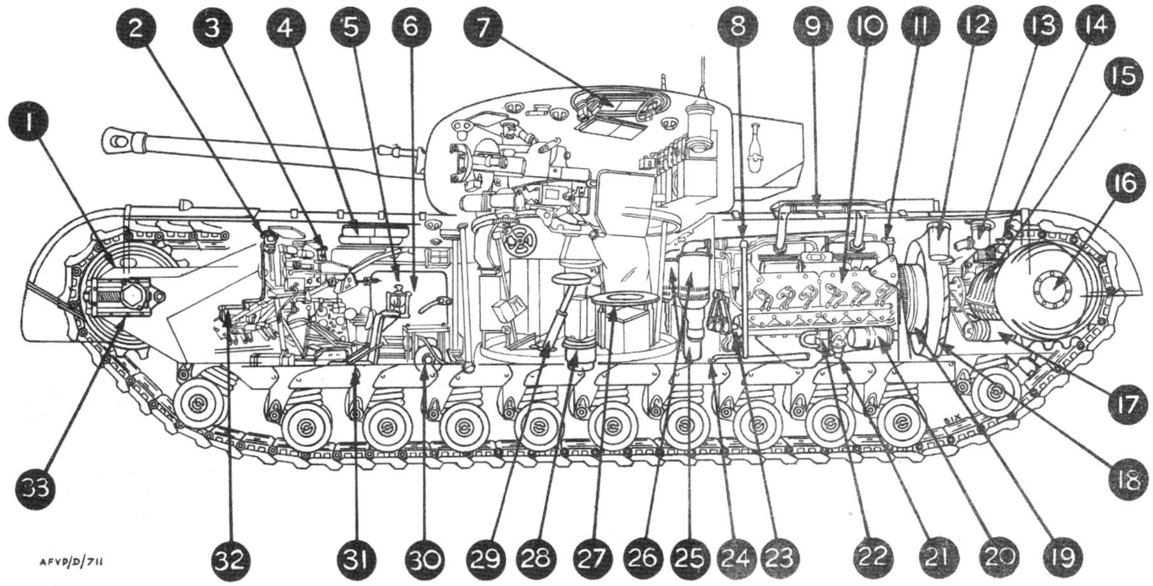

SECTION THROUGH CHURCHILL MK. VI.

1. Leitrad
2. Winkelspiegel des Bug-MG-Schützen
3. Fahrer-Winkelspiegel
4. Luken für Fahrer und MG-Schütze
5. Pistolen-Schießöffnung (Pistolenklappe)
6. Seitenluke
7. Kommandantenkuppel
8. Kühlereinfüllstutzen
9. Auspuffrohre
10. Motor
11. Einfüllstutzen für Motoröl
12. Einfüllstutzen für Getriebeöl
13. Kraftstoff-Einfüllstutzen
14. Luftverdichter
15. Getriebe
16. Antriebsrad
17. Antrieb für Turmschwenkwerk
18. Kühlergebläse („Sirocco“ fan)
19. Kupplung
20. Anlassmotor
21. Kraftstoffpumpe
22. Motoröl-Rückförderpumpe
23. Wasserpumpe
24. Kühlerablasshahn
25. CO_2-Feuerlöscher
26. Luftfilter
27. Kommandanten-Podest
28. Turmantrieb
29. Richtschützensitz
30. Hilfsstromerzeuger
31. Sitz des MG-Schützen
32. Richtgestänge
33. Kettenspanner

1.

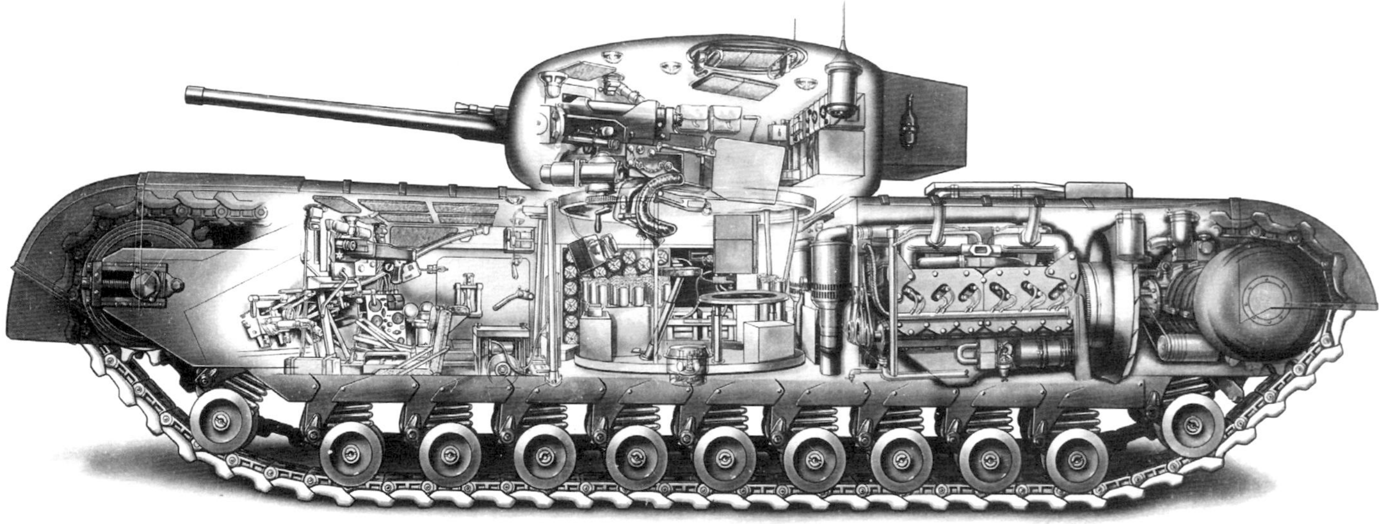

2.

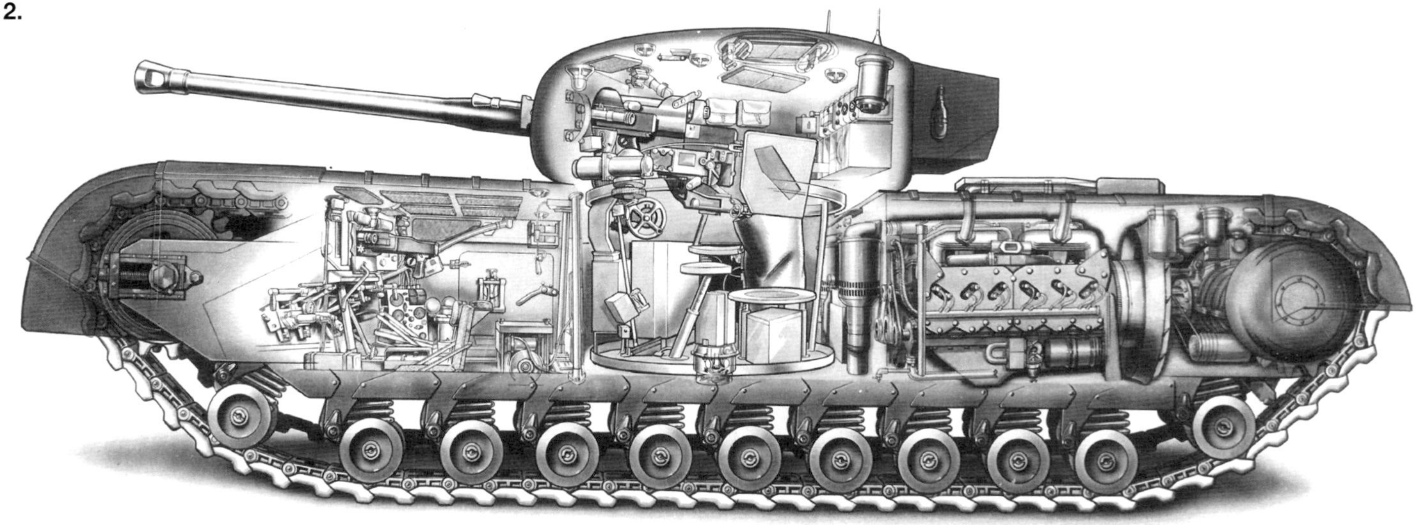

3.

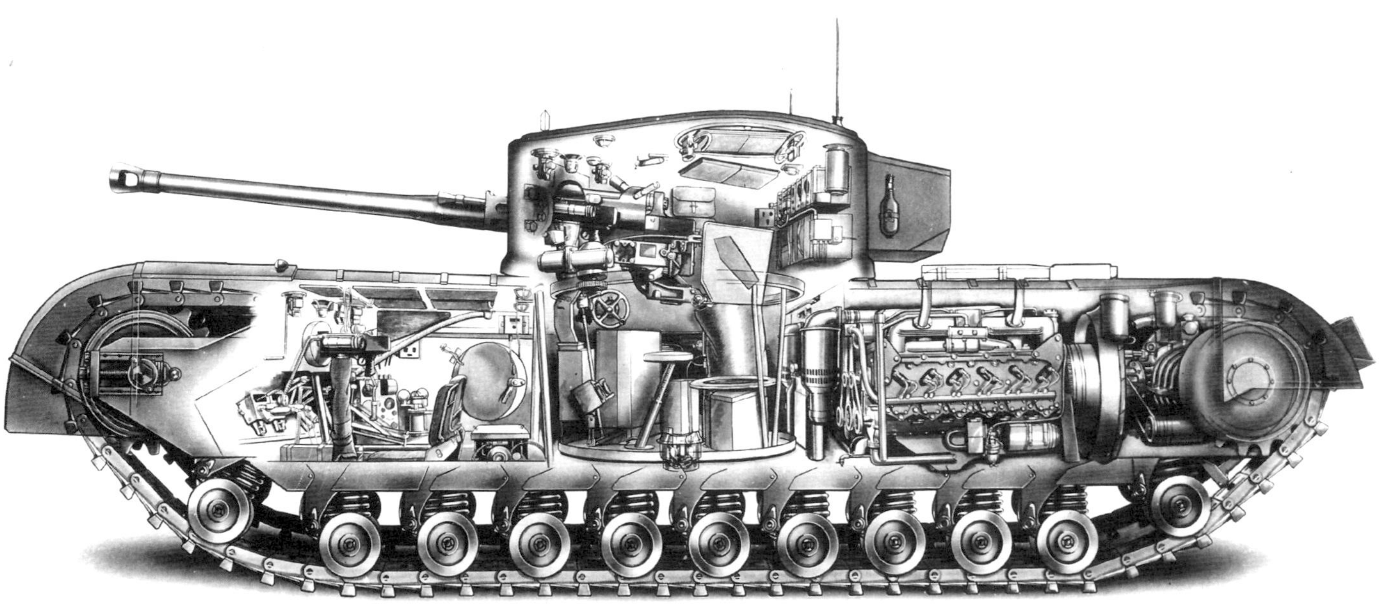

1. Ein Churchill Mark IV. Die Unterteilung in Bug- und Kampfraum sowie Motor- und Getriebeabteil ist klar ersichtlich. Die 6-Pfünder-Kanone (57 mm) richtete der Richtschütze über die Schulter (man beachte die C-förmige Schulterstütze). (Tank Museum)

2. Querschnitt durch einen Mark VI. Diese Ausführung erhielt eine 75-mm-Kanone mit Höhenrichttrieb (man beachte das Höhenrichtrad unter der Kanone), verfügte aber noch über eine Kommandantenkuppel mit nur zwei Winkelspiegeln. Vergleicht man die Munitionsbehälter mit jenen des Mark IV, fällt auf, dass neben dem Richtschützensitz auf der Turmbühne des Mark VI ein großer gepanzerter Patronenbehälter steht. Hier nicht zu sehen die zusätzlichen Halterungen für weitere 75-mm-Granaten. Ein weiterer Unterschied besteht im metallenen Fangtrichter für leere Hülsen und Gurte (auch im Mark VIII). (Sammlung des Autors)

3. Querschnitt durch einen Mark VII. Man beachte die runde Seitenluke. Es scheint sich um ein frühes Fahrzeug noch ohne Rundumsicht-Kuppel zu handeln. (Sammlung des Autors)

Aufteilung und Hauptbaugruppen

Der Churchill in seiner Ausführung als Panzerkampfwagen unterteilte sich in vier Abteile/Innenräume:

- Bugraum mit Fahrer und MG-Schützen
- Kampfraum mit Turmbesatzung
- Motorabteil hinter dem Kampfraum, getrennt durch ein stählernes Schott mit Schaulöchern; darin Motor, Kraftstoffbehälter, Kühler und Ölkühler.
- Getriebeabteil mit Getriebe, Luftverdichter, Lenk- und Fahrbremse, Antrieb für Turmschwenkwerk (am Boden).

Bugraum

Dieses verhältnismäßig geräumige Abteil nahm Fahrer und Bug-MG-Schütze auf, wobei sich neben und hinter diesen noch freier Platz befand. Die Lehnsitze ließen sich nach vorn und hinten verstellen. Der anfängliche MG-Schützen-Sitz wies eine Ausnehmung an der rechten Schulter auf, der wahrscheinlich Platz für die 3-Zoll-Haubitze schaffen sollte.
Der Bug-MG-Schütze saß in den Bauausführun-

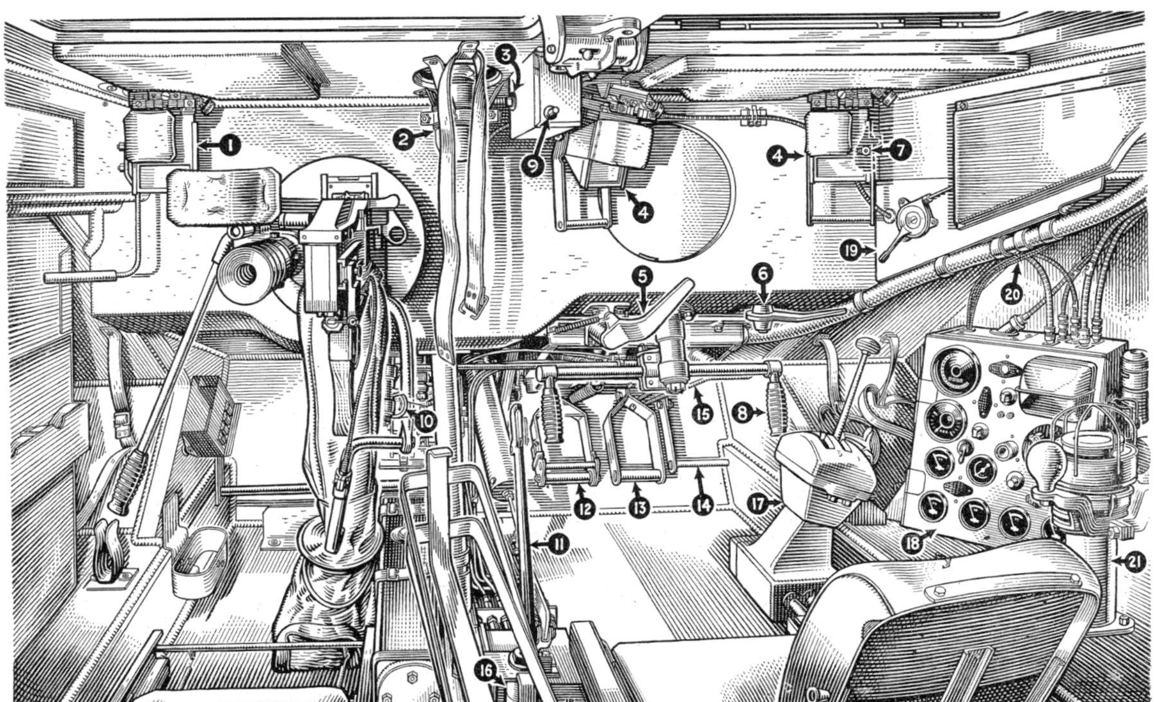

Fig. 11. General view of controls from driver's seat.

Der Bugraum eines Mark VII gleicht den ersten Bauausführungen, erhielt aber eine runde Fahrer-Sichtöffnung, zwei Winkelspiegel, einem zweiten Griff (linke Hand) für das Besa-MG, dessen eigentlicher Handgriff (rechte Hand) und Kabel-Abzug sich direkt hinter der Waffe befinden. Der Zündstoppschalter wanderte in die Mitte des Wannendachs. (Sammlung des Autors)

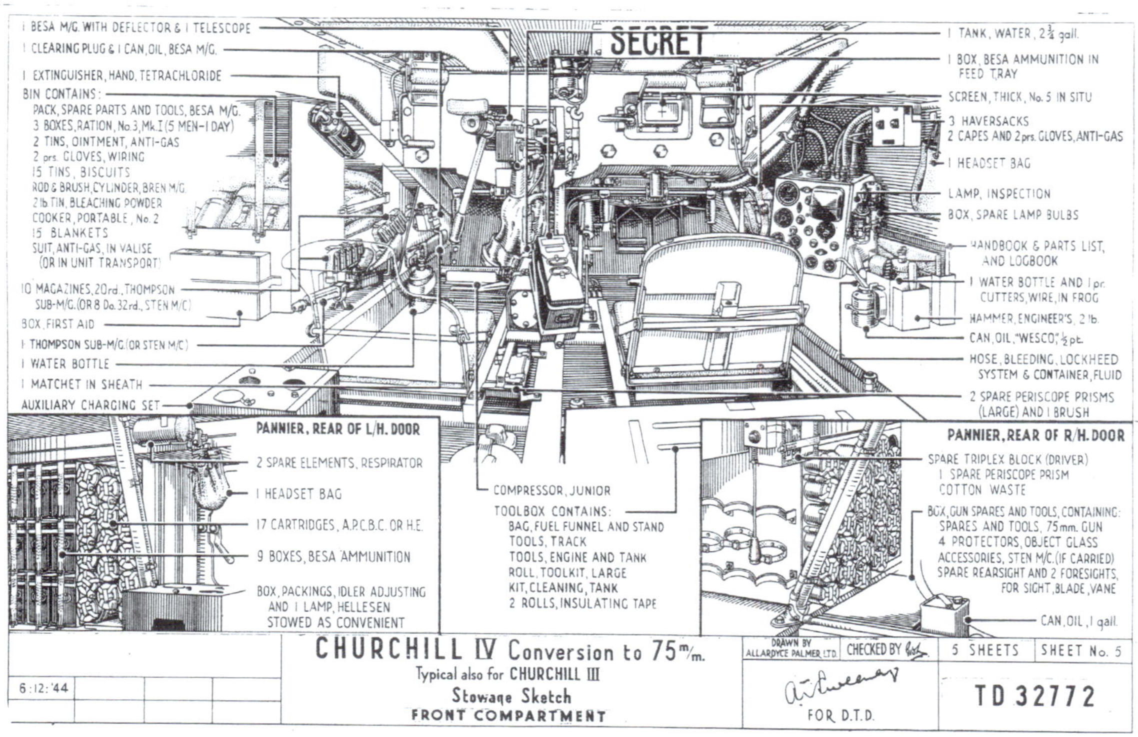

Platz des Fahrers in einem Mark IV, der sich bei den Mustern Mark II bis Mark VI weitgehend glich. Der Fahrer verfügte über eine rechteckige Sichtklappe und nur einen Winkelspiegel. Bei voller Beladung wurde es eng. (Sammlung des Autors)

Die einzig bekannte zeitgenössische Aufnahme eines recht befrachteten Churchill-Bugraums; wahrscheinlich eines Mark III oder IV AVRE. Der große rechteckige Behälter im Vordergrund enthielt die Munition für den Petard-Mörser. Links davon der Fangtrichter für das koaxiale Besa-MG, an dem der leinene Hülsenfangsack befestigt wurde (hier entfernt, um den Blick nicht zu verstellen). Der Bug-MG-Schütze verfügte über keinen eigentlichen Sitz. Er nahm auf einer Art Kissen Platz und schlang sich einen Segeltuchgurt um die Hüfte, der hier über dem Besa-MG hängt. (Tank Museum)

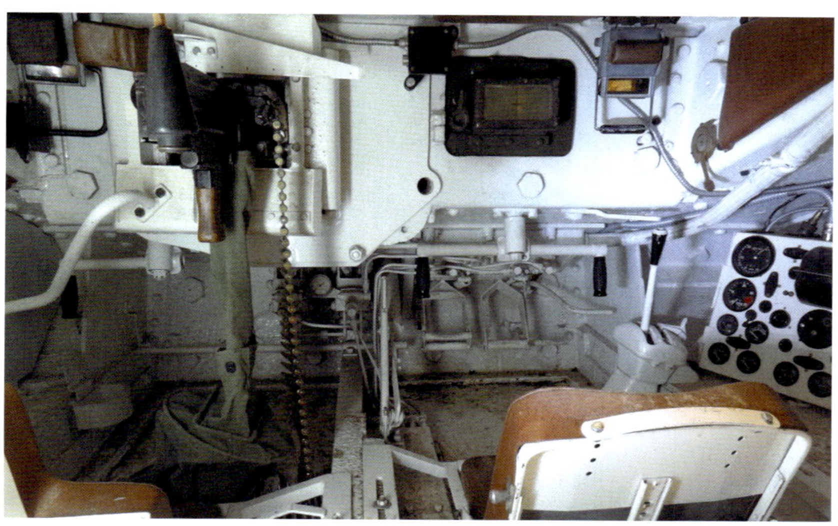

Der Platz des Fahrers im restaurierten Mark IV des Panzermuseums Bovington. Der Fangsack aus grünem Segeltuch unter dem Besa-MG nahm leere Hülsen und Gurte auf. Neben dem Fahrer-Winkelspiegel der Triplex-Sichtblock aus Panzerglas. Die Zieloptik des Bug-MG-Schützen verdeckt der von der Decke hängende Anschluss seiner Hör-/Sprechgarnitur. (Sammlung des Autors)

Dieser Mark-VII-Prototyp erhielt noch eine Fahrersicht- sowie Pistolenklappen, die aber nicht in die Serie übernommen wurden. (Tank Museum)

gen vor Mark VII (und einigen Mark VII) auf einem Polster mit kurzer Rückenlehne, auf dem er den Kopf aus der Luke strecken konnte, sofern es die Lage erlaubte. Denn MG-Schütze wie Fahrer verfügten über Dachluken, die sich aber nur bei bestimmten Turmstellungen öffnen ließen. Umgekehrt konnte der Turm bei geöffneten Lukendeckeln nicht frei schwenken. Neben bzw. etwas nach hinten versetzt befanden sich in der Wanne zwei Seitenluken, auch als „Gepäckluken" oder „Frachtluken" (*pannier doors*) bezeichnet. Deren schwere türartige Klappen ließen sich nur mit Mühe öffnen, wenn der Panzer etwa schräg an einem Hang stand (jedenfalls die Tür an der oberen Hangseite). Die Zargen der Klappen erhielten keinen Farbanstrich, damit sie sich besser schmieren und öffnen ließen. Vor dem Mark VII verfügten die Seitenluken noch über so genannte Pistolenklappen; kleine Schießöffnungen für Handwaffen. Auch an Prototypen des Mark VII fanden sie sich noch, entfielen aber in der Serie, da man sie nun für wenig kampftauglich befand und sie nur die Seitentüren schwächten. Vor dem Fahrer befand sich die „Fahrersehklappe", in Mustern vor dem Mark VII in rechteckiger Form und mit zwei Klappen versehen. Schloss der Fahrer die äußere Klappe mit Sehschlitz, beobachtete er durch einen 3 Zoll (7,62 cm) dicken Triplex-Panzerglasblock, dessen Sehöffnung sich aus Gründen der Lichttarnung mit einer Innenklappe schließen ließ. Beim Mark VII und VII war die Fahrersichtklappe rund und verfügte weder über den Panzerglasblock noch die innere Klappe (bis auf einen Prototypen). Wie bei den Seitenluken erhielten die Zargen der Fahrersichtklappe keinen Farbanstrich. Die Mark I bis VI verfügten nur über einen Winkelspiegel, beim Mark VII und VIII kam ein zweiter hinzu; einer zur Rechten und einer zur Linken des Fahrers. Bei den ersten Bauausführungen reichten die Winkelspiegel von Fahrer und MG-Schütze nicht über das vorkragende Laufwerk, was den Seitensichtbereich stark einschränkte. Bei Mark VII und VIII verlängerte man die Periskope, so dass Fahrer und MG-Schütze nun seitlich über die Kettenschürzen blicken konnten. Ältere Churchill-Muster erhielten sie nachträglich. An einer Ecke der

Der Triplex-Panzerglasblock aus verklebten Panzerglasscheiben. Auf Ein- und Ausblick ätzte man ein Kreuz – aber nicht aus religiösen Gründen. (Sammlung des Autors)

Die rückwärtige Ecke der Fahrereinstiegsluke. Die durch einen Flechtschlauch geschützte Leitung führt zum Einfüllstutzen für das Hydrauliköl für Bremsen, Lenkgetriebe und Kupplung. Rechts die *Distribution Box No 1* (Anschlusskasten 1) mit dem Klingelknopf zum Alarmieren des Kommandanten. Hier stöpselte der Fahrer seine Hör-/Sprechgarnitur ein. (Sammlung des Autors)

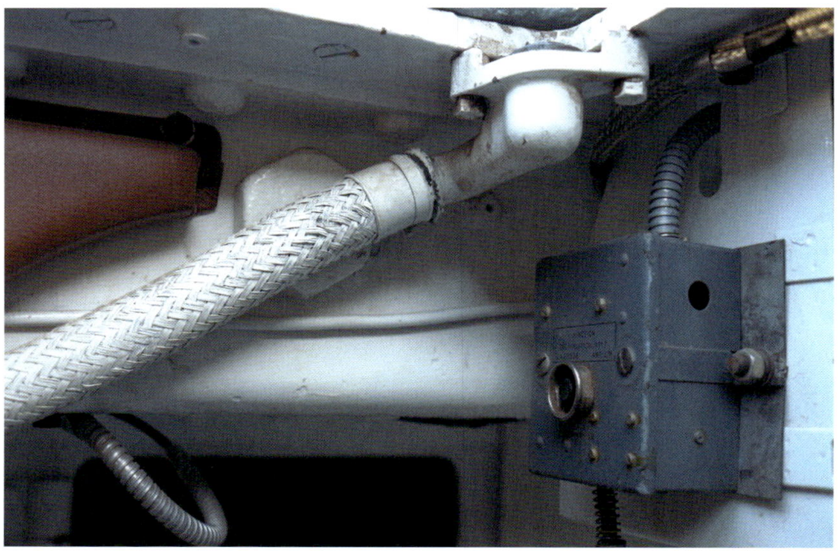

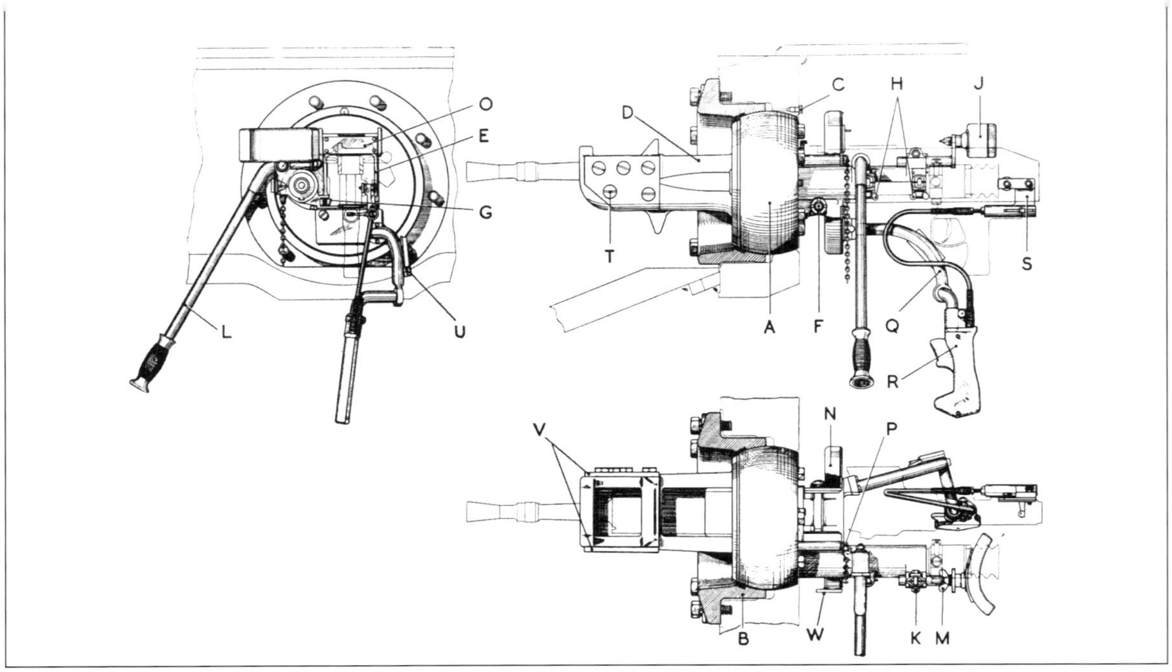

Die Wiege für das Bug-MG im Mark VII und VIII. Der Schütze hält den Richthebel (L) mit der linken Hand und umfasst mit der rechten den Pistolengriff (rechts der Waffe) mit Abzug und Abzugskabel (R). Die gepanzerte Kugelblende (A) kam in der dicken Bugpanzerplatte unter. (Sammlung des Autors)

Fahrerluke befand sich der Einfüllstutzen für das Hydrauliköl für Lenkung und Bremsen.
Davor, unter der Bugplatte, der waagrechte Lenkhebel und die Pedale (vgl. Abb. S. 92 u.). Vor dem Bug-MG-Schützen lagerte das Besa-Maschinengewehr kardanisch in einer Art Kugelblende, die Zieloptik zur Linken. Ein Segeltuchschirm schützte das Gesicht des Schützen vor Pulverschmauch und ausgeworfenen Hülsen, denn seine Wange befand sich in der Nähe des Auswurffensters. Zu seiner Linken ein Winkelspiegel. Die kardanische Lagerung in einer Kugelblende schuf einen großen Richtbereich nach Seite und Höhe, natürlich eingeschränkt durch die Wanne. Sein Zielfernrohr entsprach der Zieloptik der Hauptwaffe, einschließlich der Strichplatten-Markierungen für die 6-Pfünder- bzw. 75-mm-Kanone. Es unterschied sich von den anderen Zieloptiken im Churchill durch den Handgriff und das größere Stirnpolster. In allen Panzern befand sich ein zusätzlicher Hebel links der Lafette, der dem Schützen das Richten mit der linken Hand erleichterte, zumal die rechte den Abzugsgriff umfasste. Die späteren Mark VII und VIII erhielten einen zweiten Griff rechts mit einer Kabelverlängerung zum Abzug. Unter das MG wurde der leinene Hülsensack angeklemmt, der die leeren Gurte und Hülsen auffing, die sonst auf dem Boden herumgerollt wären. Bis auf die letzten Modelle verfügten alle Churchill über einen linksseitigen Lenkhebel, eine Art verlängerter Fahrer-Lenkhebel – damit konnte der MG-Schütze bei Ausfall des Fahrers den Panzer notdürftig lenken. Außerdem bekam er einen Notknopf zum Unterbrechung der Zündung in Notfällen. Hinter dem MG-Schützen befand sich ein kleiner Benzin-Hilfsmotor zum Aufladen der Batterien wenn der Fahrmotor nicht lief. Auch die Funkgeräte verbrauchten eine Menge „Saft". Da die beiden 6-Volt-Batterien (gekoppelt, um 12 V zu erzeugen) sowohl Motor, Funkgeräte als auch Scheinwerfer und Beleuchtung bedienen mussten, erreichten sie bei „Motor aus" und Funkgeräten in Betrieb leicht die Grenze ihrer Leistungsfähigkeit. Der Hilfsmotor (entweder ein „Tiny Tim" oder „Delco Remy") bezog seinen

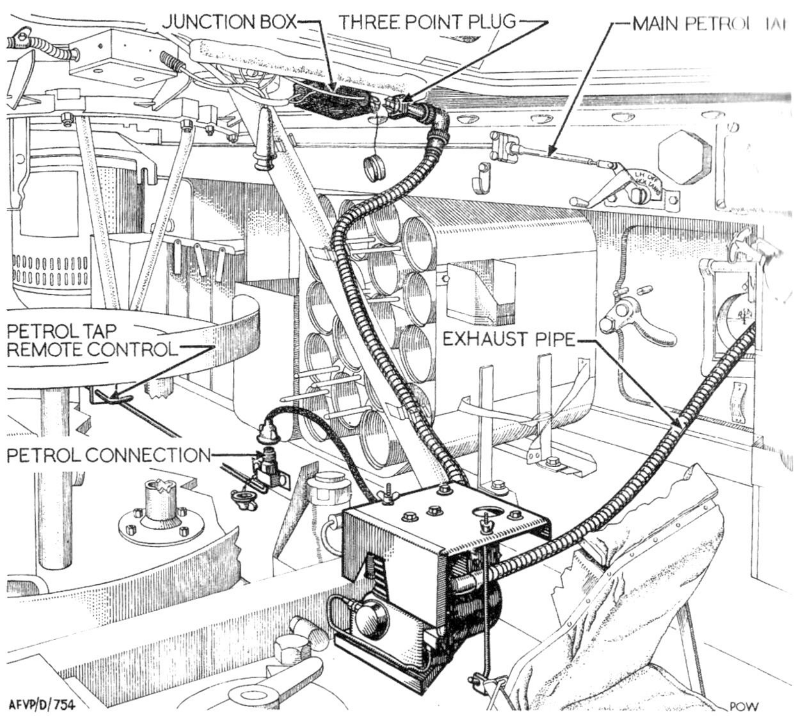

AUXILIARY GENERATOR (INSTALLATION)
FIG. 26.

Der Hilfsmotor hinter dem Sitz des MG-Schützen. Der Auspuffschlauch führt zur Pistolenklappe der Seitenluke. (Sammlung des Autors)

Sprit über eine Leitung, die vom Motorabteil unter der Turmbühne hindurch führte. Das Ende des biegsamen, schallgedämmten Auspuffschlauchs ließ sich zum Ableiten der Auspuffgase durch eine der Pistolenklappen in den Seitenluken oder in eine Aufnahme im Dach hinter der MG-Schützen-Luke stecken.
Der Generator ließ sich im Batteriefach entweder elektrisch oder per Seilzugstarter anwerfen; über eine Anschlussbuchse und Kabel lud er umgekehrt die Batterien auf. Im Wannenboden hinter dem Fahrer lagerte der so wichtige Werkzeugkasten. Ein kleiner Rauchabzug im Dach des Bugabteils nah beim MG (vorgesehen für die 3-Zoll-Haubitze des Mark I, aber für zu schwach befunden) sollte dessen Pulvergase entsorgen. Fahrer und MG-Schütze verfügten über je einen Anschlusskasten mit Hängebuchse, der ihre Hör-/Sprechgarnituren an den Funkgerätesatz 19 (*Wireless Set 19*) anschloss und so den Austausch mit der Bordbesatzung ermöglichte. An der Anschlussbox des Fahrers (*Distribution Box No 1*) befand sich ein Knopf mit der Aufschrift *„Call Commander“* (Ruf Kommandant), wobei ein Summer den Panzerführer „ansprach“. Der Anschluss des MG-Schützen hatte keinen Notknopf. Fahrer und MG-Schütze waren nur an das Bordnetz angeschlossen, konnten also nicht nach außen funken.

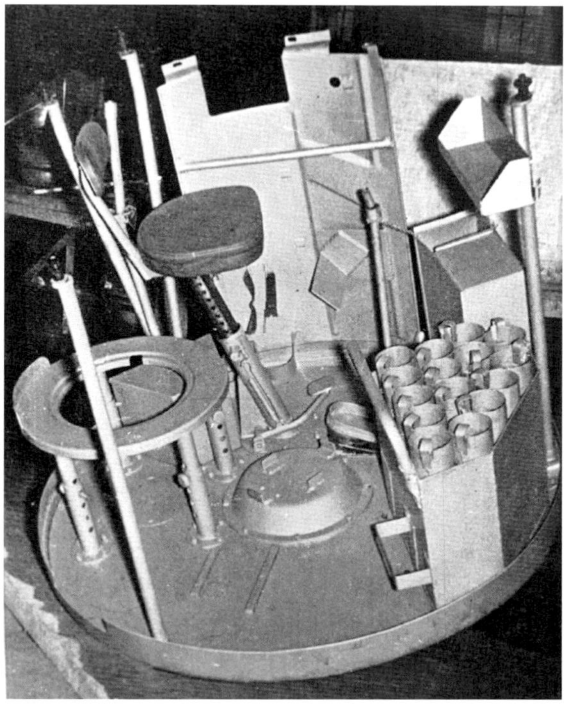

Turmbühne eines Churchill Mark VII. Dieses Foto kann nur einen schwachen Eindruck von der Beengtheit im Turm vermitteln. Links das kreisrunde Kommandanten-Podest (ohne Stehplatte). Daneben der verstellbare Richtschützensitz; darunter der Fußhebel zur Höhenverstellung und der hier mit der Ferse zu betätigende Abfeuerungshebel (teilweise verdeckt; ein anderer Typ Abfeuerungshebel wurde mit der Fußspitze betätigt). Der Ladeschütze stand hinter dem leicht gepanzerten Kasten für die Bereitschaftsmunition. Hinter dem Richtschützensitz der Beinschutz mit Versteifungsholm. (Tank Museum)

Kampfraum

Dieses Abteil umfasste den Turm und die mit ihm über drei Streben verbundene Turmbühne. Der Durchmesser der kreisrunden Turmbühne betrug 53,25 Zoll (ca. 135 cm). In der Mitte unter dem Boden der Turmbühne saßen der Turmantrieb sowie die Bordnetz-Leitungen für Fahrer und Bug-MG-Schütze. Drei Besatzungsmitglieder fanden im räumlich beengten Kampfraum Platz: Lade-

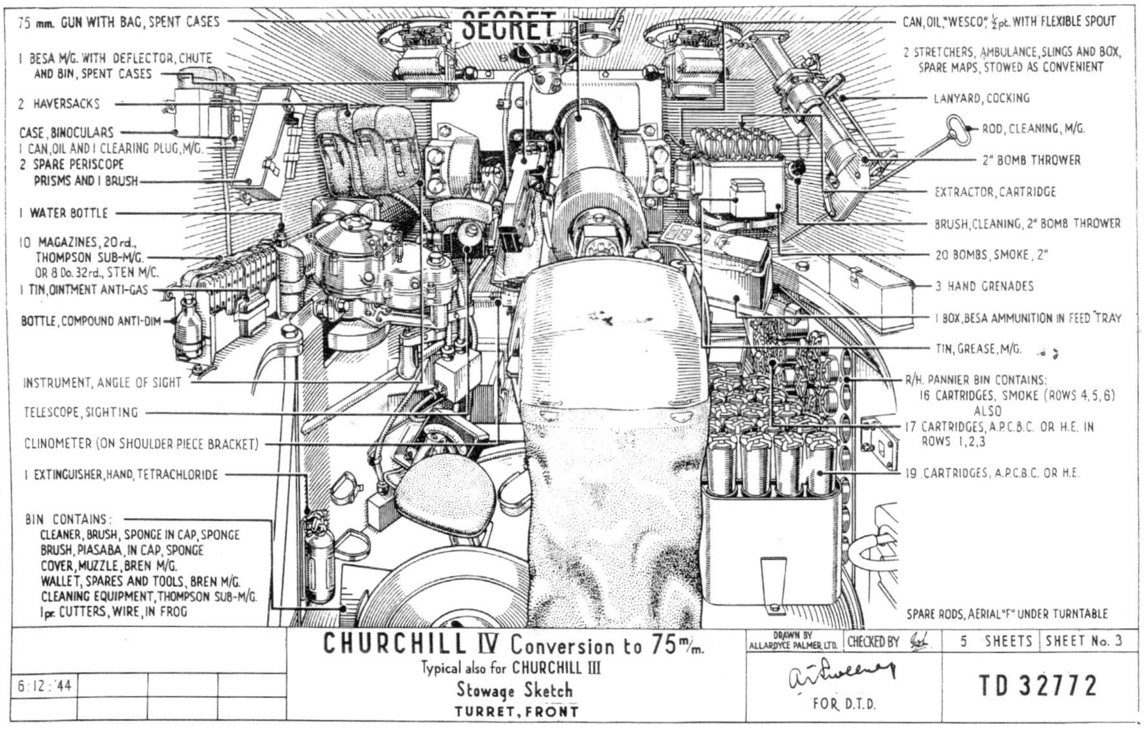

Turm eines Mark V, dessen 6-Pfünder gegen eine 75-mm-Kanone getauscht wurde, mit voller Kampfbeladung. (Tank Museum)

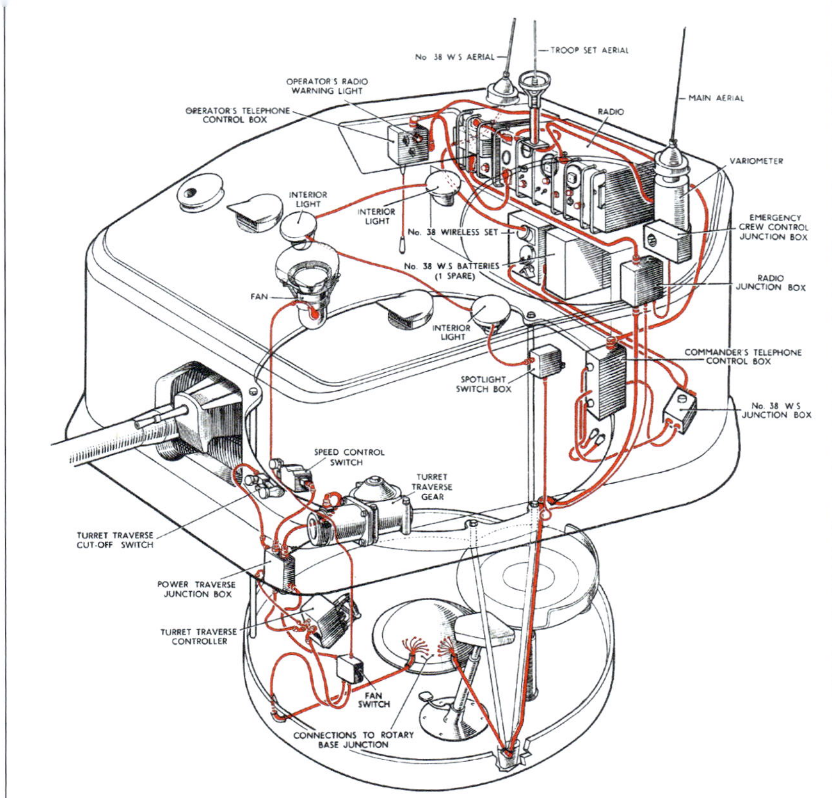

(To face page 94) Fig. 67. Diagram of turret wiring layout—Churchill VII.

Zeichnung eines Mark-VI-Turms mit eingebautem Funkgerätesatz WS19 und Zusatzfunkgerät WS38. Ein früher Einbau, denn das WS38 bezieht seinen Strom noch nicht von der 12-Volt-Batterie des Panzers, sondern aus einer eigenen Trockenbatterie. (Sammlung des Autors)

schütze, zugleich Funker, Richtschütze und Kommandant. Der Ladeschütze/Funker stand zur Rechten der Hauptwaffe. Seine Aufgaben umfassten die Bedienung der Funkgeräte, das Laden der Kanone und des koaxialen Turm-MG sowie die Bedienung des 2-Zoll-Ladungswerfers („*Bomb thrower*") im Turmdach.

Die Munition des Ladungswerfers befand sich direkt vor dem Ladeschützen. Es handelte sich ausschließlich um Rauch-/Nebelgranaten, wiewohl es für den Werfer auch Spreng- und Leuchtgranaten gab, die aber der Infanterie vorbehalten blieben. Der so wichtige Funkgerätesatz 19 (*Wireless Set No 19*) war hinten im Turm untergebracht. Der Ladeschütze/Funker verfügte über einen Anschluss für die Hör-/Sprechgarnitur. Unter dem Funkgerät befand sich ein unterteilter Staukasten für Trommelmagazine des Bren-MG und andere Dinge sowie in späterer Zeit für das Funkgerät *WS38 AFV*. Neben den Beinen des Ladeschützen waren die Batterien untergebracht: zwei große 6-Volt-Batterien in Holzkästen, hintereinander geschaltet zur Erzeugung von 12 Volt. Das Abteil nahm auch den Spannungsregler für das Batterieladegerät auf, den Schalter für den Hilfsmotor und den Batteriehauptschalter. Zum Anlassen des Fahrmotors musste der Ladeschütze zuerst den Batteriehauptschalter neben sich betätigen. Dann drehte er sich in gebückter Haltung zum Schott hinter sich, um beim Kaltstart den Vergaser auf Trab zu bringen und mit der „Ki-gass"-Pumpe Kraftstoff direkt in die Ansaugleitungen zu pumpen. Der Churchill ließ sich eben nicht allein vom Fahrer anwerfen! Im Heck des Kampfraums lagerten

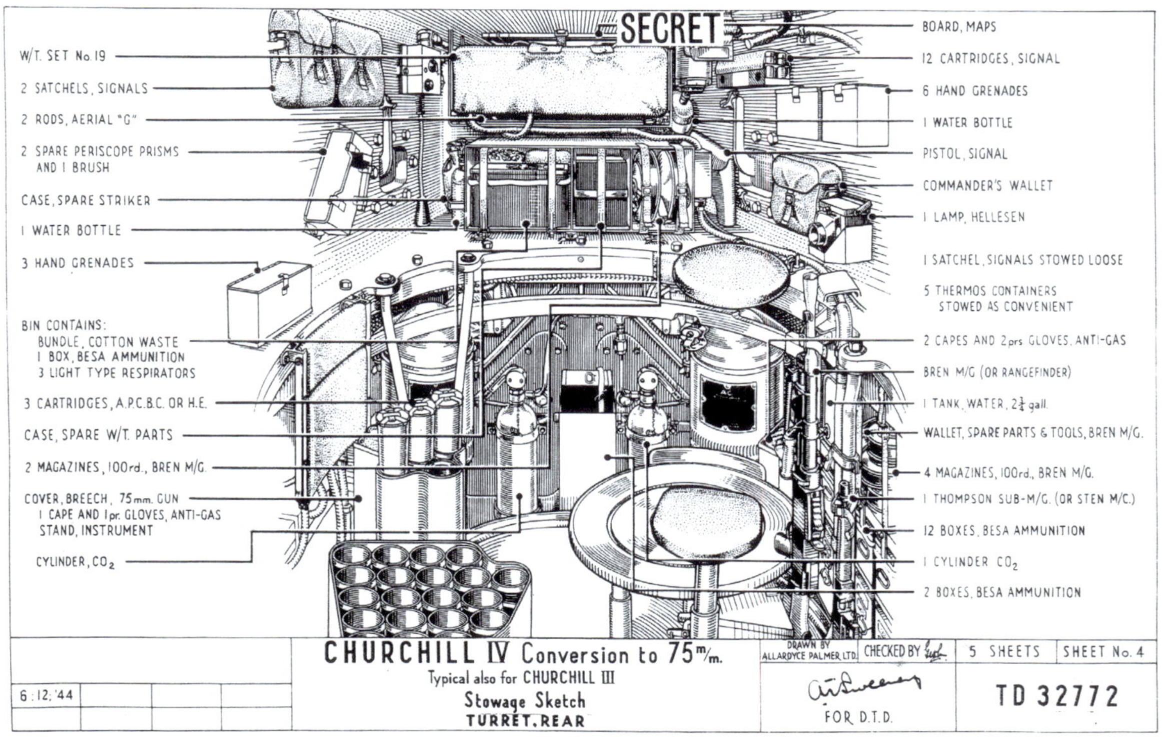

Blick ins Heck eines Mark-IV-Turms. Der Betrachter steht sozusagen mit dem Rücken zur Kanone und schaut nach hinten. (Tank Museum)

zwei verbundene CO_2-Feuerlöscher, deren Öffnungen ins Motorabteil ragten.
Links der Kanone waren die Plätze von Richtschütze und Kommandant.
Der Richtschütze saß vor dem Kommandanten auf einem gefederten, höhenverstellbaren Sitz. Die später eingeführten Sitze verfügten über eine abnehmbare Rückenlehne. In Panzern ohne mechanischen Höhenrichttrieb richtete der Richtschütze die Kanone über eine Schulterstütze mit der rechten Schulter. Die Wiege der Waffe wurde ansonsten am Turmdach festgelegt, was die leichte Rohrerhöhung auf vielen Fotos erklärt. Churchill mit Höhenrichtantrieb hatten statt der Schulterstütze ein Höhenrichtrad, das der Richtschütze mit der rechten Hand bediente. Das koaxiale Besa-MG lagerte rechts neben dem Turmzielfernrohr. Kanone und Koaxial-MG ließen sich auf verschiedene Art und Weise abfeuern. In Churchill ohne Höhenrichtantrieb gab es zwei Handabzüge – einen für die Kanone, einen fürs MG. In Panzern mit Höhenrichtantrieb wurde über Fußhebel gefeuert. Später gab es noch elektrische Abzüge mit Magnetspulen, welche die Fußpedale überflüssig machten. Links des Richtschützen befand sich ein großer Blechschild, der seine Knie und Füße davor bewahrte, beim Schwenken an der Wanne anzuschlagen oder eingeklemmt zu werden. Auf dem Stahlblech brachte man verschiedene Anschlusskästen, einen Feuerlöscher und – ganz wichtig – den Bedienkasten für das Turmschwenkwerk unter. Mittels eines nach rechts und links schwenkbaren Hebels ließ sich der Elektromotor des Schwenkwerks steuern. Klugerweise nicht über einen riesigen Regelwiderstand, sondern über niedrige Stromstärke und einen eigenen Dynamo im Getriebeabteil. So ließ sich der Turm stufenlos schnell oder langsam nach links oder rechts schwenken. Als zusätzlicher Pluspunkt fungierte die Anlage als Turmbremse: ließ der Richtschütze den Schwenkhebel los, stand der Turm wie eine Eins – und drehte nicht weiter über ein erfasstes Ziel hinaus. Natürlich funktionierte das elektrische Schwenken nur bei laufendem Motor. Bei stehendem Motor schwenkte der Richtschütze mittels einer Kurbel am Drehkranz. Das Turmzielfernrohr verfügte über eine für Hauptwaffe und MG ausgelegte Strichplatte. Die einzelnen Absehen-Markierungen waren auf die unterschiedlichen Flugbahnen von Panzer-, Spreng- und Nebelgranaten abgestimmt. Bei Panzern mit 75-mm-Kanone, die auch artilleristisch wirken konnten, verfügte der Richtschütze über eine walzenförmige Höhenrichtlibelle mit einer kleinen Wasserwaage zur Berechnung der Flugbahn beim indirekten Schießen (die Entfernungsangaben und Schusskorrekturen lieferten Beobachter). Im Mark VII baute man außerdem links vom Richtschützen einen sehr genauen Turmrichtungsanzeiger mit Uhrenskala ein, der beim exakten Anrichten eines indirekten Ziels gute Dienste leistete. Im Mark I bis III, VII und VIII erhielt der Richtschütze, ähnlich dem Ladeschützen, einen verstellbaren Winkelspiegel, dessen Neigung und Richtung sich über einen Hebel steuern ließen. Die Gusstürme der Bauausführungen Mark IV, V und VI verzichteten auf den Richtschützen-Winkelspiegel, mit Ausnahme des NA 75, wo für das „Periteleskop“ der Sherman-Kanone ein Loch ins Turmdach gebohrt werden musste (vgl. S. 70). Bekanntlich stand der Kom-

Platz des Richtschützen in einem Mark IV. Das Teil links oben gehört zum Funkgerät WS38; am linken Bildrand die baumelnden Anschlüsse für die Hör-/Sprechgarnituren von Kommandant und Richtschütze. Beim olivgrünen Apparat mit Kurbel handelt es sich um das manuelle Turmschwenkwerk, unmittelbar darunter der silberne Hebel für das elektrische Schwenken sowie im Vordergrund der Richtschützensitz. Rechts die Schulterstütze zum Höhenrichten der Kanone, der Segeltuchschlauch dahinter führte leere MG-Gurte und Hülsen in den Behälter auf dem Turmboden ab. Neben dem Besa-MG das MG-Zielfernrohr und der gepolsterte Stirnschutz des Richtschützen. (Sammlung des Autors)

Blick von oben auf den Richtschützensitz des Mark VII im Panzermuseum Bovington. Dahinter das Kommandantenpodest. Es ging eng her. (Tank Museum)

PANZEROPTIKEN: ÜBERLEBENSWICHTIG

Die Sicht- und Beobachtungsmöglichkeiten im Panzer konnten über Leben und Tod entscheiden. Bei geschlossenen Luken gab es im Churchill nur drei Möglichkeiten: der Blick durch Winkelspiegel und für Richtschützen und Bug-MG-Schützen der Blick durchs Zielfernrohr. Der Fahrer konnte, sofern es die Lage gestattete, durch die geöffnete Fahrersichtklappe beobachten. Die Kommandantenkuppel mit ihrem zweiteiligen Lukendeckel – über die auch der Richtschütze ein- und ausstieg – verfügte zunächst über zwei Winkelspiegel, einer mit Blickrichtung nach vorn (12 Uhr), der andere nach hinten (6 Uhr). Aufgrund des beschränkten Beobachtungsbereichs war die Kuppel drehbar ausgelegt. Später erhielt der Churchill eine größere „Rundumsicht-Kuppel" mit acht kleinen Winkelspiegeln, die eine relative 360-Grad-Rundumsicht aus der geschlossenen Kuppel erlaubten. Betonung auf „relativ", denn zum uneingeschränkten Beobachten und Horchen musste der Panzerführer wohl oder übel seinen Kopf aus der Luke strecken. Dabei war er aber feindlicher Waffenwirkung ausgesetzt. 1944/45 ließen einige Kommandanten eine Panzerplatte hinter die Kuppel schweißen, die sie vor Handwaffenfeuer und Splittern schützen sollte. Die neue Kuppel sorgte mitunter für Verwirrung auf eigener Seite: mindestens ein Churchill fiel deshalb britischen Waffen zum Opfer. So wurde etwa ein Churchill des *141st Regiment RAC (The Buffs)* in der Normandie von einem britischen Panzerjäger M10 abgeschossen. Im Morgendunst sprach die M10-Besatzung den Churchill aufgrund seiner hohen Kuppel irrtümlich als deutschen Panzer an – und ließ es krachen.

Richtschütze und Bug-MG-Schütze im Churchill verfügten über ein Zielfernrohr mit schwacher 1,8-facher Vergrößerung und auf die Flugbahnen von Kanone und MG abgestimmten Strichplatten-Markierungen. Die Turmzielfernrohre (TZF) wechselten mit Baumuster und Hauptwaffe. Churchill Mark I und II mit 2-Pfünder-Kanone (40 mm) benutzten TZF des Typs *Telescope No 30 Mark I, IA* oder *No 33*. Churchill mit 6-Pfünder-Kanone (57 mm) zielten über das *Telescope No 39*. Diese TZF besaßen 1,8-fache Vergrößerung und ein Sichtfeld von etwa 21 Grad. Bei den TZF *No 30* und *33* verdeckten die Stachel des Fadenkreuzes auf 1000 Yard (914 m) Entfernung mindestens 2 Fuß (60 cm) des Ziels. Beim TZF *No 39* halbierte man deshalb die Stachelbreite. Mit der 75-mm-Kanone kam das *Telescope No 50* mit – je nach Ausführung – 1,9- oder 3-facher Vergrößerung und Strichplatten-Beleuchtung (*No 50 x 3 L Mark 1*).

Winkelspiegel einer frühen Kommandantenkuppel im Turm eines Mark IV, der bis zu den ersten Serienfahrzeugen des Mark VII Verwendung fand. Mittels der beiden Handgriffe drehte der Kommandant die auf Rollen laufende Kuppel. Eine der Rollen, rostig zwar, lässt sich hinter dem linken Griff erkennen. (Sammlung des Autors)

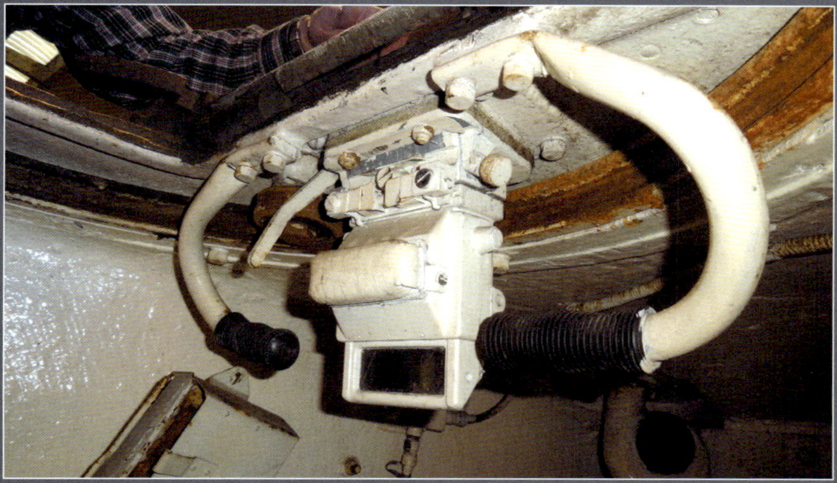

Der Kommandant eines Mark IV, V oder VI späht aus seiner mit einem angeschweißten Hinterschild versehenen Luke. Als zusätzlichen Schutz nutzt er die Klappen des Lukendeckels. Außerdem trägt er einen randlosen Panzerhelm, denn der übliche englische „Suppenteller" hinderte im Panzer. Gegen eine Scharfschützenkugel half aber auch der beste Helm nichts. Man beachte das Hilfsvisier rechts und links die Halterung mit vier Bolzen für das Zwillings-MG Vickers K. (Tank Museum)

mandant hinter dem Richtschützen auf einem höhenverstellbaren Podest. Bei geöffneter Luke konnte er auf einem kleinen runden Klappsitz Platz nehmen (der bei einigen Mark VII gegen einen bequemeren ausgetauscht wurde). Die Turmbesatzung war über den Funkgerätesatz WS19 ans Bordnetz angeschlossen; Kommandant und Funker/Ladeschütze konnten über die Funkgeräte „A“ und „B“ Funksprüche absetzen und empfangen. Die Ausstattung wurde bei einigen Fahrzeugen durch das Funkgerät WS38 zur Verbindungsaufnahme mit Infanterie erweitert.

Funkausstattung des Churchill

Der *Wireless Set (WS) No 19* (Funkgerätesatz 19) bildete die hauptsächliche Funkausstattung im Churchill. Es gab ihn in drei Mustern Mark I bis III (die nicht mit den Churchill-Baumustern verwechselt werden sollten) und unterteilte sich in vier Hauptteile:

- *„A“ Set* (Funkgerät „A“): Ein Kurzwellensender und -empfänger für Langstrecken über Sprech- oder Tastfunk. Die theoretische Reichweite (bei den üblichen Antennen) betrug 10 Meilen (16 km) bei Sprech- und 15 Meilen (24 km) bei Tastfunk. Die Bandbreite betrug 2,5–6,25 Megahertz (MHz) beim Funkgerät (FuG) Mark I und 2–8 MHz bei den FuG Mark II und III.
- *„B“ Set* (Funkgerät „B“): Ein Ultrakurzwellensender und –empfänger für Kurzstrecken-Verbindungen mit Infanterie und, zumindest theoretisch, mit in der Nähe befindlichen Panzern. Die Reichweite betrug angeblich rund 1 Meile (1,6 km), lag in der Praxis aber mit ein paar Hundert Metern deutlich darunter. Der *„B“ Set* arbeitete in einer Bandbreite von 229–41 MHz und galt als unzuverlässig.
- Bordnetz zur Verständigung der Besatzung untereinander.
- Stromerzeuger/Umwandler, um die 12 Volt der Fahrzeugbatterien in die erforderliche Hoch- und Niederspannung zu wandeln. Die Stromaufnahme richtete sich nach den in Betrieb befindlichen Geräten. Die FuG Mark I und II benötigten maximal 11,6 Ampere wenn *„A“* und *„B“* Set gleichzeitig sendeten und das Bordnetz in Betrieb war (FuG Mark III = 10,7 Ampere). Die Funkgeräte verschlangen beim Hochfahren eine Menge „Saft“.

Jeder Mann der Besatzung besaß eine Hör-/Sprechgarnitur aus Kopfhörer und Mikrofon mit Gummisprechschale und einem Anschluss-Stecker mit Gummiüberzug. Dieser wurde in ein von der Decke hängendes Anschlusskabel gesteckt, ebenfalls mit Gummiüberzug, was eine nahezu vollständig gegen Feuchtigkeit geschützte Steckverbindung ergab. Beim Ausbooten trennte sich die Steckverbindung schnell und leicht, ohne dass man nachhelfen musste. Für die technisch Interessierten: die Sendeleistung des *„A“ Set* betrug 3 Watt bei Sprech- und 5 Watt bei Tastfunk. Beim *„B“ Set* lag sie bei 0,4 Watt. Der *„A“ Set*

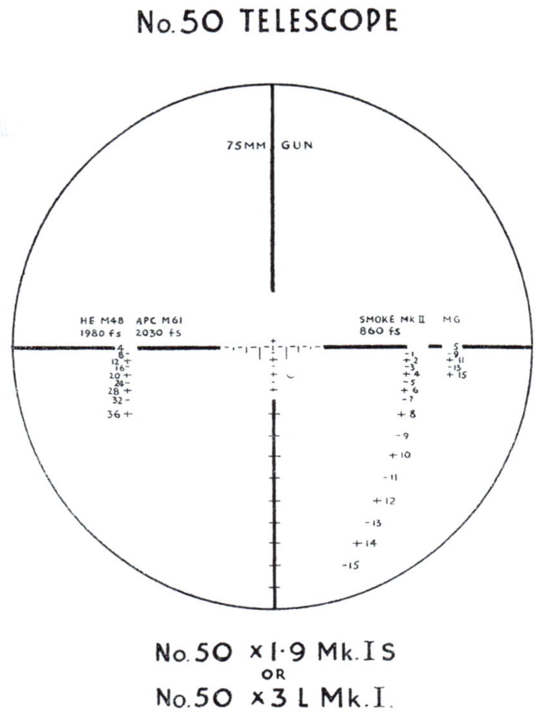

Strichplatte für die 75-mm-Kanone. Links die Entfernungsskala für Panzer- und Sprenggranaten, rechts für Rauch-/Nebelgranaten. Letztere mit ihrer wesentlich gekrümmteren Flugbahn erforderten bei gleicher Zielentfernung eine wesentlich größere Erhöhung der Waffe. Ganz rechts die Entfernungsskala für das koaxiale Besa-MG. (Sammlung des Autors)

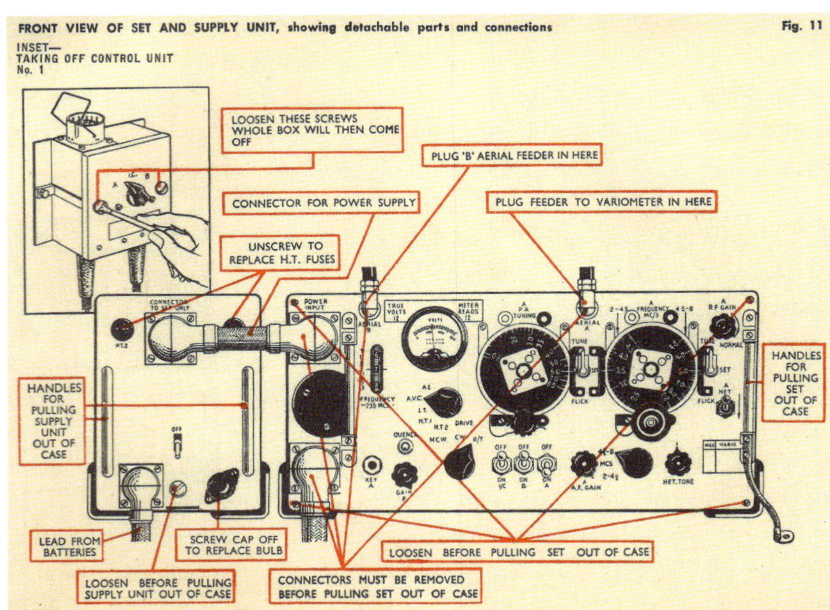

Der *Wireless Set No 19* – Funkgerätesatz 19 – in zeitgenössischer Darstellung. (Sammlung des Autors)

Rechts: Hör-/Sprechgarnitur für die Turmbesatzung mit Schnellstecker. (Sammlung des Autors)

Rechts außen: Hör-/Sprechgarnitur für Fahrer und Bug-MG-Schütze. Das Mikrofon unterscheidet sich von dem der Turmbesatzung. (Sammlung des Autors)

Ein in Kanada im Rahmen der Rüstungshilfe für die UdSSR hergestelltes FuG *WS19 Mark III*. Man beachte die Beschriftung in Englisch und Russisch. (Sammlung des Autors)

besaß ein Antennenabstimmungsgerät, Variometer genannt, montiert an der Turmdecke direkt unter der 8 Fuß (2,4 m) langen *„A Set"*-Stabantenne. Der *„B"-Set* arbeitete mit einer 64 cm langen Stabantenne, deren Fuß eine schützende Ummantelung umgab. Der Funkgerätesatz 19 wurde in England, Kanada und in den USA hergestellt, etliche Geräte im Zuge der alliierten Rüstungshilfe auch für die Sowjets. Letztere lassen sich leicht an der kyrillischen Zusatzbeschriftung erkennen. Einige Churchill erhielten außerdem ein kleineres Infanterie-Funkgerät, den *Wireless Set No 38*, zur Verbindungsaufnahme mit begleitender Infanterie. Diese Panzer erkennt man an der dritten Antenne auf dem Turm. Bei den ersten Churchill befand sich diese Antenne über dem Richtschützen vor der Kommandantenkuppel. Später wanderte sie auf das Turmheck. Ursprünglich handelte es sich beim 1942 entwickelten *WS No 38* um ein tragbares Funkgerät der Infanterie mit 12 Fuß (3,6 m) langer Stabantenne. Es arbeitete in Frequenzen von 7,4–9,2 MHz und nur im Sprechfunk. Die Sendeleistung lag bei mickrigen 0,2 Watt und die Reichweite bei höchstens einer Meile (1,6 km). Für den Churchill kürzte man die Antenne auf 8 Fuß (2,4 m). Dort blieb das FuG *WS38* bis zur Entwicklung des *Wireless Set No 38 AFV* (Funkgerätesatz 39 für gepanzerte Fahrzeuge) in Verwendung. Das *WS38* bezog seinen Strom aus einer eigenen Batterie und ließ sich unkompliziert ans Bord- und Funknetz anschließen.

Der Churchill Mark VII erhielt einen zusätzlichen „Bord-Notfunk" in Gestalt eines kleinen Übertragerkastens mit Steckbuchse und Mikrofon, den der Kommandant bei Ausfall des *WS19* zur Bordverständigung nutzte. Am Heck verschiedener Churchill befand sich ein Blechkasten mit Klappdeckel, darin ein Fernsprecher zur Außen-

FIG. 12.

WIRELESS SETS № 38. MK II OR MK II* IN CHURCHILL III & IV TANKS

VIEW OF FORWARD NEARSIDE TURRET WALL.

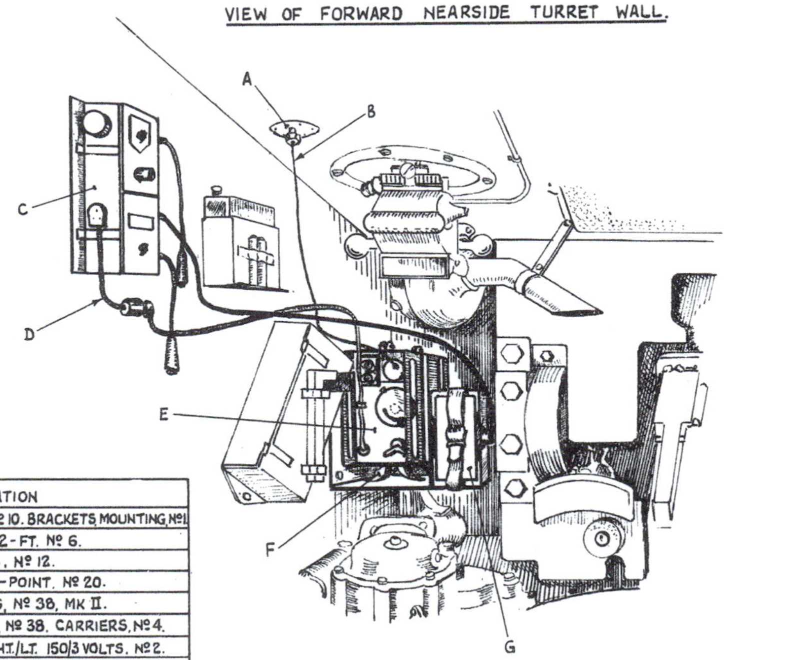

ITEM	DESIGNATION
A	AERIAL BASES. № 10. BRACKETS MOUNTING, №1
B	AERIAL LEADS, 2-FT. № 6.
C	CONTROL UNITS. № 12.
D	CONNECTORS, 6-POINT. № 20.
E	WIRELESS SETS, № 38, MK II.
F	WIRELESS SETS, № 38. CARRIERS, № 4.
G	BATTERIES, DRY. H.T./L.T. 150/3 VOLTS. № 2.

Die Unterbringung des *WS38* in den ersten Churchill. Man beachte die durchs Turmdach zur Antenne führende Leitung (B). (Sammlung des Autors)

bordverständigung mit der Infanterie. Er war ans Bordnetz angeschlossen und bestand zunächst aus einer Hör-/Sprechgarnitur, wie sie der Fahrer verwandte. Später wurde diese durch einen Handapparat („Telefon") ersetzt. Vor Einbau der Außensprechanlage befand sich ein Alarmknopf am Heck, der die Besatzung mittels „Gong" aufmerksam machte. Um aber mit dem Betätiger des Knopfes sprechen zu können, musste der Kommandant den Kopf aus der Luke stecken. Manchmal warf er dem „Klingler" auch eine Hör-/Sprechgarnitur zu, die über ein Verlängerungskabel ans Bordnetz angeschlossen war. Zuweilen klopften Infanteristen mit einem Hammer an die Wanne, um die Besatzung auf sich aufmerksam zu machen. Das war bei einem rollenden Panzer, der jederzeit die Fahrtrichtung

Ein Mann der Besatzung „telefoniert" über die Außensprechanlage eines Churchill ARV mit seinen Kameraden im Panzer. Anschlusskasten und Hör-/Sprechgarnitur (*Box, Distribution No 1*) entsprechen dem Apparat des Fahrers. Auch der gummigeschütze Schnellverbindungsstecker erscheint dem Betrachter nicht unbekannt. Bei der „Trommel" am Heck handelt es sich um einen abwerfbaren Zusatztank. (Tank Museum)

Der „Notübertrager" mit Mikrofon. Ihn nutzte der Kommandant bei Ausfall des *WS19* für die Bordverständigung. Das Tannoy-Mikrofon war auch Bestandteil der Hör-/Sprechgarnituren von Fahrer und Bug-MG-Schütze. (Sammlung des Autors)

Noch der alte Anschlusskasten, aber mit neuem „Telefonhörer" am Heck eines Churchill Mark IV. (Sammlung des Autors)

0 (Fig) ACCEPTED	G ACTIVITY	17 ADVANCE(D) (ING)	. AIRBORNE	32 AIRCRAFT	F AIRFIELD LANDING GROUND	5 AMBER	58 APPROX AREA	A ARMD CARS	73 AIR BURST	P ATOMIC STRIKE	89 ARTILLERY
00 ATTACK(ED) (ING)	09 AXIS	N BATTALION	24 BATTERY	33 BLACK	41 BLOCKED	M BLUE	T BOWLINE	SWITCH ON	H BOMBED HEAVILY AT	80 BOMBER	9 BOMBLINE
A BOMBS	SWITCH OFF	18 BOUNDARY	U BRIDGE(S)	34 BRIDGE(S) DESTROYED AT	42 BRIDGE INTACT	50 BRIGADE	U CAMOUFLAGED	66 CANAL	74 CARRY OUT	Q CALL SIGN	W CASUALTY(IES)
01 CENTRE LINE	H CHANGE(D)	CHANGE FREQUENCY TO...AT...HRS	25 CLOSE DOWN AT... HRS	35 COLUMN	G CONCENTRATE (D)(!ON)	51 CONFIRM(ED)	59 CONTACT(ED)	B CONTROL	SWITCH OFF	81 CORPS	90 COUNTER ATTACK(ED) (ING)
02 COVER	1 (Fig) DAMAGE(D)	SWITCH ON	26 DAY(S)	A DEFEND (CE) (DED)	43 DEMOLITIONS	52 DEMOLITION AT... ROAD IMPASSABLE	V DESTROY(ED)	67 DESTRUCTION	I DIGGING	82 DIRECTION (ING)(ED)	91 DISPERSED
B DISPLAY	10 DIVISION	0 DROP PH PRINTS AT..	V DUMMY(IES)	B DUMP(S)	H EAST	N ENEMY	6 ENGAGE(D) (ING)	68 ETA	J EXPLOIT(ING)	R FDL	SWITCH ON
03 FACING	11 FIGHTER(S)	19 FIGHTER ESCORT	W FIRST LIGHT	36 FLAK	44 FLARE(S)	53 FOG	W FWD TPS REACHED	69 FREQUENCY (IES)	75 'G' AIR BRANCH	83 GLICER(S)	92 GREEN
C GRIDDED OBLIQUES	I GUNS	2 GRID REF	27 GUNS A TK	37 GROUND BURST	SWITCH ON	0 GUNS FIRING	60 GUNS SP	C HQ	K HARBOUR(ED)	84 HEAVY	X HELD UP GENERAL LINE
04 HOURS	12 HELICOPTER	20 IMMEDIATE (LY)	X INFANTRY	C INTENTION	I INTERPRET-ATION	54 JUNCTION	61 LANDMARK	D LAST LIGHT	76 LEFT	S LINE	93 LOCATION
05 LORRIED INF	13 LOW CLOUD	P MT	28 MAP REF	38 MESSAGE DROPPING STA	J MILES	P MINE FIELD	SWITCH ON	E MORTAR(S)	L MOVE(D)(ING)	85 MOVEMENT	Y MY LOCATION IS
06 NEUTRALIS-ATION	J NIGHT	O NO MOVEMENT SEEN	SWITCH OFF	39 NORTH	45 NUCLEAR	Q OBJECTIVE/ TARGET	X OBLIQUE	7 OBSERVE	M OPEN AT... HRS	86 OPS	94 OWN TPS
D PARACHUTE (ISTS)	K PHOTOGRAPH (IC)	21 POINT	29 POSITION	D POSITION FWD TPS IN 2 HRS	46 POSSIBLE	55 PRIORITY	62 PROBABLE	E RV	77 RAILWAY	T RANGING	95 REAR
SWITCH OFF	14 REAR LINK	22 RECCE	Y RECOGNITION SIGNAL	4 RED	K RECEIVE(D)	56 REFUSED	63 REGISTRATION	70 REPORT(ED)	78 REPORT POSN LEADING TPS	87 REQUEST(ED)	Z RESISTANCE
E RESULT	15 RIGHT	R RIVER	3 ROAD	40 SCI	47 SCALE	R SEND	Y SERVICE(ABLE) /PASSABLE	71 SIGNAL(S)	N SITREP	U SMOKE	96 SORTIE
07 SOUTH	L SQUADRON	23 STATIONARY	Z SS FORM	SWITCH ON	48 STRONG	57 SUCCESSFUL (LY)	64 SUITABLE	F SUPPORT	79 SWEEP	88 TAC R	97 TANK(S)
08 TENTACLE	16 TIME CHANGED TO	S TOWN	30 TRACKED VEHS	. UNABLE TO CARRY OUT TASK REF'D TO	L UNTRACKED VEHS	S URGENT	65 VERTICAL	G VILLAGE	8 WEATHER PREVENTS	SWITCH OFF	98 WEST
F WHITE	M WILL ADVANCE TO...AT..HRS	T WILL ATTACK AT...HRS	31 WILL WITHDRAW AT... HRS	E WIRELESS/ RADIO SILENCE FROM	49 WITHDRAW-ING	SWITCH OFF	Z WOOD(S)	72 X ROADS	0 YARD(S)	V YELLOW	99 YOUR

ASSU No I

SERIES B ASSU No I (W.O. Code No. 14064) CARD 5

Die Slidex-Schlüsselkarte wurde in eine Schablone mit verschiebbaren Seitenzeigern eingelegt, was eine einfache Verschlüsselung von Funksprüchen erlaubte. Das kostete zwar einige Minuten Zeit, bot aber zumindest kurzfristig Abhörsicherheit. Die Schlüsselunterlagen musste jede Besatzung bei Aufgabe des Panzers mitnehmen. (Sammlung des Autors)

ändern konnte, mit gewissen Risiken verbunden, denn die Besatzung sah bei geschlossenen Luken ja nicht viel mehr als ein Maulwurf.
Der Ladeschütze in seiner Funktion als Funker musste nicht nur den Sprech-, sondern auch den Tastfunk beherrschen, außerdem das Ver- und Entschlüsseln von Meldungen über den so genannte Slidex-Schlüssel. Die entsprechenden Unterlagen mussten bei Aufgabe eines Panzers

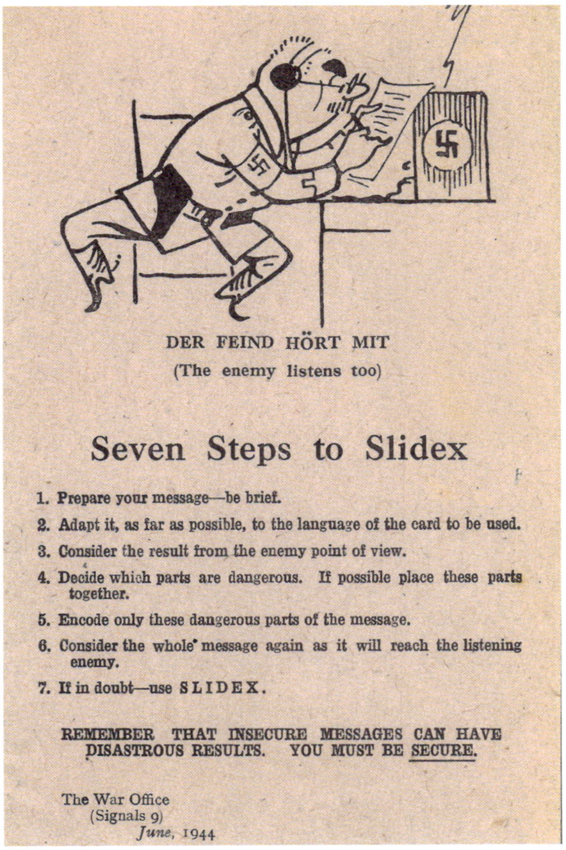

DER FEIND HÖRT MIT
(The enemy listens too)

Seven Steps to Slidex

1. Prepare your message—be brief.
2. Adapt it, as far as possible, to the language of the card to be used.
3. Consider the result from the enemy point of view.
4. Decide which parts are dangerous. If possible place these parts together.
5. Encode only these dangerous parts of the message.
6. Consider the whole message again as it will reach the listening enemy.
7. If in doubt—use SLIDEX.

REMEMBER THAT INSECURE MESSAGES CAN HAVE DISASTROUS RESULTS. YOU MUST BE SECURE.

The War Office
(Signals 9)
June, 1944

Auszug aus der Anleitung zum Gebrauch des Slidex-Schlüssels und der notorischen Warnung „Feind hört mit!“ Die deutsche Wehrmacht verfügte über eine sehr gute Funkaufklärung, die vor allem in der ersten Kriegshälfte so manches aus dem alliierten Funkverkehr herauslas. (Sammlung des Autors)

unbedingt mitgenommen oder vernichtet werden, damit der Tages- oder Wochenschlüssel nicht in falsche Hände fiel.

Vorsicht beim Umgang mit alten Funkgeräten
An dieser Stelle ein ernstes Wort an unsere Bastler: wer sich an Elektrik wagt, begibt sich grundsätzlich in Gefahr. Es kann nicht Aufgabe dieses Buches sein, sämtliche mögliche Risiken aufzulisten. Hier geht es um Folgendes: Zum einen enthält die Leuchtfarbe der Beschriftung an den Churchill-Funkgeräten radioaktives Material. Zum anderen arbeiten die Funkgeräte im Hochspannungsbereich. Deshalb kann es im wahrsten Sinne des Wortes recht „spannend“ werden, ein altes Funkgerät ohne gründliche vorige Überprüfung einfach anzuschließen. Neben Stromschlag droht u. a. Gefahr durch zerplatzende Kondensatoren. Und zuletzt gilt es die einschlägigen Vorschriften und Anleitungen zum Umgang mit Funkgeräten zu beachten, die etwa ihre Verwendung in bestimmten Frequenzbereichen untersagen könnten. Der Benutzer sollte sich vorher die entsprechenden Genehmigungen einholen.

Der Motor
Den Churchill trieb ein benzinbetriebener 12-Zylinder-Boxermotor an. Er entwickelte 350 PS bei 2200 U/min und ein Drehmoment von etwa 1300 Nm bei 800 bis 1600 U/min. Hier die wichtigsten technischen Angaben:
- Trockengewicht: 1531 kg (3376 lb)
- Anzahl der Zylinder: 12
- Hub: 13,9 cm (5.5 in)
- Verdichtungsverhältnis: 5,5 zu 1
- Fassungsvermögen: 21 l (1296 cu)
- Auslassventile: natriumgekühlt mit Stellit-beschichteten Lagern
- Zylinder aus Leichtaluminium
- Zündkerzen: 18-mm-Gewinde mit abgedeckter Zündung
- Zündspulen: 4 x hintereinander gereihte 6-V-Zündspulen mit 6-V-Vorschaltwiderstand
- Nenndrehzahl: 2200 U/min
- Vergaser: 4 x 46-mm-Solexvergaser Model 46 F.N.H.E
- Schmierung: Trockensumpfschmierung mit Entlüftung und Ölkühlung
- Luftfilter: 2 x zweistufige Fliehkraftabscheider mit Ölbad (die ersten Churchill hatte nur einstufige)

Die Zylinder waren in zwei Blöcken zu je sechs angeordnet, wobei jeder Block zur Hälfte ins Kurbelgehäuse eingegossen war. Der rechte Block nahm die Kurbelwelle in sieben Hauptlagern auf. Die Kurbelwelle wies sieben Kröpfungen auf und das Verbindungsgestänge von je einem sich gegenüber liegenden Kolbenpaar wurde von einem Kurbelzapfen gesteuert. Um dies zu erreichen, war die linke Seite des Kurbelgehäuses leicht nach vorn versetzt. Die meisten Motoren wiesen 7,62 cm tiefe Buchsen aus Guss-Stahl oben an den Zylinderbohrungen auf. Einige Motoren scheinen nachträglich mit Buchsen über die gesamte Länge ausgestattet worden zu sein. Die vier Zylinderköpfe bestanden aus gegossenem Molybdänstahl hoher Zugfestigkeit mit eingearbeiteten Wasserrillen. Die Schwungscheibe bestand aus einer gegossenen Eisenlegierung. Ihre rückwärtige Oberfläche diente als Reibfläche für die Einscheibenkupplung. Das Kolbenverbindungsgestänge aus Nickelchromstahl besaß durchgängige Ölbohrungen zum Schmieren der Pleuellager, der Kolbenbolzenlager sowie – durch eine Öldüse oben am Gestänge – des Kolbenbodens. Die Kolben aus einer Aluminiumlegierung wiesen fünf Kolbenringe auf. Da die einzelnen Kolben mit ihren konisch zulaufenden Böden auf die Verbrennungsregelung einzeln zugeschnitten waren und außerdem eine umlaufende Nut am oberen Rand aufwiesen, ließen sich rechte und linke Kolben nicht austauschen.

Ein Churchill-Motor in der Restaurierung. Die Schwungscheibe ist bereits angebracht, aber die Zylinderköpfe fehlen noch. Man beachte den konischen Zulauf der Kolbenböden, die für jede Seite speziell zugeschliffen wurden. (Sammlung des Autors)

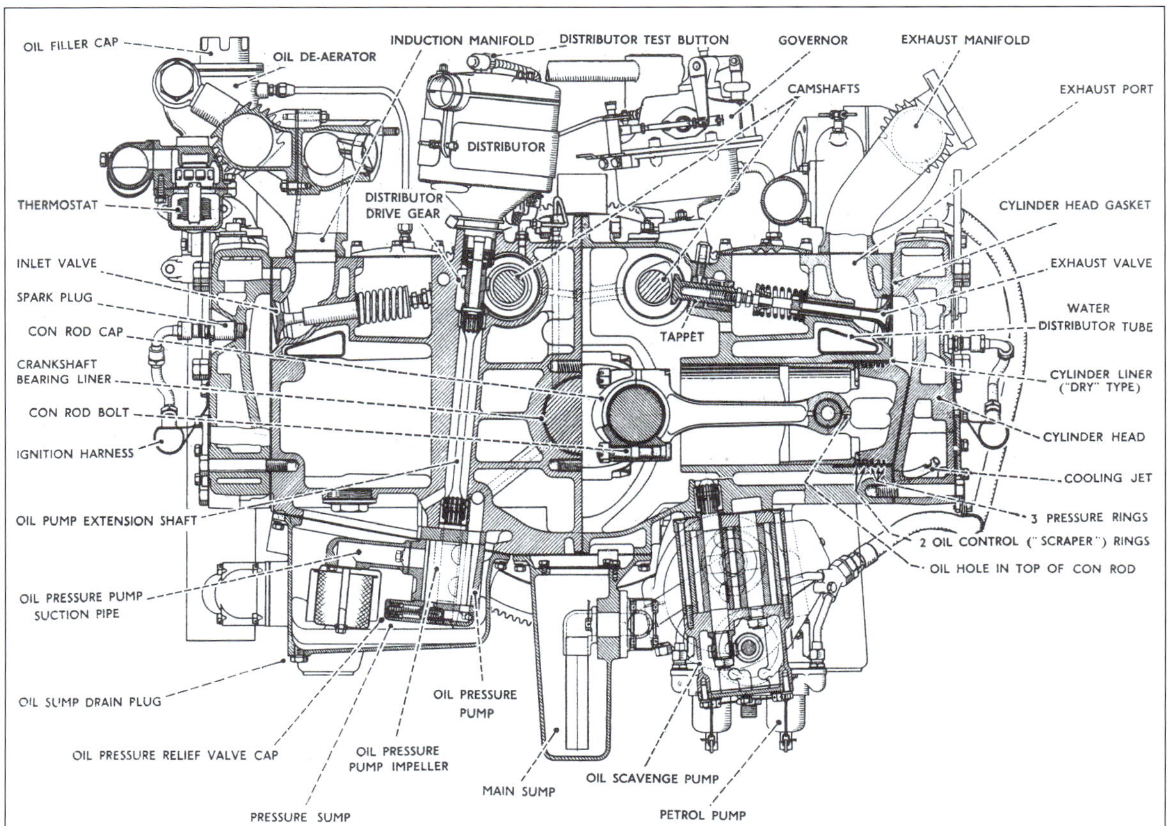

Fig. 18. Transverse section of engine.

Querschnitt durch den Motor. (Sammlung des Autors)

Auf den Böden von im Zuge von Restaurierungen ausgebauten Kolben fanden sich Stempelungen mit Angaben zur Normal- oder Übergröße. Der Motor verfügte über zwei Nockenwellen aus einsatzgehärtetem Nickelstahl, gelagert in vier Weißmetall-beschichteten Schalen. Jede Nockenwelle bediente einen Verteiler und eine den Drehzahlregler sowie den Tachogenerator. Zwei Zweifach-Rollenketten in einem Steuergehäuse an der Vorderseite des Motors trieben die Nockenwellen an. Jeder Zylinder hatte zwei Ventile, in leichter Schrägstellung über ihm angeordnet. Die Auslassventile verfügten über Stellit-Einsätze und natriumgefüllte Kopf- wie Endteile. Dies ist beim Bearbeiten der Ventile wichtig, denn Natrium ist entflammbar und sollte nicht mit Luft in Berührung kommen. Die Schmierung erfolgte über Trockensumpfschmierung, wofür zwei zahnradgetriebene Pumpen sorgten: die Druck- und die Rückförderpumpe. Die Druckentlastung erfolgte bei ungefähr 3,4 bar (50 psi). Vier horizontale Solex-Vergaser 46 F.N.H.E bedienten je drei Zylinder über ein Saugrohr. Die Drosselklappen der Vergaser verband ein Umlenkgestänge mit dem Drehzahlregler. Bei Unterdrehzahl aktivierte das Gaspedal einen Hydraulikzylinder, der die Drosselklappen der Vergaser in Gang brachte. Achtsamkeit ist bei der Montage des Verbindungsgestänges geboten, da es sonst klemmt und blockiert und die Drehzahl des Motors durcheinander bringt. Eine „Ki-gass"-Ansaugpumpe im hinteren Bereich des Kampfraums half beim Kaltstart, indem sie Kraftstoff direkt in die Einlasskrümmer spritzte. Bei der Kupplung handelte es um ein Erzeugnis der Firma Borg & Beck; Durchmesser der Kupplungsscheibe knapp 46 cm (18 in). Den Druck auf die Antriebsscheibe lieferten 24, in zwei Reihen versetzt im Kupplungsgehäuse angeordnete Schraubenfedern. Das Auskuppeln übernahmen sechs Kipphebel durch Anheben der Druckplatte.

Die Zündanlage umfasste zwei Verteiler mit halber Motordrehzahl, mit automatischer Zündzeitpunkt-Verstellung und vier 6-Volt-Zündspulen. Beim Betätigen des Starterknopfs überbrücke ein Magnet zwei Drahtspulenwiderstände, so dass 12 Volt (volle Batteriespannung) in zwei Zündspulen flossen und einen stärkeren Zündfunken erzeugten. Zu jedem Zylinder gehörten zwei Zündkerzen. Der richtige Zündzeitpunkt war drei Winkelgrade vor dem oberen Totpunkt; aber mit heutigem Kraftstoff und überholten Motoren mit geplanten Zylinderköpfen sollte man ruhig mit der Zündeinstellung experimentieren. Die über dem Motor angeordnete und von einem Riemen angetriebene Lichtmaschine lud die beiden 6-Volt-Batterien. An der Unterseite des Motors befand sich die zweifach mechanisch angetriebene Amal-Kraftstoffpumpe, an die die Besatzung über Klappen im Wannenboden herankam. Im hinteren Bereich des Kampfraums befand sich eine Handansaugpumpe. Eine Leitung führte zu den Membranen in der Kraftstoffpumpe, so dass sich händisch Kraftstoff in die Schwimmerkammern pumpen ließ – notwendig beim Kaltstart oder wenn ein heißer Motor den Kraftstoff in den Kammern „verpuffen" ließ. Über einen Wahlhebel und eine Klappe unter dem Motor konnte der Bug-MG-Schütze die Kraftstoffzufuhr vom linken auf den rechten Tank, und umgekehrt, schalten. Der Hilfsmotor verfügte über eine eigene elektrische Membranpumpe.

Die Kühlanlage teilte sich in zwei Bereiche links und rechts des Motors. So verfügte jeder Zylinderblock über eine eigene Umlaufpumpe, Kühlerblock, Temperaturregler und –anzeige. Die Anlage fasste 26 Gallonen (118 l) Kühlwasser, 13 Gallonen (59 l) auf jeder Seite. Die vier Temperaturregler sprachen bei etwa 79° Celcius an und öffneten sich vollständig bei ca. 88° C.

Der Churchill-Motor erfuhr im Lauf der Zeit eine Anzahl Änderungen und Verbesserungen, die sich an einem Buchstaben-/Zahlenanhängsel hinter der Motornummer erkennen lassen. Vor allem suchte man die Ölzufuhr für das Verteilergetriebe zu verbessern und 37-mm-Vergaser einzubauen, was der Buchstabe „R" kennzeichnete. Danach gab es weitere Änderungen mit folgenden Bezeichnungen:

- R1: zwangsgesteuerte Amal-Kraftstoffpumpe, Schwimmerentlüftung verbessert
- R2: An den Pleuelverbindungen Schrauben statt Stehbolzen
- R3: Verstellbare mechanische Ventilstößel (statt hydraulischer) und verbesserte Nockenwellen
- R4: Hauptlagerdeckel der Kurbelwelle verstärkt; stählerne Leitungen der „Ki-gass"-Ansaugpumpe gegen kupferne getauscht
- R5: Verbindungsleitung zum Luftverdichter und Halterung des Steuerkettenspanners verbessert

- R6: kleinere Änderungen an den Kolbenringen, der Öldichtung des Kurbelgehäuses und am Verteilergetriebe

Getriebe und Kraftübertragung
Das Getriebe – Technische Daten:
Gewicht mit Kompressor ca. 914 kg (2016 lb)
Übertragungsverhältnis (jüngere Getriebe):
1. Gang 120,1 : 1
2. Gang 42,32 : 1
3. Gang 23,75 : 1
4. Gang 15.02 : 1

Rückwärtsgang 168,5 : 1

Geschwindigkeit bei 2200 U/min (jüngere Getriebe):
1. Gang = 2,55 km/h (1,59 mph)
2. Gang = 7,25 km/h (4,51 mph)
3. Gang = 12,92 km/h (8,03 mph)
4. Gang = 20,43 km/h (12,7 mph)

Das Getriebeabteil nahm neben dem Wechsel- auch das Lenkgetriebe in Gestalt eines steuerbaren Differentialgetriebes auf. Planetengetriebe dienten der Drehzahl-Anpassung für die Ketten. Die Lenkbremsen wirkten auf die Antriebswellen, welche die Drehgeschwindigkeit einer Gleiskette verringerten und die der anderen erhöhten. Im Leerlauf konnte der Churchill auf der Stelle drehen. Unter beengten Verhältnissen nicht ohne Risiken: das unabsichtliche Betätigen der Lenkbremsen bei laufendem Motor veranlasste den Panzer zu Drehbewegungen, die nebenstehende Personen verletzen oder töten sowie Fahrzeuge und Gebäude beschädigen konnten. Das anfängliche H4-Wechselgetriebe durchlief eine Reihe von Änderungen, die – wie beim Motor – durch Buchstaben und Zahlen hinter der Wechselgetriebe-Nummer kenntlich gemacht wurden. Nach Einführung des H41-Wechselgetriebes wurden die Änderungen auf dem Typenschild angebracht.

Antriebsräder – Technische Angaben:
- Trockengewicht je Rad: 498 kg
- Ölfassungsvermögen: 7,95 l (1,75 gal)
- Anzahl der Zahnräder je Rad: 32

Die Antriebsräder des Laufwerks saßen am Heck in Höhe des Getriebes. Über die Antriebswelle übertrugen sie die Kraft des Getriebes auf die Ketten.

Wechselgetriebe in der Wanne des Mark IV. Links das Gestänge zum Wechseln der Gänge. Es führte unter der Turmbühne hindurch zur Gangschaltung neben dem Fahrer. Rechts, mit Einfüllstutzen, der auf dem Getriebe angeordnete Kompressor. Die Abdeckhauben der Lenkbremsen wurden entfernt, um den Blick auf die Bremsbeläge freizugeben. (Sammlung des Autors)

Ein Churchill-Wechselgetriebe ohne Gehäuse. (Sammlung des Autors)

Zeichnung des Wechselgetriebes mit Original-Benennungen. (Sammlung des Autors)

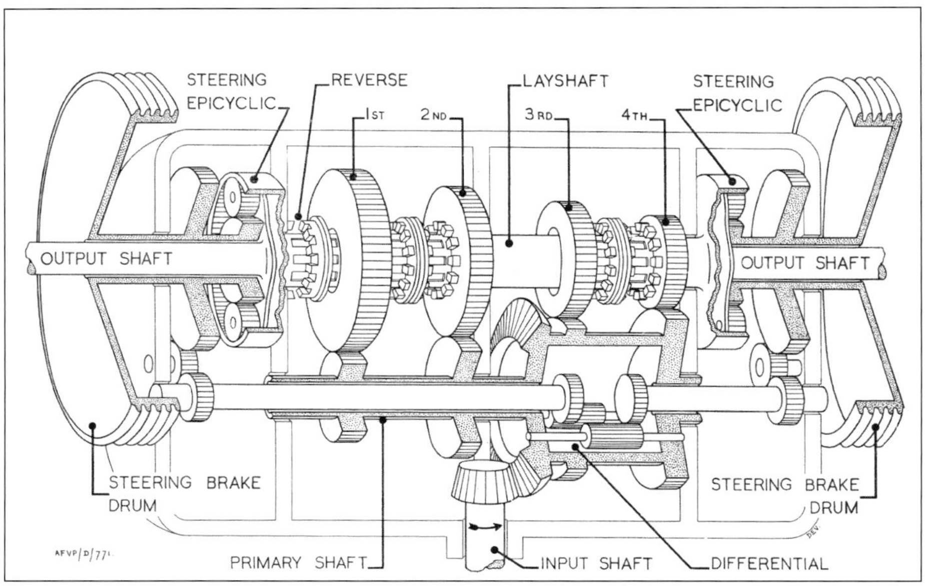

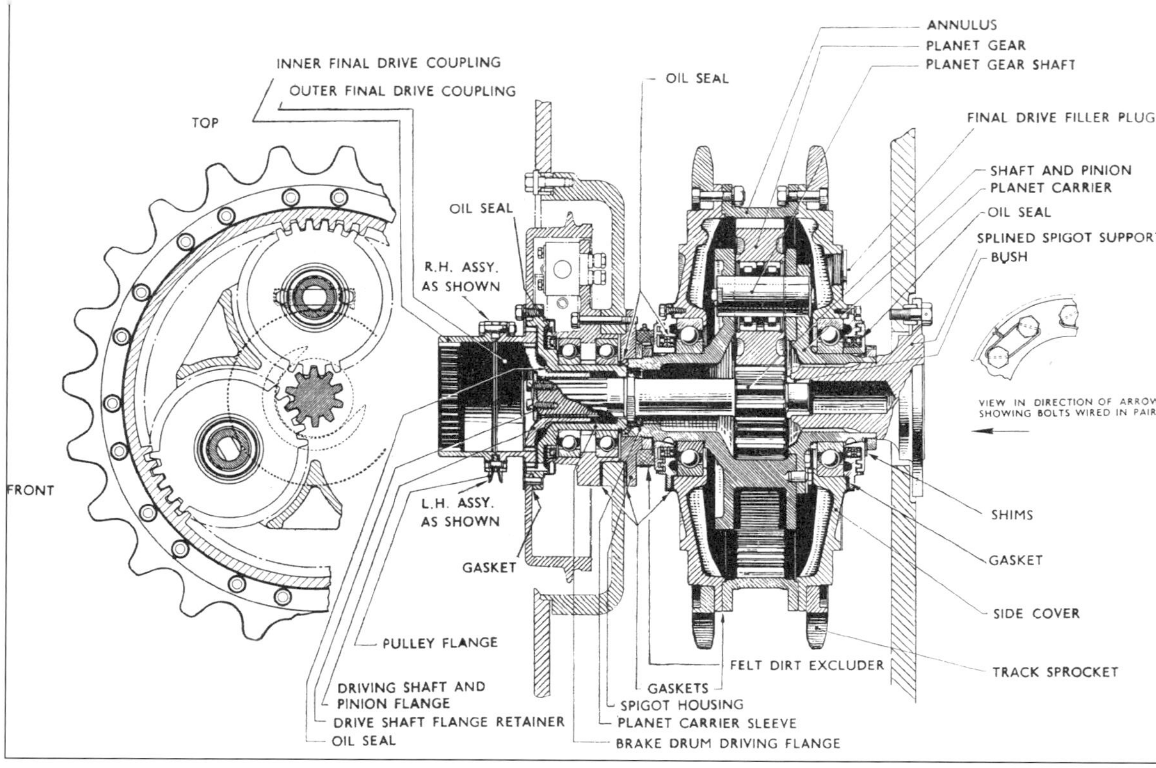

Querschnitt durch ein Antriebsrad. (Sammlung des Autors)

Wechseln des Antriebsrades. (Sammlung des Autors)

Die verschiedenen Kettenglieder, die der Churchill im Lauf seiner Verwendungszeit erhielt. (Sammlung des Autors)

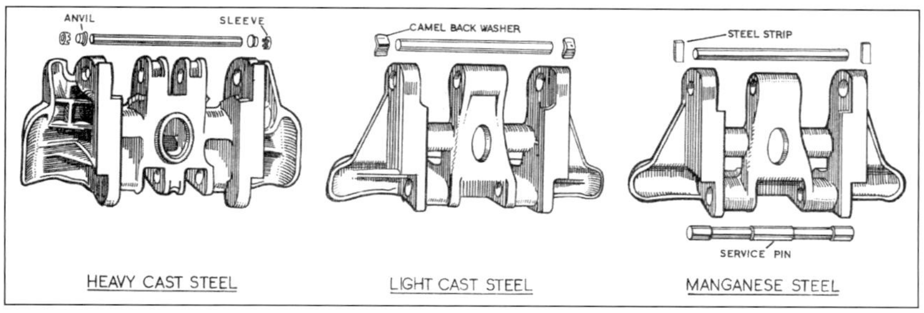

Leiträder:
Am Bug, zu jeder Seite des Laufwerks, saß ein Leitrad. Ganz wie die Antriebsräder am Heck wies jedes Leitrad 23 Zähne auf. Gelagert in Kugelrollenlagern, kam diesen nicht angetriebenen Rädern die Aufgabe zu, die Ketten zu führen. Über die Kettenspanner ließen sich die Leiträder zur Einstellung der Kettenspannung nach vorn oder nach hinten bewegen. Jedes Leitrad brachte 305 kg auf die Waage.

Ketten und Laufräder – Technische Angaben (für Ketten aus Manganstahl):
Kettenteilung (Abstand von Kettenbolzenmitte zu Kettenbolzenmitte eines Kettenglieds): 20,2 cm (7,96 in)
Anzahl der Kettenglieder pro Seite: 72 (Ersatzkettenglieder wurden mitgeführt)
Gewicht eines Kettenglieds: 26,87 kg (59,25 lb) Guss-Stahl; 21,77 kg (48 lb) Manganstahl
Anzahl der Laufräder je Seite: 11
Der Bodendruck des Churchill bei voller Gefechtsbeladung (Mark IV, 39 t) lag bei 0,98 kp/cm² (Tiger, 56 t = 1,04 kp/cm²; Sherman M4, 30 t = 1,0 kp/cm²; Panther, 45 t = 0,90 kp/cm²). Mit dem Wechselgetriebe der jüngeren Mark VII war eine Geschwindigkeit von rund 20 km/h möglich, ohne dass die Ketten zu schnell abnutzten (die Ketten-Lebensdauer wurde mit 2000 Meilen/3218 km veranschlagt). Die Ketten waren dazu ausgelegt, Steine mittlerer Größe (was immer das bedeuten mag) zu zermalmen und Stacheldraht abzuweisen. Es gab keine Kettenschmierung. Jeder Ketten-Verbindungsbolzen wurde von zwei an jedem Kettenglied angeschweißten kleinen Sicherungsleisten aus rostträgem Stahl in Position gehalten, die in etwa die Hälfte der Bohrung mit dem Bolzen abdeckten (vgl. Abb. S. 145 und Abb. links Kettenglied ganz rechts).

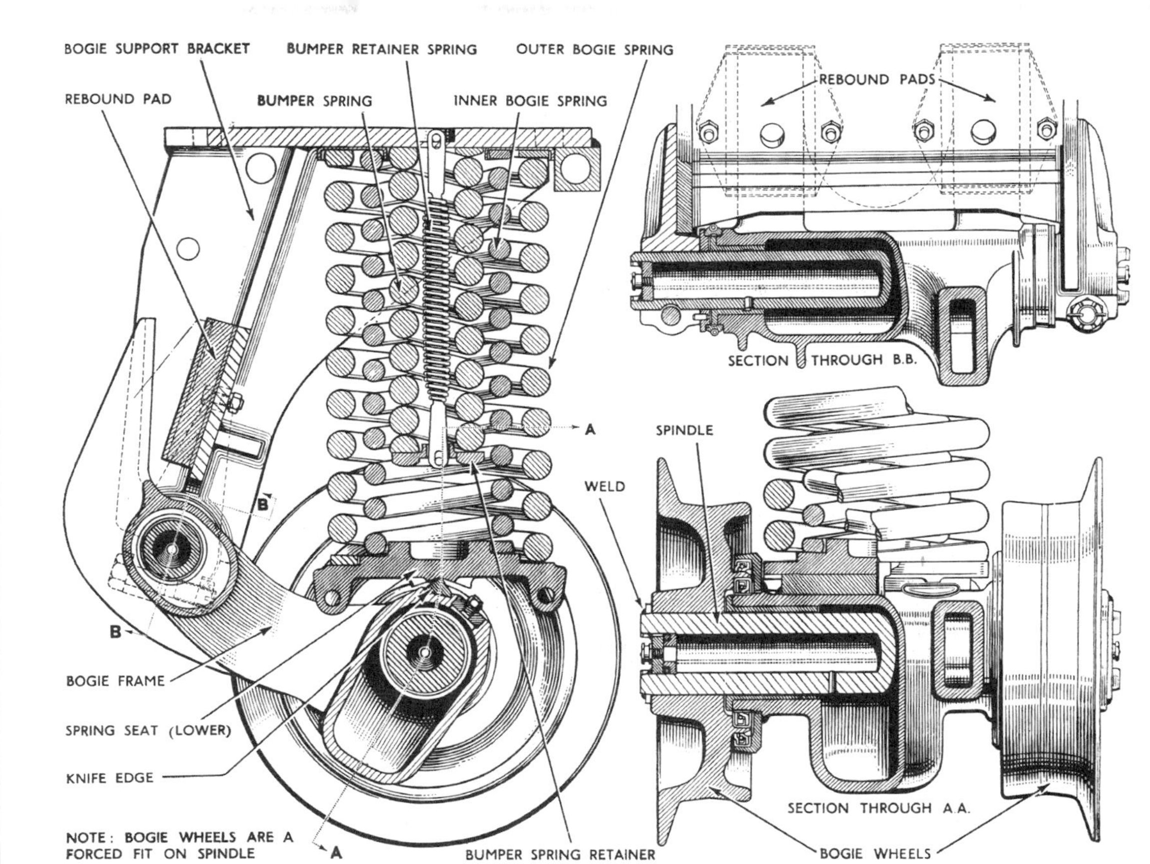

Fig. 45. Sectioned drawing of suspension unit.

Schnitt durch ein Laufrad-Segment. Jedes Laufrad verfügte über zwei Rollen links und rechts der Stoßdämpferfeder. (Sammlung des Autors)

Bei heutigen Reparaturen von Churchill-Ketten nutzt man teilweise „Hilfs"- oder „Arbeits"-Kettenbolzen mit Auskerbungen, um die Sicherungsleisten nicht entfernen und wieder anschweißen zu müssen. Diese Bolzen bleiben dank der Ausnehmungen, die mit den Bolzenlagern am Kettenglied korrespondieren, in Position. Aber sie bleiben ein Provisorium und sollten möglichst rasch gegen die üblichen Standardbolzen ausgetauscht werden. Die insgesamt 22 Laufräder verfügten über Schraubenfedern, die das Fahrwerk beim Rollen über unebenes Terrain abfederten. Jede der beiden Laufrollenteile (Räder) je Laufrad (vgl. Abb. oben) wurde in die Achse eingepresst, die in einem Achslager aus Weißmetall lief. Die hohlen Achsen nahmen Schmierfett auf, das sich über Schmiernippel an beiden Achsenden nachfüllen ließ.

Die Bremsen – Technische Angaben:

Der Churchill verfügte über zwei Arten von Bremsen: die Lenkbremsen im Wechselgetriebe und die Fahrbremsen in den Wannenseiten.

- Durchmesser der Bremstrommel: 50,8 cm (20 in)
- Breite der Bremsbacken: 8,9 cm (3,5 in)
- Bremsfläche: 793 cm^2 (123 sq in)
- Gewicht einer Bremseinheit: 85,2 kg (188 lb) einschließlich 42,6-kg-Bremstrommel (94 lb)

Bei beiden Bremstypen handelte es sich um hydraulische Lockheed-Bremsen. Jede Kette verfügte über zwei austauschbare Bremsbacken mit Bremsbelägen. Die Abmessungen von Lenk- und Fahrbremsen entsprachen sich; wobei die Lenkbremsen Kühlrippen aufwiesen. Die Bremszylinder und Aufhängungen beider Typen unterschieden sich und ließen sich nicht austauschen. Zwischen den Bremsbacken waren die beiden Lockheed-Zylinder angeordnet – hintereinander geschaltet aus Gründen der Synchronisation. Bei den Fahrbremsen wurde der Bremsdruck über Fuß- und Handbremse ausgeübt. Die angezogene Handbremse blockierte die Bremse zwar, doch an Hängen konnte man sich nicht auf sie verlassen: der Bremsdruck ließ bei abgestelltem Motor nach und gab die Bremsen wieder frei. Die Druckluft-unterstützten Lenkbremsen wurden über den Lenkhebel betätigt, der pro Seite auf je einen Hauptbremszylinder wirkte.

Stauplan der Besatzung:

Jede Besatzung war eine selbstständige Kampfgemeinschaft, die im Panzer zusammen lebte, kämpfte, aß und schlief. Die Männer behandelten sich bei kleineren Wunden und Verletzungen selbst und führten auch gemeinsam Wartungsdienste und Reparaturen aus, soweit es ihren

Bremse mit austauschbaren Bremsbacken. (Sammlung des Autors)

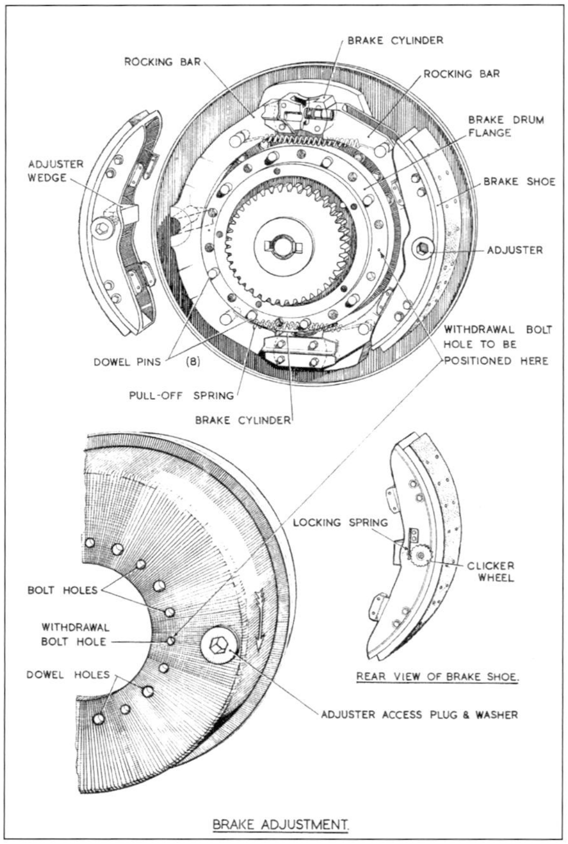

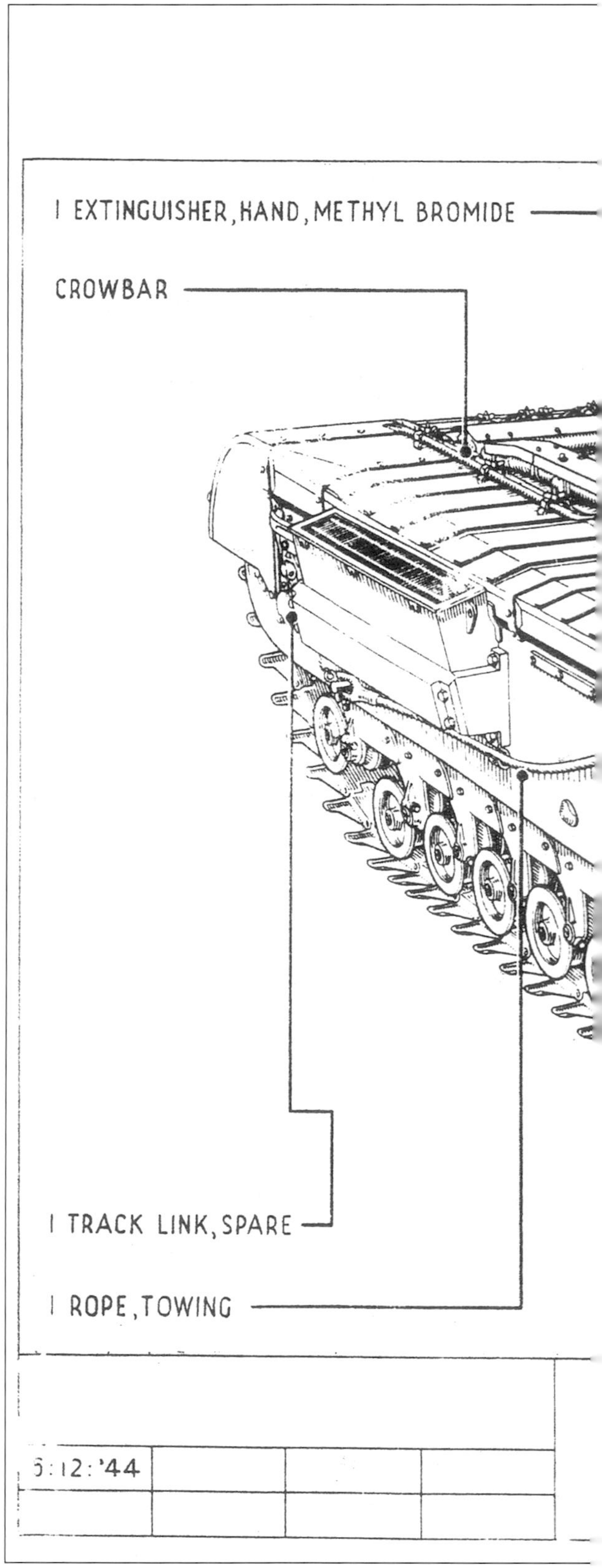

Möglichkeiten entsprach. Ihre persönliche Ausrüstung brachten sie im und am Panzer unter, dazu Essensrationen, Erste-Hilfe-Ausrüstung und Werkzeug. Der offizielle Stauplan schrieb vor, was wo untergebracht werden sollte. In der Einsatzpraxis gingen die Männer dazu über, mehr und mehr Ausrüstungsstücke außerhalb des Panzers zu verstauen, beispielsweise in Munitionskästen am Turm.

Technische Angaben

Die Angaben zu den Abmessungen und Gewichten sollten eigentlich eindeutig sein, doch selbst in zeitgenössischen Quellen weichen sie häufig voneinander ab. Dies betrifft insbesondere Angaben zur Höhe des Fahrzeugs, was damit zusammenhängt, dass man für die Höhenmessung verschiedene Punkte am Turm heranzog; sei es die Spitze des Antennenfußes des „B"-Funkgeräts oder das Gehäuse des Winkelspiegels. Die folgenden Angaben stammen aus Handbüchern, die nur geringe Unterschiede auflisten.

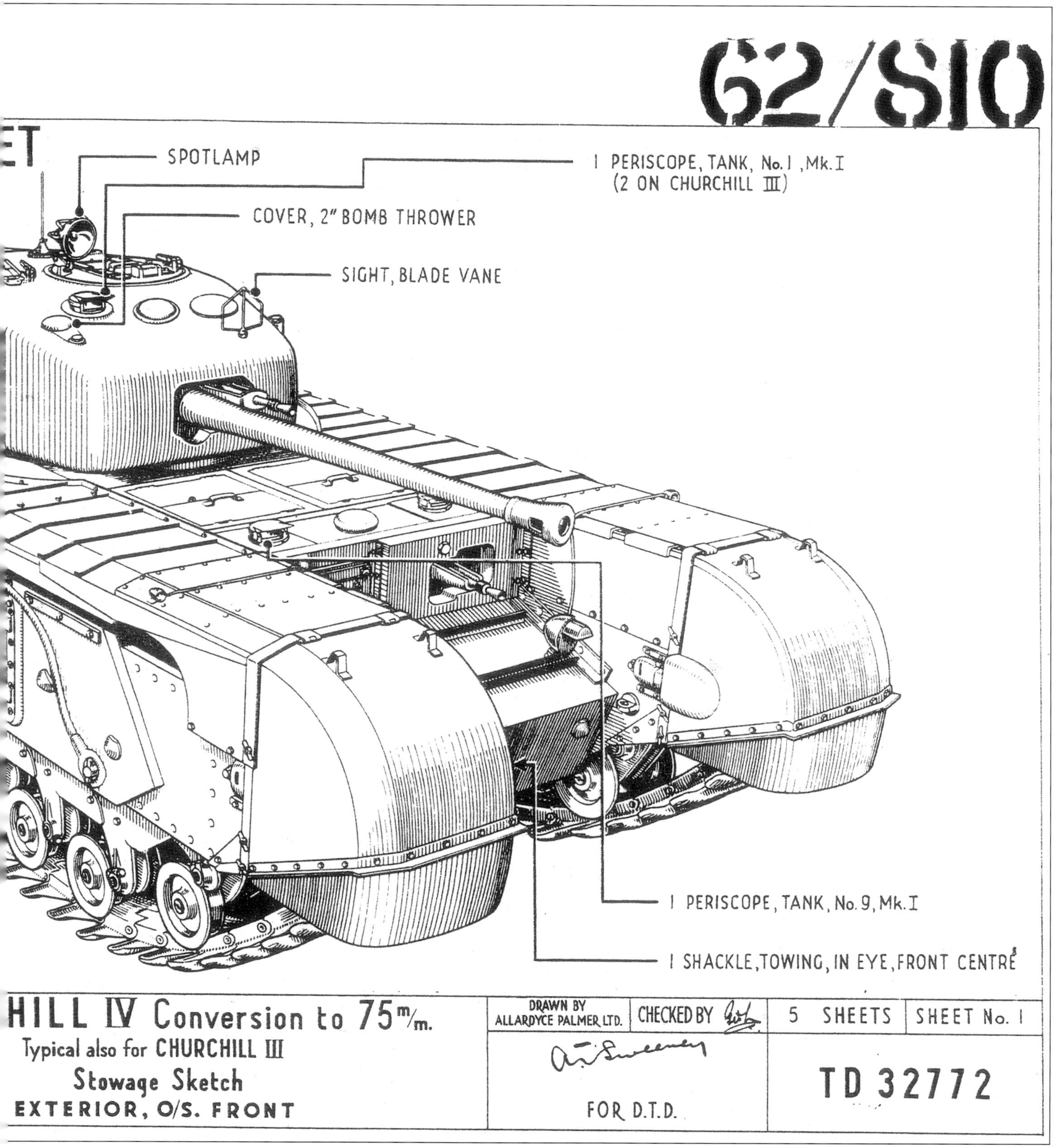

Oben und nächste Seite: Ein Mark IV mit 75-mm-Kanone (Austausch 6-Pfünder). Die Zeichnung auf Seite 111 lässt nach dem offiziellen Stauplan einige der Gegenstände erkennen, die außen am Panzer untergebracht wurden. (Tank Museum)

Churchill Mark I und II

- Länge über alles: 744 cm (24 ft 5 in)
- Breite über alles (mit seitl. Lufteintrittshutzen): 325 cm (10 ft 8 in)
- Breite über alles (ohne seitl. Lufteintrittshutzen): 279 cm (9 ft 2 in)
- Höhe über alles: 249 cm (8 ft 2 in)
- Kettenlänge am Boden: 381 cm (12 ft 6 in)
- Breite über Ketten: 277 cm (9 ft 1 in)
- Bodenfreiheit: 32,5 cm (1 ft 8 in)
- Gefechtsgewicht: 35–40 t

Churchill Mark III, IV, V und VI

- Länge über alles: 767 cm (25 ft 2 in)
- Breite über alles (mit seitl. Lufteintrittshutzen): 325 cm (10 ft 8 in)
- Breite über alles (ohne seitl. Lufteintrittshutzen): 279 cm (9 ft 2 in)
- Höhe über alles: 249 cm (8 ft 2 in)
- Kettenlänge am Boden: 381 cm (12 ft 6 in)
- Breite über Ketten: 277 cm (9 ft 1 in)
- Bodenfreiheit: 32,5 cm (1 ft 8 in)
- Gefechtsgewicht: 35–40 t (nach einigen Angaben 39 t)

Panzerung:

- Wannenfront: bis zu 89 mm (3,5 in)
- Turmfront: 89 mm (3,5 in) beim Mark III und bis zu 114 cm (4,5 in) beim Mark IV (Gussturm mit wechselnder Frontpanzerstärke)
- Seiten: bis zu 63,5 mm (2,5 in) ohne Zusatzpanzerung. Diese umfasste beim Mark III zwei Platten an der Blendenöffnung von 32 mm (1,25 in) Stärke und an den Turmseiten eine Zusatzpanzerung von 20 mm; ansonsten 20 mm an den Wannenseiten.

Churchill Mark VII

Wie oben mit Ausnahme des Gefechtsgewichts von 41 t (nach anderen Angaben 40 t).

Panzerung:

- Wannenfront: bis zu 152 mm (6 in)
- Turmfront: 89 mm (3,5 in) bis 152 mm (6 in), je nach Stelle am Gussturm
- Seiten: 95 mm (3,75 in)

Kraftstoff und Verbrauch (Näherungswerte):

- Kraftstoffvorrat: 682 l (150 gal) gleichmäßig aufgeteilt auf die beiden Kraftstoffbehälter links und rechts. Der abwerfbare Zusatztank fasste 148 l (32,5 gal)
- Kraftstoffverbrauch: Die Handbücher führen,

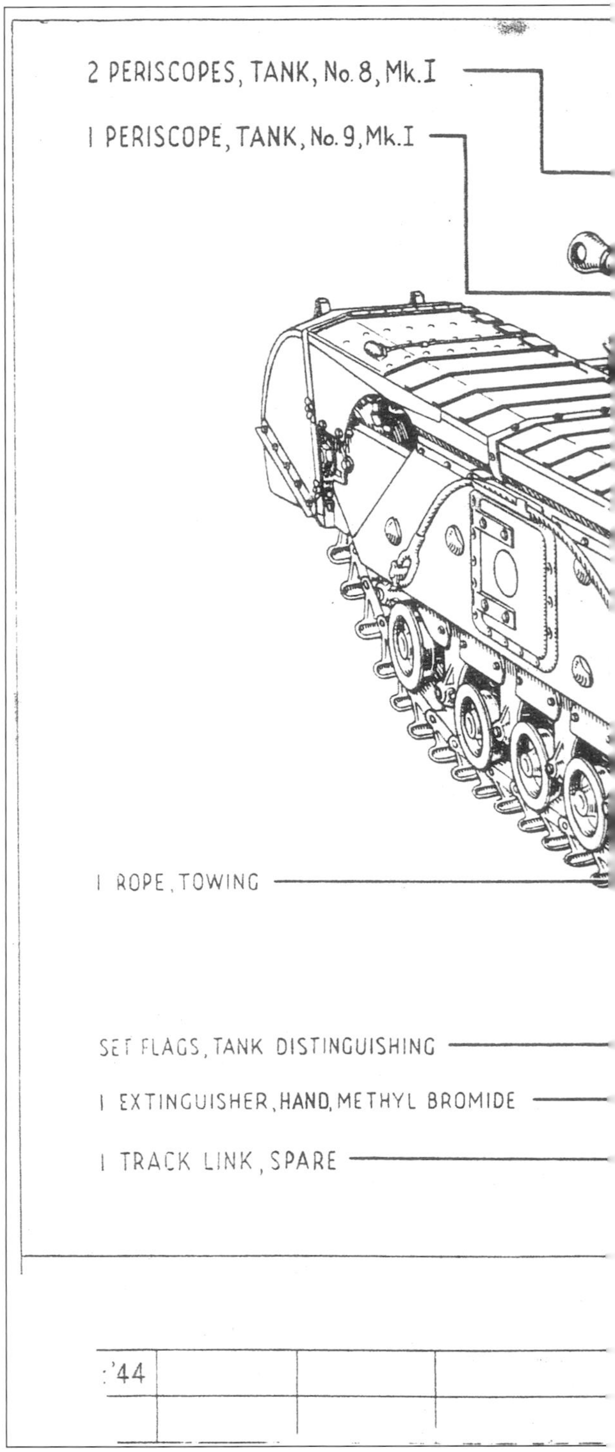

nicht sehr hilfreich, einen Verbrauch von 0,26 kg (0,57 lb) pro PS-Stunde auf. Der Testbericht über die Operation „Trent“ wies jedoch bei 25 überarbeiteten Churchill einen Durchschnittsverbrauch von 346 l auf 100 km bei 80 % Straßenfahrt nach (0,68 mpg = Meilen pro Gallone). Bei gleichteiliger Straßen- und Gelän-

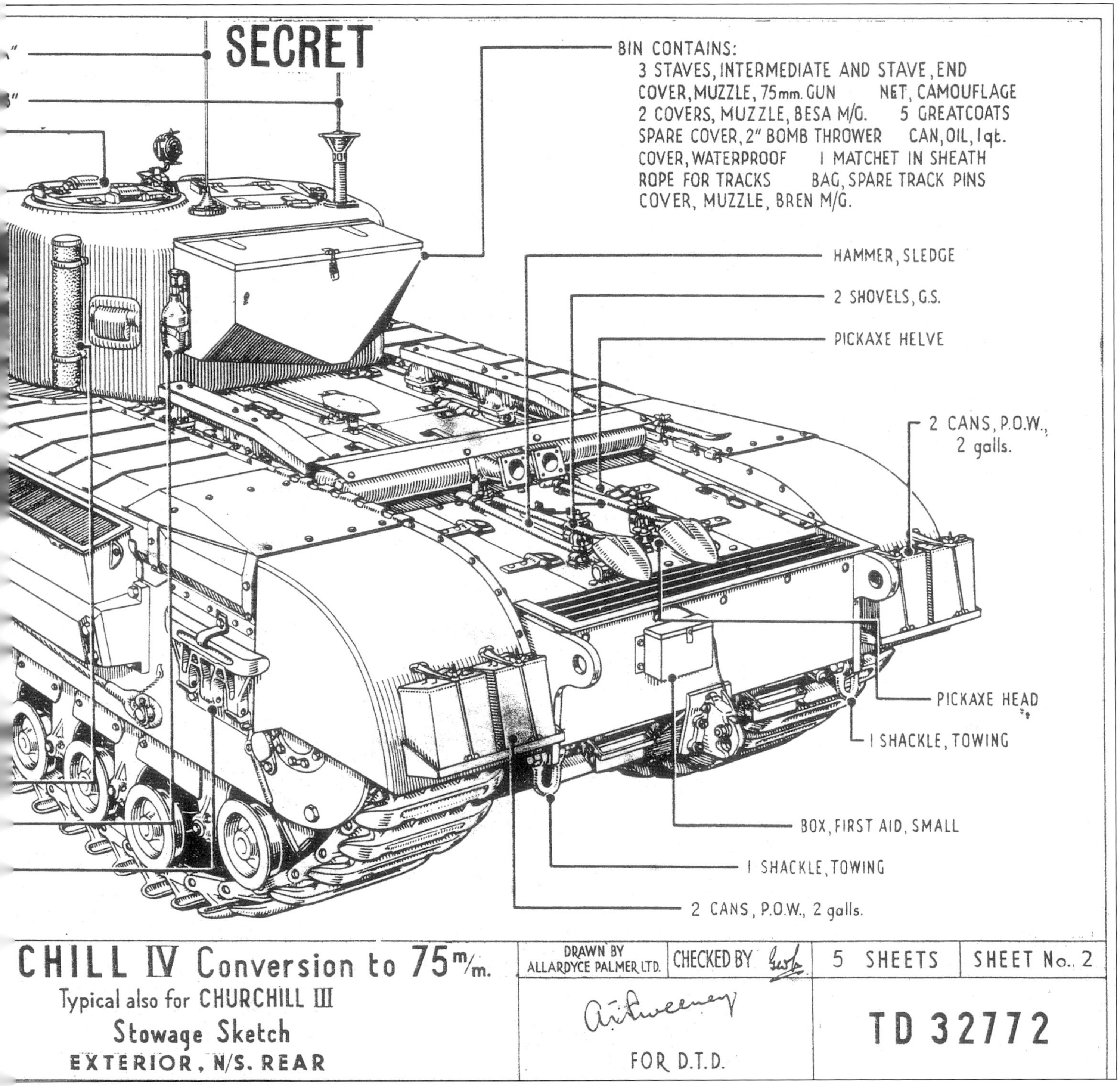

destrecke lag er bei 420 l (0,56 mpg). Interessanter Weise erwähnte der Bericht auch den durchschnittlichen Ölverbrauch: 5,5 l auf 100 km (42,5 mpg).

- Kühlwasservorrat: 118 l (26 gal); 59 l pro Seite
- Ölvorrat Motor: 13,6 l (3 gal)

Kapitel 5

Restaurierung des Churchill

„Warum einen Churchill restaurieren?“ lautet eine oft gestellte Frage. „Wegen seines geschichtlichen Hintergrunds“, lautet die Antwort. Viel Sorgfalt und Hingabe sind nötig, um eine Panzer-Ikone seines Schlages wieder zum Leben zu erwecken. Hier die Schilderung einiger Schritte und Probleme bei der Restaurierung, und wie man sie in den Griff bekam.

Wanne eines Churchill Mark IV, der einst zum „Zwillings“-Rampenleger ARK umgebaut worden war, ohne Brückenauflagen, Turmabdeckplatte und seitliche Lufteinlässe. Man beachte die verlängerten Winkelspiegel von Fahrer und Bug-MG-Schützen sowie die Kettenabdeckungen aus Nachkriegsproduktion, die sich deutlich von den im Krieg verwendeten unterscheiden. (Sammlung des Autors)

Winston Churchill nach einer Vorführung des Panzers, der seinen Namen erhalten hatte – und zwar nicht wegen der nicht minder gewichtigen Erscheinung des britischen Premiers, sondern weil Churchill als Munitionsminister im 1. Weltkrieg den Bau britischer Tanks vorangetrieben hatte. (Sammlung des Autors)

Warum der ganze Aufwand?

Von allen britischen Panzern des 2. Weltkriegs gilt der Churchill als der beste und langlebigste. Erstens stand er etliche Jahre im Fronteinsatz – von der Landung in Dieppe 1942 bis zu den Endkämpfen in Italien und Holland 1945. Auch in Nordafrika spielte er eine Rolle; nicht erst 1943 in Tunesien, sondern zuvor schon bei El Alamein in Ägypten. In den 1950er-Jahren nahm er als Kampf- und Bergepanzer am Korea-Krieg teil und diente danach der britischen Panzertruppe als Sonderfahrzeug in verschiedenen Unterstützungsrollen bis in die 1960er-Jahre. Zweitens konnte der Churchill eine Menge einstecken. Er war bei weitem nicht unverletzlich, bot seinen Besatzungen aber eine höhere Überlebenswahrscheinlichkeit als etwa der Sherman oder der Cromwell. Dies lag vor allem an seiner dicken Panzerung und der geschützten Unterbringung der Munition. Dazu konnten Fahrer und Bug-MG-Schütze über die Seitenluken ausbooten, die damit weniger Gefahren ausgesetzt waren als die Kampfraumbesatzung, die über die Turmluken aussteigen musste. Der stark gepanzerte Mark VII – aber schon seine mit Zusatzpanzerung nachgerüsteten Vorgänger – konnten sogar Volltreffer wegstecken, selbst mit Durchschlag. Drittens wurde der Churchill selbst mit seiner verhältnismäßig schwachen Bewaffnung der taktischen Rolle als Infanterie-Unterstützungspanzer gerecht. Für die längste Zeit des Krieges gehörte dies zu den wichtigsten Aufgaben alliierter Panzer – denn auf sich allein gestellt können weder Infanterie noch Panzer Gelände gewinnen oder halten. Erst die Zusammenarbeit von Infanterie und Panzern (und Artillerie sowie Luftstreitkräften, die bei den Alliierten eine wesentliche Rolle spielten) bringt den Erfolg. Dann ist die Entwicklung des Churchill eng mit seinem Namensgeber Winston Churchill verbunden, was einer Restaurierung – zumindest in einschlägigen Kreisen – zusätzliche Attraktivität verleihen mag. In der Zeit nach dem Korea-Krieg fehlte es freilich noch an Anreizen. Der Churchill war als

Kampfpanzer veraltet und wurde vom Centurion abgelöst, dem eine lange und erfolgreiche Verwendungszeit beschieden war. Mit Ausnahme der nach dem Korea-Krieg weiter als Pionierpanzer und in anderen Sonderrollen verwendeten Fahrzeuge landete der Churchill auf Truppenübungsplätzen als Hartziel oder Schießbahn-Begrenzer – oder gleich auf dem Schrottplatz. Für britische Panzerfreunde schien dies ein ungerechtes Los für einen Panzer mit derart geschichtlichem Hintergrund. Ohnehin waren nur wenige Exemplare erhalten geblieben, die wenigsten davon noch fahrbereit.

Oben: Zwei Mark IV und ein Mark I oder II nach dem Krieg auf einem Schrottplatz. (Tank Museum)

Links unten: Wrack eines Churchill-Pionierpanzers AVRE auf einem Truppenübungsplatz. (Sammlung des Autors)

Unten: Ein Mark IV mit 75-mm-Kanone als Hartziel auf einem Schießplatz. Das Innere des Panzers wurde mit Beton ausgegossen und die Wanne mit einer mittlerweile arg mitgenommenen Betonmauer umgeben. Diese Maßnahmen sollten eine allzu rasche Zerstörung des Ziels verhindern, das zahlreiche Treffer von 84-mm-Geschossen der schweren Panzerfaust Carl Gustaf aufweist. (Tank Museum)

SZENEN EINER RESTAURIERUNG

Links: Der Churchill-Brückenleger Mark IV vor Entfernen der Brückenelemente. (Sammlung des Autors)

Mitte: Diese Karteikarte führt die Umbauten einiger Churchill sowie deren Zuteilung auf. Beim zehnten Fahrzeug von oben handelt es sich um unseren restaurierten Mark IV, Registriernummer T31579. Wie nachzulesen, hatte er einen neuen Motor mit der Nummer 15381R erhalten. (Tank Museum)

Unten: Der Auftragszettel für T31579 versinnbildlicht u. a. die Schwierigkeit, die genaue Zahl der insgesamt gefertigten Churchill festzustellen (siehe Hinweis oben rechts auf dem oberen Blatt). Obwohl hier von einem Churchill Mark I, II und III die Rede ist, handelt es sich bei unserem Fahrzeug um einen Mark IV. Wahrscheinlich war dieser ursprünglich als Mark I oder II vom Band gelaufen und wurde später zum Mark IV nachgerüstet. Dieses Dokument stellt einen der allerersten Auftragszettel dar, datiert auf den 9. Dezember 1940. (Tank Museum)

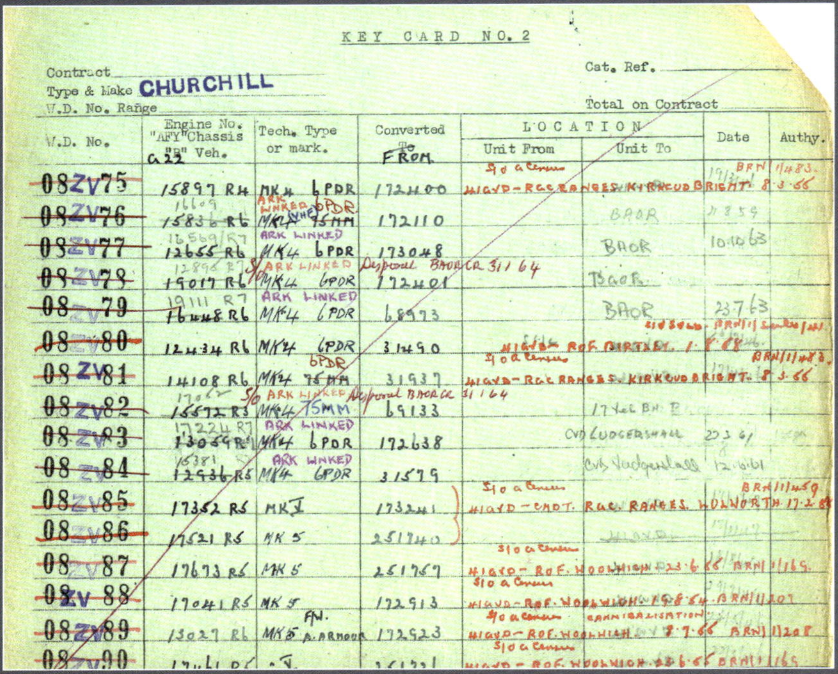

KEY CARD NO. 2

Contract
Type & Make CHURCHILL
W.D. No. Range
Cat. Ref.
Total on Contract

W.D. No.	Engine No. "AFV" Chassis "B" Veh. A22	Tech. Type or mark.	Converted FROM	LOCATION Unit From	LOCATION Unit To	Date	Authy.
08ZV75	15897 R4	MK4 6PDR	172400	41 GVD - RAC RANGES KIRKCUDBRIGHT		8.3.66	BRN/1/483
08ZV76	16609 15836 R6	ARK LINKED (VHE) MK4 6PDR 75MM	172110		BAOR	11.8.59	
08ZV77	16569/R7 12655 R6	ARK LINKED MK4 6PDR	173048		BAOR	10.10.63	
08ZV78	12896 R7 19017 R6	S/O ARK LINKED MK4 6PDR	172401	Disposal BAOR CR 31/64	BAOR		
08 79	19111 R7 16448 R6	ARK LINKED MK4 6PDR	68973		BAOR	23.7.63	
08ZV80	12434 R6	MK4 6PDR	31490	41 GVD - ROF BIRTLEY		1.8.68	BRN/1
08ZV81	14108 R6	MK4 6PDR 75MM	31937	41 GVD - RAC RANGES. KIRKCUDBRIGHT		8.3.66	BRN/1/483
08ZV82	17062 15572 R3	S/O ARK LINKED MK4 75MM	69133	Disposal BAOR CR 31/64	17 Vol BN		
08ZV83	17224 R7 13054 R	ARK LINKED MK4 6PDR	172638		CVD LUDGERSHALL	22.3.61	
08 84	15381 12936 R5	ARK LINKED MK4 6PDR	31579		CVD Ludgershall	12.6.61	
08ZV85	17352 R5	MK I	173241	41 GVD - CMDT. RAC RANGES. LULWORTH		17.2.6	BRN/1/459
08ZV86	17521 R5	MK 5	251740				
08 87	17673 R5	MK 5	251767	41 GVD - ROF. WOOLWICH		23.6.66	BRN/1/169
08ZV88	17041 R5	MK 5	172913	41 GVD - ROF. WOOLWICH		19.8.64	BRN/1/207
08ZV89	13027 R6	MK5 FN. A. ARMOUR	172923	41 GVD - ROF. WOOLWICH. CANNIBALISATION		7.7.66	BRN/1/208
08ZV90				41 GVD - ROF. WOOLWICH		23.6.66	BRN/1/165

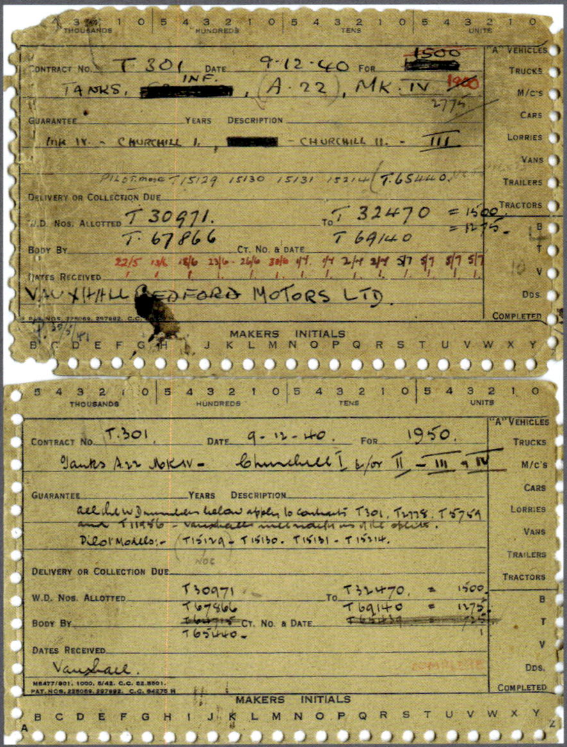

CONTRACT No. T 301 DATE 9·12·40 FOR 1500
TANKS, [redacted] INF., A·22, MK. IV
GUARANTEE YEARS DESCRIPTION
MK IV. – CHURCHILL I, [redacted] CHURCHILL II. – III
DELIVERY OR COLLECTION DUE
W.D. NOS. ALLOTTED T 30971. T. 67866 TO T 32470 T 69140
BODY BY CT. NO. & DATE
DATES RECEIVED
VAUXHALL BEDFORD MOTORS LTD.
MAKERS INITIALS

CONTRACT No. T.301 DATE 9-12-40. FOR 1950.
Tanks A22 MK IV – Churchill I, II – III & IV
GUARANTEE YEARS DESCRIPTION
DELIVERY OR COLLECTION DUE
W.D. NOS. ALLOTTED T30971 T67866 TO T32470 T69140
BODY BY CT. No. & DATE
DATES RECEIVED
Vauxhall
MAKERS INITIALS

Rechts: Typschild am Motor des Mark IV mit der Nummer A22 (für Churchill 15381R; siehe Karte oben). Der Motor wurde im April 1954 überholt. (Sammlung des Autors)

1 Dieser erschütternde Blick bot sich beim Öffnen des Motorraums.

2 Der Mark-IV-Motor nach Entfernen der Abdeckungen.

3 Der ausgebaute Motor…

4 …und das Getriebe.

5 So sah es am Fahrerplatz aus: rechts das Schaltbrett, links der ursprünglich grün gestrichene Fahrersichtblock, den man vom Silberanstrich des Innenraums nach dem Krieg bewusst aussparte. Der Behälter rechts oben im Bild, ursprünglich für einen Suchscheinwerfer vorgesehen, nahm einen Ersatz-Sichtblock auf.

6 Der Platz des Bug-MG-Schützen bei Beginn der Restaurierung. Der Funkgerätesatz WS19 war neben den Anschlusskästen in der Wannenseite untergebracht. Man beachte den verlängerten Lenkhebel für den MG-Schützen.

7 Das freigelegte Bugabteil mit Fußhebeln und Lenkhebel.

8 Der von sämtlicher Einrichtung befreite Fahrerplatz.

9 Das Getriebeabteil. Über die drei großen Öffnungen und das Lüftergitter trat die Kühlluft ein, umfloss Kühler, Motor wie Getriebe und trat wieder aus.
(Sammlung des Autors)

10

11

12

13

14

15

16

17

18

RESTAURIERUNG EINES MARK III – VORARBEITEN

10 Motor und Getriebe eines Mark III im Original. Von links: Getriebe mit abgenommenem Deckel und fehlendem Kompressor, das Kupplung und Schwungrad umschließende „Sirocco“-Lüftergebläse sowie der Motorblock mit den Überresten zweier Zündverteiler.

11 Die vollkommen „ausgeschlachtete“ Wanne des Mark III. Man beachte den Schaden am Wannendach vorn.

12 Blick ins Turminnere.

13 Blick auf den durch einen Artillerietreffer schwer gezeichneten Turm.

14 Heck des Mark III ohne Lüftergrill. Durch die drei Öffnungen entwich die vom Motor erwärmte Luft, traf auf eine Platte und trat durch die Schlitze des Kühlergrills nach oben aus. Von der Nebelwurfanlage blieb die linke Halterung für zwei 4-in-Nebelkerzen (102 mm) erhalten.

15 Zur Demontage der Seitenpanzerung mussten die großen Verbindungsschrauben zu den Innenplatten aus ungehärtetem Stahl mit dem Schneidbrenner abgetrennt werden.

16 Abnahme der Seitenpanzerung; man beachte die Grundplatte aus ungehärtetem Stahl dahinter sowie die aufgelegte Zusatzpanzerung.

17 Abnahme der Seitenpanzerung auf der linken Wannenseite. Man beachte die durchtrennten Halteschrauben.

18 Wanne des Mark III nach Sandstrahlen und Grundieren.
(Sammlung des Autors)

Blick auf den Motor vom Getriebe her (Motorklappen sind abgenommenen. Die Original-Zeichnung unten erklärt die einzelnen Teile.

Herausforderungen beim Restaurieren

Zunächst einmal der Motor. Es handelt sich um einen Seitenventilmotor, d. h. Zylinderköpfe und -ventile sind waagrecht an den Seiten statt oben auf dem Motor angeordnet. Der „flache 12-Zylinder“ setzt sich aus zwei 6-Zylinder-Blöcken zusammen, die gemeinsam ein Kurbelgehäuse bilden. Die Kurbelwelle hat sechs Kröpfungen oder Arme; mit anderen Worten: jedes gegenüberliegende Kolbenpaar wird vom gleichen Teil der Kurbelwelle angetrieben. Die niedrige Bauart des Motors ermöglichte eine flache Bauweise der Wanne, erschwerte aber Wartung und Restaurierung. So ist beispielsweise das Wechseln von Zündkerzen bei heißem Motor kaum möglich, da man

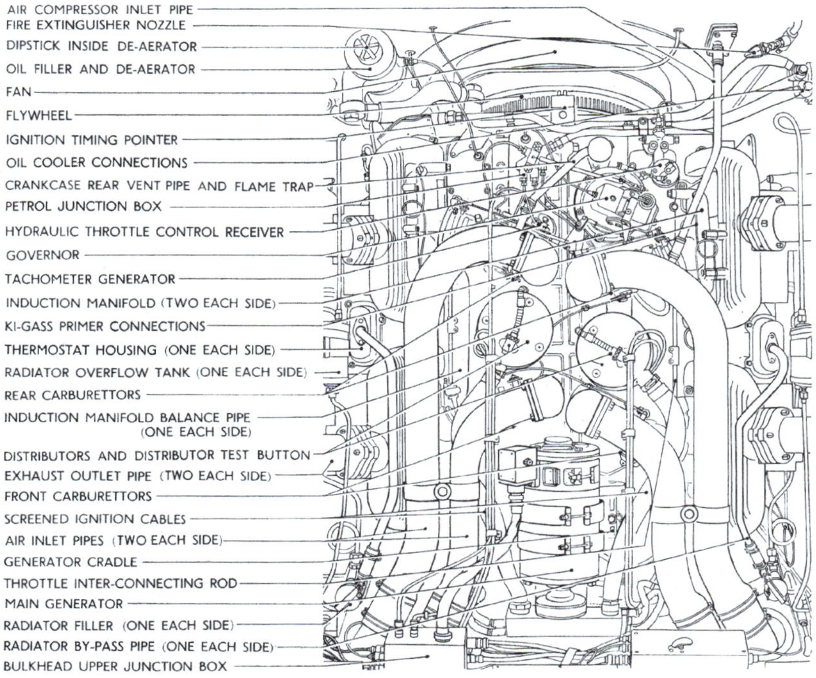

Der Motor und seine Bestandteile. (Tank Museum)

tief im engen Zwischenraum zwischen Motorblock und Kühler nah an den heißen Auspuffmantelrohren hantieren muss. Die vier Auspuffrohre sind oben am Motorblock angeordnet. Dies schuf Probleme, die an allen Motoren auftraten, mit denen es Churchill-Restauratoren zu tun bekamen – selbst bei Aggregaten, die nie in einen Churchill eingebaut, aber unter freiem Himmel gelagert worden waren. Aus nahe liegenden Gründen: die Auspuffanlage war immer den Elementen ausgesetzt. Wasser drang durch die Rohre oder Schächte nach innen und durch die offenen Auslassventile in die Zylinder. Meist führte dies zu rostenden Kolbenringen und festsitzenden Kolben. Bei unter freiem Himmel gelagerten Motoren sprengte gefrierendes Wasser manchmal sogar die Zylinderwände. Das lässt sich beheben, nicht zuletzt dank der austauschbaren Laufbuchsen. Die außen liegenden Motorteile befinden sich meist auf dem Motorblock: vier Vergaser, zwei Zündverteiler, ein Drehzahlregler und das hydraulische Drosselventil, dazu Lufteinlässe und Auspuffrohre, Drehzahlmesser-Antrieb und ein Generator. Da diese Teile über dem Motor sitzen, sind sie anfällig gegen Rost und Beschädigungen. Die Verbindungen vom Drosselventil zu den Vergasern müssen meist überholt oder ausgetauscht, die Vergaser vollständig zerlegt und überholt werden. Der Drehzahlregler mit seiner Rost-empfindlichen Mechanik sollte auf jeden Fall zerlegt und inspiziert werden. Die Zündverteiler sind gleichermaßen empfindlich, vor allem die mit dem Alter brüchig werdenden Kappen und Verteilerfinger aus Kunststoff. Nötigenfalls lassen sich diese Komponenten durch moderne, im 3D-Druckverfahren hergestellte Teile ersetzen. Der Drehzahlmesser-Antrieb, ein kleiner Dynamo, scheint hingegen sehr unempfindlich zu sein und verlangt lediglich eine Reinigung. Die Auspuffmantelrohre sind in der Regel gut erhalten, bei einigen fanden wir kleine Rostlöcher. Die von den vier Vergasern zu den Luftfiltern führenden Luftleitungen neigen zur Korrosion und müssen in der Regel ausgebessert werden. Natürlich müssen auch alle Dichtungsringe und Dichtscheiben ausgetauscht werden. Dank Laser-Schneidetechnik lassen sich diese Teile verhältnismäßig einfach nachfertigen, man kann sie freilich nach alter Väter Sitte auch aus Dichtungspapier oder anderen geeigneten Materialien ausschneiden. Sicherheitshinweis: alte Original-Dichtungen enthalten mit hoher Wahrscheinlichkeit Asbest.

Der Motor setzt sich aus zwei Blöcken, zwei Wannen und vier Zylinderköpfen zusammen. Nach Entfernen aller Anbauteile, der Zylinderköpfe und Ölwannen, sollte man die Blöcke vorsichtig trennen, um an die innen liegenden Teile zu gelangen. Beim Trennen der Blöcke können sehr leicht Kolben brechen, weshalb Vorsicht und Geduld geboten sind. Wir benutzten dazu zwei große hydraulische Wagenheber, an denen wir einen Stahlträger befestigten. Diesen verschraubten wir mit den Zylinderblöcken. Und zwar derart, dass wir die Schrauben in den Gewinden der Zylinderkopfschrauben befestigten (siehe Abb. unten). Allgemein ist Vorsicht beim Zerlegen des Motors geboten, zumal ein Wärmedämmschild aus Asbest aufgelegt ist; nicht zu vergessen die oben erwähnten Asbest-haltigen Dichtungen. Ein unerwartetes Problem erwartete uns bei den Zündkerzen: sie waren so fest in die Zylinderköpfe gerostet, dass wir sie ausbohren mussten (dabei ist größte Präzision angesagt). Die Zylinderköpfe selber, so massiv sie auch scheinen, neigen zum Verziehen. Sie sollten auf alle Fälle überprüft und wahrscheinlich auch geplant (gefräst oder geschliffen) werden. Mit Sicherheit sind neue Zylinderkopfdichtungen vonnöten. Während der Einlaufphase des Motors empfiehlt sich ein wiederholtes Überprüfen und Nachziehen der Zylinderkopfschrauben. An der Motorunterseite befinden sich zwei Ölwannen aus Stahl oder Aluminium.

Die Wannen neigen zu Frost- und anderen Schäden und sollten gründlich untersucht werden, ebenso die beiden Ölförderpumpen und die

Der Motorblock beim Auseinandernehmen mit den Wagenhebern. Der rote Anstrich des unteren Teils kennzeichnet die Ölwannen. (Alle Fotos dieser und der nachfolgenden Seiten: Sammlung des Autors)

1 Die Kurbelwelle an Ort und Stelle.

2 Aus alten Motoren ausgebaute Kolben vor der Inspektion und Reinigung.

3 Zerlegte Lichtmaschine.

4 Einer der Motorblöcke vor der Reinigung. Die äußerste rechte und linke Zylinderlaufbuchse ragen leicht aus den Zylinderbohrungen.

5 Austausch einer Nockenwelle.

6 Überholte Vergaser.

7 Kolben und Pleuel werden wieder zusammengesetzt.

8 Kraftstoffverteiler-Gehäuse im Originalzustand.

9 Kraftstoffverteiler-Gehäuse nach der Überholung.

10 Spannungsreglerkasten nach der Restaurierung.

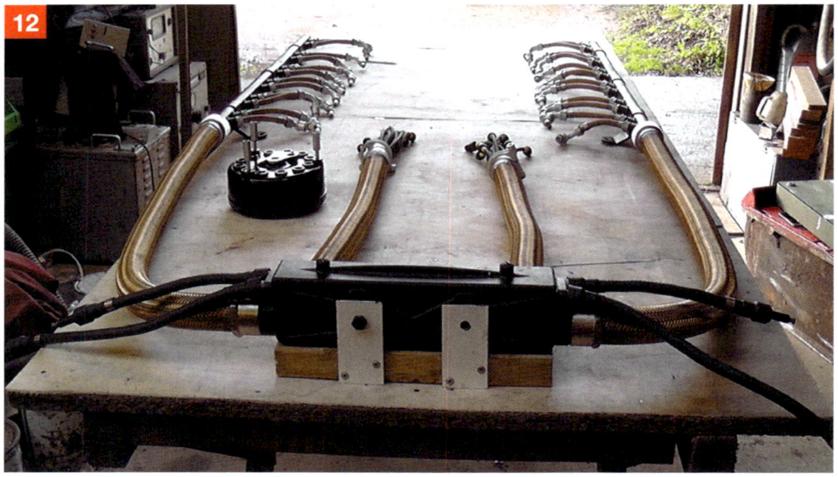

11 Überholtes Teil der Zündanlage.

12 Kabelstränge der Zündanlage.

13 Verteilerkappe

14 Überholtes Schaltbrett/Instrumententafel

15 Nach Überholung wieder eingebauter Batteriehauptschalter mit Gehäuse.

Kraftstoffpumpe unter dem Motor. Während die Ölpumpen von ihrer Dauerschmierung profitieren, ist die Filterglocke der Kraftstoffpumpe anfällig gegen Korrosion und Verstopfung. Das lässt sich zwar beseitigen, aber in der Regel empfiehlt sich ein Austausch. An der Kraftstoffpumpe befindet sich ein Bowdenzug, der zu einer Pumpe mit T-Griff an der hinteren Schottwand des Kampfraums führt (vgl. Seite 125). Damit pumpte die Turmbesatzung Kraftstoff in die Schwimmerkammern. Getriebe können Jahrzehnte der Stilllegung schadlos überstehen, vorausgesetzt ihre Gehäuse bekamen keine Risse und hielten dicht. Nichtsdestoweniger müssen sie gespült und inspiziert werden. Zudem sollte man nur geeignetes Getriebeöl nachfüllen, das die Gehäuse und Dichtungen der alten Teile nicht angreift. Der über dem Getriebe angeordnete Kompressor sollte zerlegt, genau beäugt und ggf. überholt werden.

Bei beiden Arten von Bremsen – die mit dem Wechselgetriebe in Verbindung stehenden Lenkbremsen und die in der Wanne sitzenden Fahrbremsen – müssen die Bremstrommeln ausgebaut, die Bremszylinder überholt und die Bremsbacken kontrolliert werden. Auch die Kupplung wird man in den meisten Fällen überholen müssen, zumal Rost den Federn und Fingern zusetzt. Beim Umgang mit der Kupplung ist Achtsamkeit angesagt (uns fiel eine versehentlich zu Boden und brach). Die Druckplatte befindet sich in der Regel in gutem Zustand. Man sollte sich jedoch vergegenwärtigen, dass die Kupplungsscheibe – wie die Bremsbacken – aus Asbesthaltigem Material besteht.

Das Flügelrad des Lüftergebläses bedarf ebenfalls der Überholung. Das recht große Lüfterrad sitzt auf dem Kupplungs-Schwungrad und fördert über die Luftansaughutzen Kühlluft nach innen. Diese streicht kühlend durch Wasserkühler und Ölkühler, über Motor und Getriebe, und tritt am Heck wieder aus. Das Lüfterrad rotiert mit derselben Drehzahl wie der Motor. Es besteht aus hochfestem Material, damit es den hohen Fliehkräften widersteht.

16 Unterseite eines restaurierten Churchill-Motors. Links hinter dem Anlassermotor die zwei Glocken der Kraftstoffpumpe. Auf der rechten Seite die beiden Ölwannen.

17 Wechselgetriebe mit abgenommenen Lenkbremsen-Trommelgehäusen. Die hellen Bremsbeläge stechen hervor. Das Gehäuse rechts oben gehört zum Kompressor/Luftverdichter.

18 Blick auf die rechte Getriebeseite mit abgenommenem Bremstrommelgehäuse. Die Brems- und Spreizbacken sind gut zu erkennen. Rechts hängt das Bremsgestänge.

19 Die wieder eingebaute Kupplung.

20 Teile der Kupplung nach dem Sandstrahlen.

Das überholte Lüfterrad („*Sirocco fan*“).
(Alle Fotos dieser und der nachfolgenden Seiten: Sammlung des Autors)

Arbeiten am Lüfterrad.

Rechts: Eine überholte Ölkühler- (links) und Wasserkühler-Einheit. Dahinter das Teil für die andere Wannenseite.

Rechts außen: Die beiden Wasserkühler und der Ölkühler für die rechte Seite des Motorraums. Am Boden die Kraftstoffleitung, die zu den Kraftstoffbehältern hinter den Kühlern führt.

In Motorräumen, in denen sich Wasser sammeln konnte, ist der untere Teil des Rades oft verrostet. Etliche Räder weisen noch andere Beschädigungen auf. Die meisten aber zeigen so starke Rostspuren, dass man an einer gründlichen Aufarbeitung – Niete für Niete – kaum vorbeikommt; Auswuchtung eingeschlossen. Die beiden Wasserkühler und der Ölkühler auf jeder Wannenseite kommen ebenfalls kaum um eine Überholung herum. Derart alte Teile, oft jahrzehntelang der Witterung ausgesetzt, lecken meist – selbst Ölkühler. In einem Fall begannen die wieder eingebauten Ölkühler bei warmem Motor zu lecken. Es blieb nichts anderes übrig, als den ganzen Motor wieder auszubauen und die Ölkühler zu wechseln. Es empfiehlt sich, sämtliche Kühler zu erneuern, die Leitungen auszutauschen und alles – sofern notwendig – mit neuen Halterungen und Trägern zu versehen.
Rost setzt auch den Kraftstoffbehältern zu. Auf jeder Wannenseite befinden sich drei Tanks, in denen sich Kondenswasser niederschlägt. Rost lässt oft winzige, für das Auge kaum sichtbare Löcher entstehen, die erst bei einer Druckprüfung entdeckt werden. Bei unserem Projekt ersetzten wir die Kraftstoffbehälter durch Tanks aus rostträgem Stahl und zogen – unter Verwendung der alten Anschlüsse – neue Kraftstoffleitungen ein. Das Gummi der alten Leitungen war meist brüchig oder ganz weggebröselt. Bei der veränderten chemischen Zusammensetzung heutiger Kraftstoffe wäre es ohnehin leichtsinnig, die alten Gummileitungen weiter zu verwenden. Die „Fühler“-Teile der Tankuhren müssen mit an

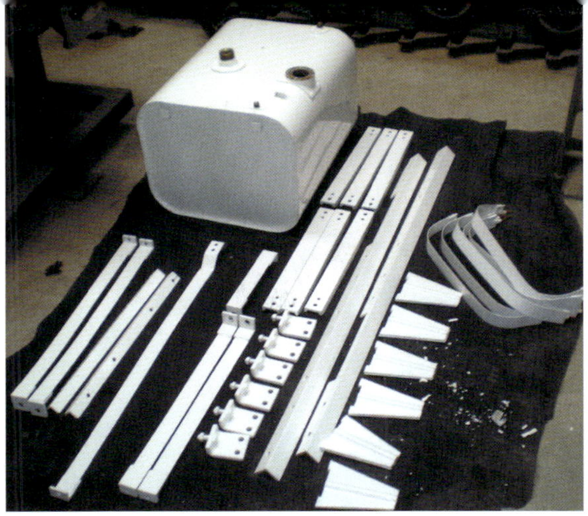

Einer der hochkant einzubauenden Kraftstoffbehälter mit Halterungen.

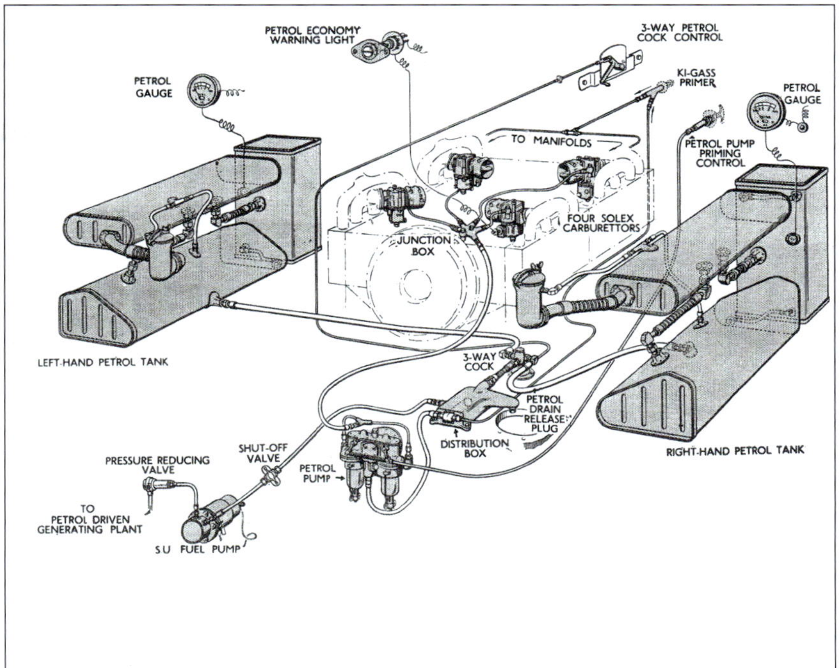

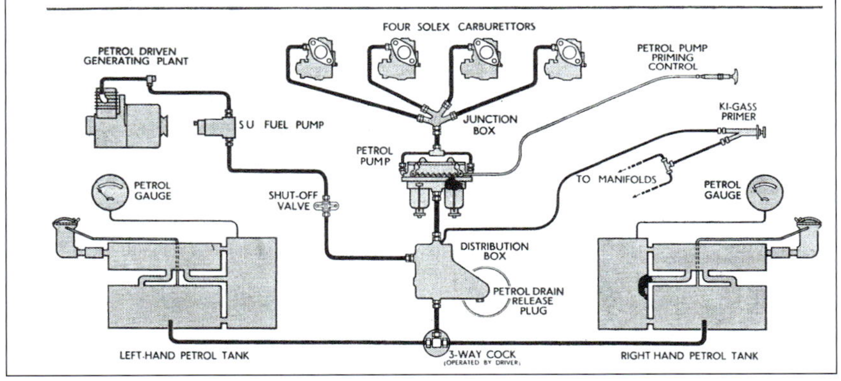

Rechts: Die Zeichnung der Kraftstoffanlage (oben) hilft das System sowie die begleitenden Fotos besser zu verstehen. Das untere Schema erklärt den Aufbau der Kraftstoffversorgung.

Sicherheit grenzender Wahrscheinlichkeit erneuert werden. Unsere Tankanzeigen aber versahen nach bloßer Zerlegung und Reinigung wieder ihren Dienst.

Die Hydraulik, oder besser die Druckluft-unterstützte Hydraulik, für Lenkbremsen und Kupplung bedarf in jedem Fall der Überholung. Sämtliche Leitungen vom Fahrer- zum Motor-/Getriebeabteil müssen ersetzt werden (bei unserem Projekt tauschten wir alle Anschlüsse und Verbindungen gegen einen gemeinsamen Leitungsstrang aus. Noch wichtiger sind Ausbau und Zerlegung der „Pedal-Einheit", also des vor dem Fahrer in Kniehöhe an der Bugplatte festgeschraubten Kastens. Dieser bedient als Hydrauliköl-Speicher Gashebel, Bremse und Kupplung; dazu die Lenkung sowie alle verbundenen Hauptzylinder und den Druckluftanzeiger. Die Gummidichtungen der Hauptzylinder sind meist verschwunden; die Kolben sitzen in ihren Führungen fest oder sind eingerostet. Das Überholen, Zusammensetzen und Wiederanschließen der Einheit erfordert viel Sorgfalt; ansonsten spricht die Lenkung nicht richtig an.

Deshalb empfiehlt es sich, den Speicher vor dem Wiedereinbau einer Druckluft-Prüfung zu

Den unteren Kraftstoffbehälter an der rechten Seite des Motorraums verbindet eine Kraftstoffleitung mit dem Kraftstoffverteiler am Boden des Abteils. Über den Verteiler konnte der Bug-MG-Schütze die Benzinzufuhr regeln – rechte oder linke Tanks.

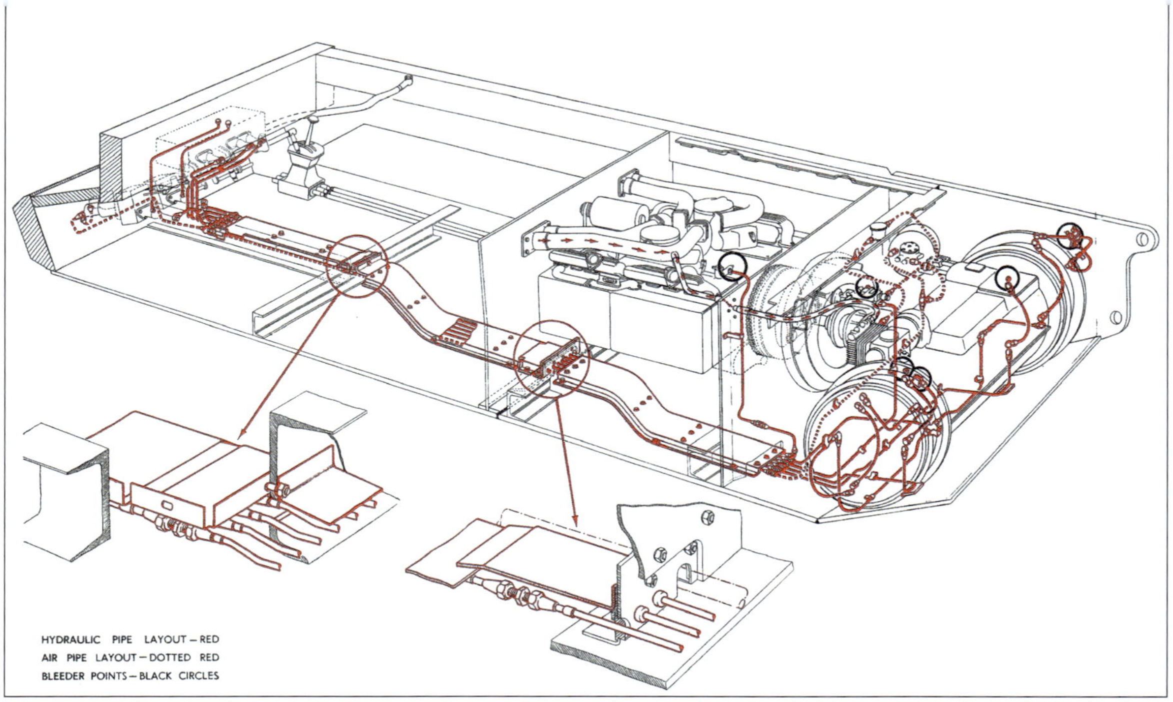

Die Hydraulik- und Druckluftanlage. (Alle Fotos dieser und der nachfolgenden Seiten: Sammlung des Autors)

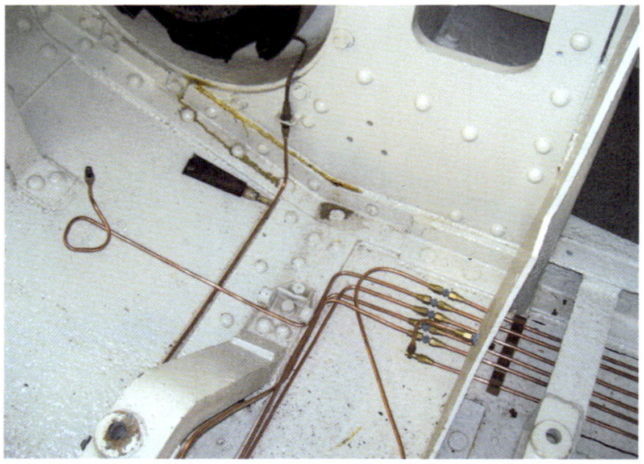

Verkabelung im Getriebeabteil eines Mark IV.

unterziehen. Eine nicht sauber ansprechende Lenkung ist bei Panzern eine gewagte Sache, um es vorsichtig auszudrücken.

Die Verkabelung muss in der Regel komplett erneuert werden. Nicht zu vergessen die Leitungen der Zündanlage, die zum Schutz vor Störungen durch den Funk in geschützten Führungen untergebracht sind. Die Isolierung der alten Leitungen dürfte meist verschwunden sein, was bei einem Kurzschluss akute Brandgefahr bedeutet. Schon deshalb wäre es geradezu töricht, alte Kabel weiter zu verwenden.

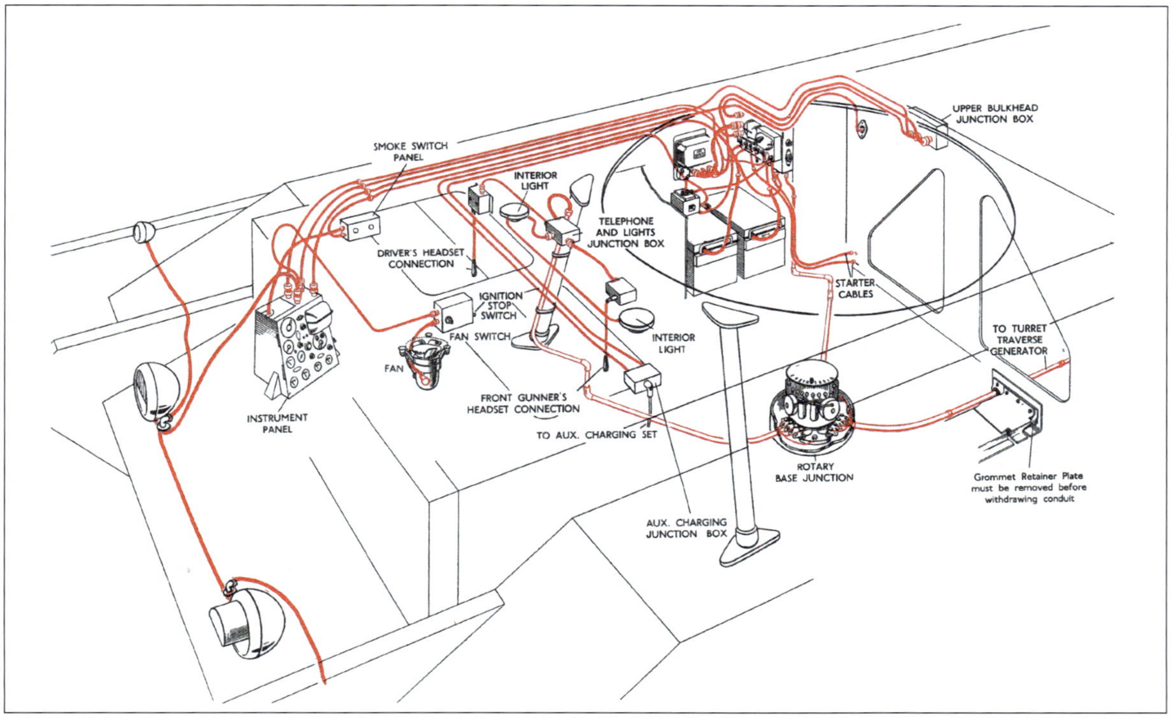

Verkabelung von Bug- und Kampfraum.

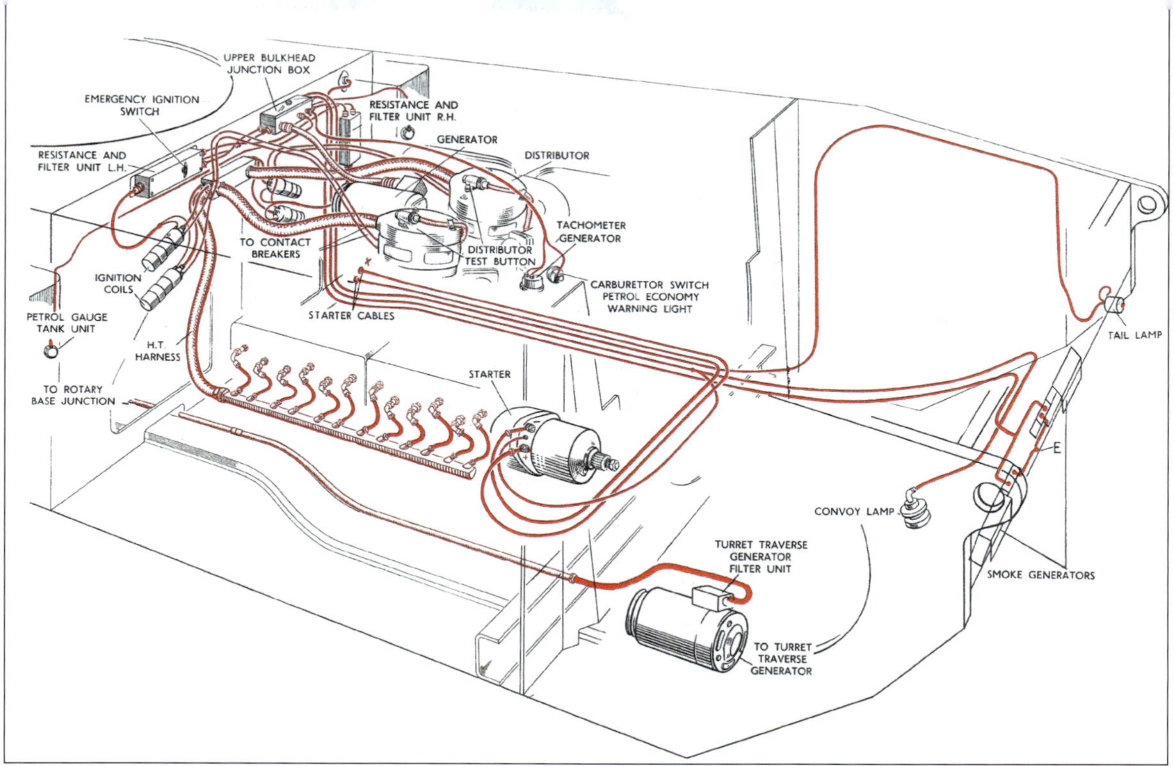

Verkabelung von Motor und Getriebe.

Die ganzen elektrischen Leitungen im Panzer laufen in Schutzschläuchen, die der Funkgeräte – ähnlich der Zündanlage – in Metallgewebeschläuchen. Moderne Kabel sind darin also nicht zu sehen.

Außen am Panzer neigen die Kettenführungen über den Seitenluken zum Rosten und Losbrechen. Sie gleichen großen Winkeleisen aus Guss-Stahl, wobei der Winkel etwas größer als 90° ist. Leiträder wie Antriebsräder gilt es zu überprüfen. Sie befinden sich normaler Weise in intaktem Zustand, müssen aber gefettet werden. Kettenglieder fressen sich über die Jahre fest und bilden lange, steife Kettenstränge, die es mit sanfter Gewalt wieder beweglich zu machen gilt. Das Erhitzen der Kette als Schnelllösung hat katastrophale Folgen – die Kettenverbindungen werden brüchig und die Kette reißt bei nächster Gelegenheit. Hingegen hat sich das langsame Schleppen des Panzers bewährt. Dennoch brachen uns einige Kettenverbindungsbolzen, deren Einzelteile sich nur unter beträchtlicher Pfriemelei entfernen ließen. Das Turmschwenkwerk setzt innen gern Rost an, der sich entfernen lässt. Zur gründlichen Vollrestaurierung und zum Sandstrahlen der Wanne muss der Turm gezogen werden. Außerdem kommt man so besser an die Rostflächen auf dem Wannenboden heran. Sowieso lassen sich die meisten Restaurierungsarbeiten bei abgenommenem Turm leichter durchführen. Der Turm sitzt auf einem großen Drehkranz, der aus einem äußeren und inneren

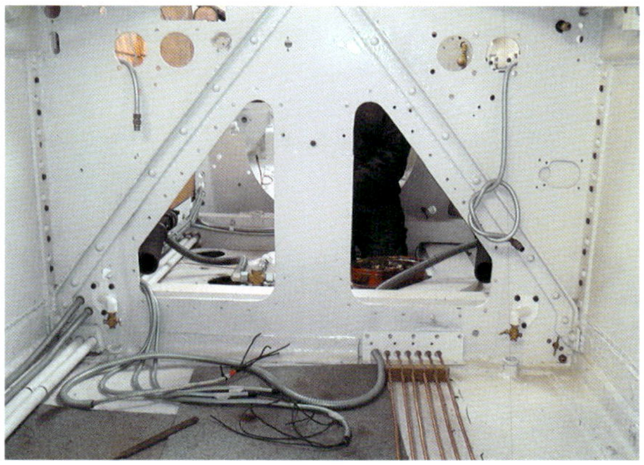

Hydraulik- und Druckluftleitungen führen vom Motorraum (hinter den dreieckigen Öffnungen) in den Bugraum.

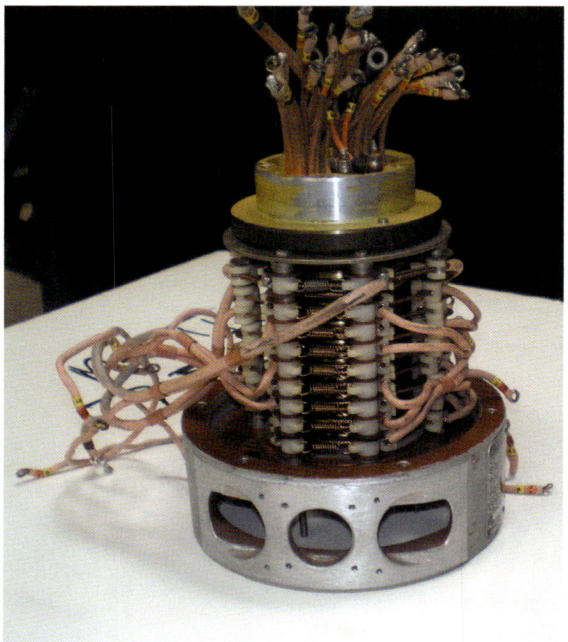

Ein neuer Schleifringübertrager (von einem Kettenspähpanzer Scorpion) mit den beweglichen Kontakten zum Übertragen der elektrischen Verbindungen zwischen Drehturm und Wanne.

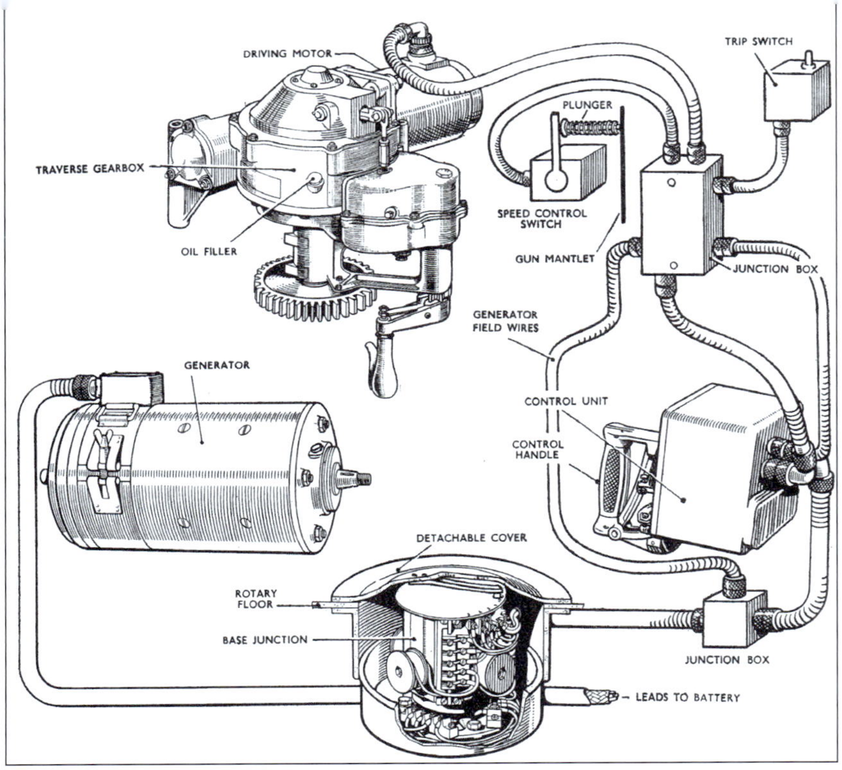

Das Turmschwenkwerk mit verbundenen Teilen. Auch der elektrische Hilfsantrieb bezog seinen Strom über den Schleifringübertrager unter der Turmbühne. (Alle Fotos dieser und der nachfolgenden Seiten: Sammlung des Autors)

Ring besteht. Zwischen den Ringen 117 Kugellagerkugeln in 13 Lochbändern aus Phosphorbronze. Die Kugeln mit 3,17 cm (1.25 in) Durchmesser sind häufig verrostet, lassen sich aber leicht ersetzen. Es stellt sich die Frage, ob man den Turmdrehkranz fetten sollte. Tut man es, so tropft für längere Zeit Schmierfett in den Kampfraum! Der äußere, mit der Wanne verbundene Teil des Drehkranzes weist innen einen Zahnkranz auf, in den das Turmschwenkwerk greift – sonst ließe sich der Turm nicht schwenken. Drehkränze von Mark VII und VIII bestehen manchmal nicht aus einem einzigen Gussteil, sondern aus sieben Segmenten. In beiden Typen können Zähne fehlen oder abgebrochen sein, was unbedingt geprüft und repariert werden sollte. Obwohl dies bei unserem Churchill nicht nötig war, lag ersatzweise ein Austauschsegment bereit. Ein anderes nicht minder wichtiges Teil des Turmschwenkwerks ist die Turmverriegelung: ein kleiner Bolzen, der von unten in den Turmdrehkranz greift und den Turm mit der Wanne verriegelt. Beim Fahren auf unebenem Untergrund verhindert hauptsächlich dieser Bolzen ein ungewolltes Schwenken des Turms.

Die aus massiven Stahlblöcken gearbeiteten Kanone und Verschluss bedürfen normalerweise keiner großen Überholung. Der Verschlussring mit Anbauteilen lässt sich theoretisch leicht ausbauen (der Verschlussring ist von der Kammer – d. h. vom Rohr – her verschraubt und sitzt ziemlich fest. Vorsicht bei der Abnahme, er ist sehr schwer). Das Rohr lässt sich zum Überholen durch die Öffnung im Turmheck entfernen. Über der Rohrwiege sitzt der Vorholer – ein gefederter Dämpfer, der das Rohr nach dem Rücklauf wieder nach vorn bringt. Das Vorholerrohr weist innen manchmal Rost auf. Die Vorholerfeder spielt bei einer Überholung eine untergeordnete Rolle, da von außen nicht sichtbar. Nichtsdestoweniger sollte man ihr aus Sicherheitsgründen Achtsamkeit schenken, da sie ja das Rohr am Rücklauf hindert und so Personen im Kampfraum vor unliebsamen und evtl. auch schmerzhaften Überraschungen bewahrt. In einigen Ländern haben Rohr und Verschluss, auch wenn sie zu einem längst außer Dienst gestellten Panzertyp gehören, immer noch Kriegswaffeneigenschaften – selbst wenn wesentliche Teile fehlen. Insofern gilt es fällige Genehmigungen, bestehende Gesetze und Auflagen zu beachten, die eine „Beseitigung der Kriegswaffeneigenschaften“ beinhalten können, so hanebüchen und absurd es manchmal auch scheinen mag.

Bei Panzern, die lange Zeit im Freien standen, ist

Rechts: Mark-IV-Turm nach dem Sandstrahlen und Grundieren.

Rechts außen: Blick von unten in (den hier auf den Kopf gestellten) Turm. Die Kanone ist noch da, aber der Verschlussring bereits abgeschraubt.

die Wiege des Bug-MG mit Sicherheit festgerostet. Die Vorgänger des Mark VII besaßen einen Mechanismus zum Richten des MG, der aus je einem Kugellager über und unter der Wiege sowie zu beiden Seiten bestand und wie ein Kardangelenk funktionierte. Nach dem Reinigen und Schmieren lässt sich die Wiege wieder in alle Richtungen bewegen; natürlich nur im engen, von der Wanne begrenzten Richtbereich. Beim Mark VII und VIII gleicht die Wiege einem riesigen Kugelgelenk. Dieses scheint weniger rostanfällig zu sein, muss aber dennoch zerlegt und gefettet werden. Die Wiegen wurden auf das Gewicht des Besa-MG abgestimmt und sind nur mit eingelegtem MG ausbalanciert.
Die Kommandantenkuppel, die Luken an Turm und Wanne sowie die Klappen von Motor- und Getriebeabteil sind oft angerostet, was auch für ihre Rahmen gilt. Man baut sie zur Überholung am besten aus. Die federgestützten Halter zum Sichern der geöffneten Turmlukendeckel liegen außen und sind deshalb besonders rostanfällig. Sie sollten bei der Restaurierung keinesfalls ausgespart werden, denn niemand möchte einen fallenden Lukendeckel auf Kopf oder Finger bekommen. Beim Churchill und anderen Panzern mit nach oben öffnenden Luken kann dies bei schadhaften Haltern durchaus vorkommen.
Auch bei der späteren Rundsichtkuppel rostet der federgestützte Mechanismus zum Festlegen (Offenhalten) und Schließen der Luke gern fest und muss auf alle Fälle überholt werden. Bei allen Churchill-Modellen sitzen Fahrersichtluken und Seitenluken gern fest. Sie müssen wieder gängig gemacht und gefettet werden. Die sich nach innen verjüngenden Seitentüren lassen sich manchmal kaum noch öffnen: Rost und Zeit haben sie regelrecht verkeilt. Eine Methode, diesem Problem Herr zu werden, ist ein von innen angesetzter Wagenheber. Die Fahrersichtluke, zweiteilig bei den Vorläufern des Mark VII, muss meist ausgebaut werden, damit man an das Scharnier und den in der Panzerung liegenden Ent- und Verriegelungsmechanismus herankommt. Die sich verjüngenden metallenen Anlageflächen der Seitenluken und der Fahrersichtluke erhielten absichtlich keinen Anstrich, damit sie sich leichter öffnen und schließen ließen. Sie sollten leicht geölt werden. Die als „Quadrattüre" bezeichnete Seitenpanzerung der Vorgänger von Mark VII und VIII wurde auf eine Innenplatte aus

Die ausgebaute und teilweise restaurierte 75-mm-Kanone.

ungehärtetem Stahl geschraubt. Über die Jahre dringt Wasser in den Zwischenraum und aufblühender Rost drückt die Platten auseinander. Die enormen Kräfte können die Platten erkennbar verbiegen. Bei den aus einem Stück aufgebauten Mark-VII-Wannen kommt dies nicht vor. Bei unserem Mark III* entfernten wir die Panzerplatten, damit wir die Innenplatte von Rost befreien und überholen konnten.
Die wenigsten Kettenschürzen und äußeren „Blechteile" haben jahrzehntelange Vernachlässigung schadlos überstanden. Wir bildeten die Kettenschürzen mit unendlichem Aufwand und unter gelegentlicher Streiterei originalgetreu nach. Wannen und Türme mit Gefechtsschäden können, je nach Schwere der Treffer, der Reparatur bedürfen. Bei unserem Mark III drückte die Detonation einer Granate genau zwischen den beiden Frontluken, aber näher am Turm, das Wannendach ein und den Turm nach oben. Der Turm erhielt einen weiteren Treffer in Nähe der Kommandantenkuppel, der das Turmdach aufriss und eindrückte. Die rechte Seitentür wurde weggesprengt, was auch Schäden an der Wanneninnenseite hinterließ. Alles wurde bestmöglich geflickt und wieder in den Originalzustand versetzt.

Montage der Kettenschürzen.

Unser Mark IV zeigte Beschuss-Schäden durch Granatsplitter und Kugeln an den Turmseiten. Das ließen wir so; nur die scharfen Ränder der Einschläge schliffen wir plan, damit sich niemand daran verletzt oder die Kleidung zerreißt. Auch ohne Beschuss-Schäden haben die meisten Türme und Wannen gelitten, da sie jahrzehntelang im Freien standen und gründlich Rost ansetzten. Wir schlachteten unseren Churchill regelrecht aus, damit wir Turm und Wanne rundum sandstrahlen sowie grundieren konnten (innen graue und außen rote Rostschutzfarbe, nachher mit weißer bzw. braunoliver Deckfarbe überstrichen). Die ersten Schichten der Grundierung trugen wir mit einer Glanzlackfarbe auf, die Feuchtigkeit am besten abhält. Einige Weicheisenteile und Halterungen am Wannenboden, die besonders unter Feuchtigkeit und Wasser gelitten hatten, mussten ausgetauscht werden.

Historische Genauigkeit

Die Frage der historischen Genauigkeit beschäftigt alle Restauratoren, nicht nur Panzer- und Churchill-Freunde. Folgende Punkte müssen geklärt werden:

- Nach welchem Abschnitt seiner Verwendungszeit soll der Panzer restauriert werden? Der Churchill wurde bekanntlich nicht nur im 2. Weltkrieg eingesetzt, sondern auch danach – mit unterschiedlicher Ausrüstung und Ausstattung, anderer Farbgebung und teilweise anderen Aufgaben.
- Gibt es genaue Vorlagen bezüglich der Anordnung von Ausrüstungsteilen, der Farbgebung sowie von Kennzeichen?
- Welche Einschränkungen gilt es unter den Gesichtspunkten Sicherheit, Bedien- und Wartungsfreundlichkeit sowie Wirtschaftlichkeit zu beachten?

Darüber herrschen mitunter verschiedene Ansichten, die sich im Lauf einer Restaurierung oft noch ändern. Bei einem historisch relevanten Fahrzeug wie dem Churchill besteht die Pflicht zur größtmöglichen Originaltreue; das ist man den Betrachtern und Besitzern schuldig. Unsere Churchill wurden nach unterschiedlichen Vorgaben restauriert und entsprechen verschiedenen Verwendungszeiten im 2. Weltkrieg. Nach Unterlagen im Nationalarchiv fuhr unser Mark IV zunächst als Panzerkampfwagen mit 6-Pfünder-Kanone und wurde nach 1945 zu einem „Zwillings-Rampenträger“ (vgl. S. 60) umgebaut. Das machte die Sache klar: er erhielt wieder eine ursprüngliche Form. Nichtsdestoweniger blieb die Frage offen, ob die Kanone damals über eine mechanischen Höhenrichtanlange verfügte oder noch über die Schulter gerichtet wurde. Auch die Form der Kommandantenkuppel gab Rätsel auf. Eingehendes Studium von Original-Unterlagen des Panzermuseums Bovington legte klar, dass die allermeisten 6-Pfünder über die Schulter gerichtet wurden und die Kommandantenkuppel zwei Winkelspiegel aufwies. Der Ansicht, dem Einsatz des Churchill in Nordafrika und Italien werde zu wenig Beachtung geschenkt, einigten wir uns auf diesen Verwendungsabschnitt. Insofern erhielt unser Mark IV die für Nordafrika und Italien typische Ausrüstung und Ausstattung.
Unser Mark III hingegen hatte seinerzeit eine Rundumsicht-Kuppel und Zusatzpanzerung erhalten. Insofern lag es nahe, ihn in die Zeit nach der Invasion 1944, genauer gesagt der Kämpfe in Holland 1944/45, zurückzuversetzen. Es gab ihn in den Ausführungen mit 6-Pfünder- und 75-mm-Kanone (Mark III*). Die Wahl fiel auf die 75-mm-Waffe mit Höhenrichtantrieb und mechanischer (nicht elektrischer) Abfeuerung.
Auch der Mark VII wurde hauptsächlich 1944/45 in Frankreich und Holland eingesetzt. Da alle Mark VII über die 75-mm-Kanone mit elektromagnetischer Zündung verfügten, erhielt sie auch unser Fahrzeug. Alle unsere Churchill versahen wir mit dem typischen braunoliven Anstrich. Der Mark III* und der Mark VII mit weißem US-Stern auf dem Turmdach, der damals als Fliegererkennungszeichen auch bei britischen Fahrzeugen weit verbreitet war. Der Innenanstrich der Panzer war damals wohl weiß, doch die Debatte, ob nicht auch schon Silber verwendet wurde (wie nach 1945 bei britischen Panzern) hält an. Eine Befragung ehemaliger Panzersoldaten und weitere Nachforschungen lassen den Schluss zu, dass Weiß die vorherrschende Farbe war. Dennoch lässt sich Silber nicht völlig ausschließen. Des Weiteren gab es – im Unterschied zum deutschen RAL-System – keine genauen Farbvorschriften. Die Hersteller sollten das Weiß (oder Silber) nehmen, das grade verfügbar war.
Die Motoren britischer Panzer des 2. Weltkriegs erhielten nach unseren Erkenntnissen einen schwarzen Anstrich und die Getriebegehäuse ei-

nen mit dunkelgrünem Glanzlack. Die Verwendung von „eau de Nil“ (Nilwasser), einem hellen Grünblau, kam erst nach 1945 in Mode. Verschiedene Churchill-Motoren wurden bei der Überholung mit „Nilwasser“ gestrichen.
Der in drei Hauptausführungen Mark I bis III gebaute Funkgerätesatz 19 (*Wireless Set No 19*) gibt ebenfalls gewisse Rätsel auf. Einige erhielten eine Doppelbeschriftung in Englisch und Russisch. So weit mir bekannt, wurden diese im Rahmen der so genannten Lend-Lease-Rüstungshilfe zwar für die Sowjets gebaut, aber auch vom britischen Militär verwendet. Unser Mark VI bekam auch das WS38-Funkgerät (zur Verbindung mit Infanterie), da er die entsprechende Bohrung im Turmdach vor dem Richtschützensitz aufwies. Gilt der Begriff „original“ im gleichen Umfang auch für (Außen-)Halterungen und deren Farbgebung sowie für Kennzeichen? Nach allgemeiner Ansicht wird es hier schwierig, denn genaue Daten gibt es nur bezüglich des Kalibers, der Leistungen und Abmessungen von Motor, Getriebe sowie der wichtigsten Baugruppen und Teile. Im Feld kam es zu zahlreichen inoffiziellen Änderungen durch die Truppe, wie z. B. Anbau von Turmhalterungen für Gepäck, mit denen die Besatzungen ihre Bedürfnisse den Gegebenheiten der entsprechenden Kriegsschauplätze anpassten. Wie oben erwähnt, gab es beim britischen Militär keine auf Tabellen beruhenden, genauen Farbvorschriften. Auch die Größe und Anbringung von Kennzeichen und Markierungen wechselten häufig. Bei der Restaurierung gibt hier der persönliche Geschmack den Ausschlag. Ich richtete mich nach Originalfotos, die auf den verschiedenen Kriegsschauplätzen entstanden und die besagten Ausrüstungsstücke „in Tragung“ zeigen. Sie belehren die offiziellen Staupläne und Vorschriften meist eines Besseren.
Über verschiedene Fragen streiten sich die Gelehrten. Vor allem Modellbauer haben eigene Ansichten, was nun „historisch korrekt“ sei und was nicht. Je mehr man aber in die Tiefe geht, desto brüchiger wird die vermeintliche „nur eine Wahrheit“. Viele Churchill wurden mit einem Wust von Ausrüstung behängt; anfänglich in Nordafrika, später vermehrt im nordwestlichen Mitteleuropa. Oft schweißten die Besatzungen kurze Gewindestücke an die Turmseiten, an die sie Munitionskästen zur Aufnahme persönlicher Ausrüstung schraubten. Dazu gab es oft Zusatzpanzerung in Gestalt von Kettengliedern an Turmseiten und Wanne. Zum Schutz gegen Scharfschützen- und Handwaffenbeschuss wurden in der Normandie manchmal Stahlplatten hinter die Kommandantenkuppel geschweißt.
Soll man Kompromisse eingehen? Jeder Restaurator wird mit dem Problem der Kosten und der immer knapper werdenden Originalteile (sofern sie überhaupt noch zu bekommen sind) konfrontiert. Zudem lassen sich bestimmte Altteile und Materialien aus Sicherheitsgründen nicht mehr verwenden. Ich folge der einfachen Philosophie, a) jedes durch ein modernes Gegenstück ersetzte Originalteil aufzubewahren und b), dass Sicherheit immer an erster Stelle steht. Originalteile, von denen eine mögliche Gefahr ausgeht, wie z. B. elektrische Leitungen, sollten nicht mehr verwendet werden. Glücklicher Weise laufen fast alle Kabel und Drähte in Schutzschläuchen, die im Falle der Funkausstattung sogar aus Metallgewebe bestehen. Die von uns verwendeten modernen, feuerfesten Kabel fallen in diesen „Mänteln“ (ebenfalls neu, aber farblich angepasst) überhaupt nicht auf. Originalen Hydraulik-, Kraftstoff- und anderen Leitungen ist nicht zu trauen; sie müssen ersetzt werden. Man sollte sie jedoch nicht entsorgen, sondern als Vorlagen und Anschauungsstücke aufbewahren. Der Schleifringübertrager lässt sich (zumindest in England) leicht durch ein modernes Gegenstück ersetzen, etwa von einem Kettenspähpanzer Scorpion. Ein Churchill-Originalteil bewahren wir als Referenzstück auf. Etliche Original-Ersatzteile lassen sich durch gewissenhafte und geduldige Spürarbeit auftreiben, doch längst nicht alle. Das ganze „dünne Blech“, sprich Turmgepäckkästen und Halterungen, hat Rost im Laufe der Jahrzehnte meist vollkommen zerstört. Sofern wir auf Börsen, einschlägigen Veranstaltungen sowie durch Ausschlachten anderer Panzer nicht an Originalteile herankamen, fabrizierten wir Replikate nach historischen Vorlagen. Gelegentlich war beim Nachbau von Teilen Vollimprovisation angesagt, etwa wenn sich nicht einmal mehr Konstruktionszeichnungen auftreiben ließen (von denen es ohnehin nur noch wenige gibt). Ansonsten kann der Restaurator und Panzerfreund zum Glück auf Fotografien und Zeichnungen in Handbüchern zurückgreifen oder sich Panzer in Museen zur Vorlage nehmen.

Kapitel 6

Wartung und Instandhaltung

Einen Churchill in Betrieb zu halten, ist kein einfaches Unterfangen. Mit einer fünfköpfigen Besatzung und der Werkstattkompanie im Hintergrund war das im Krieg etwas anderes als heute, wo Panzerfreunde und Restauratoren auf derlei Unterstützung verzichten müssen. Nachfolgend einige der Hauptaufgaben und –tätigkeiten bei Wartung und Instandhaltung.

Ein mit Pinienzweigen getarnter Churchill Mark IV mit 6-Pfünder-Kanone (57 mm) wird von der Besatzung letztmals gewartet, bevor es in den Einsatz geht. Die Aufnahme entstand am 20. Juli 1944 irgendwo an der italienischen Küste. Panzer und Besatzung gehören wahrscheinlich zur Panzerabteilung 51 des *Royal Tank Regiment* (*51 RTR*). Die Kettenschürzen wurden vorn und in der Mitte abgenommen. Der linke Mann sitzt auf einer Munitionskiste für 6-Pfünder-Granaten. Davor eine Holzkiste für MG-Munition, die zwei Metallbehälter mit Gurten für das Besa-MG aufnahm. Der Fahrer macht sich am Kettenspanner zu schaffen, während auf dem Turm gerade ein Ölkännchen den Besitzer wechselt, mit dem vermutlich die Lukendeckel geschmiert werden. Ein gutes Auge erkennt drei Antennen am Turmheck. Dies lässt den Schluss zu, dass der Panzer auch über ein Infanterie-Funkgerät WS38 verfügte. Die mittlere gehört jedenfalls zum „B"-Funkgerät des Funkgerätesatzes WS19. Man beachte den flachen Aufzug des Bug-MG im Vergleich mit den Bäumen im Hintergrund, was im Zusammenhang mit dem Abschnitt „Kampf in bewachsenem Gelände" auf S. 159 und der Rolle des Maschinengewehrs zu sehen ist. (WM TR2017)

Allgemeines

Die Wartung des Panzers, jedenfalls was Motor und Laufwerk angeht, war vor allem Aufgabe des Fahrers, zu dessen Ausbildung ein längerer Lehrgang *„Driving and Maitenance“*, kurz „D&M“ (Fahrer- und Wartungslehrgang) gehörte. Die übrige Besatzung unterstützte ihn dabei. Jedem Besatzungsmitglied war ein eigener Wartungsabschnitt im Panzer zugewiesen. Jeder konnte für jeden einspringen; etwa wenn ein Mann durch Verwundung ausfiel. Hinter dem Fahrersitz befand sich der Werkzeugkasten mit den Utensilien für die üblichen Wartungsarbeiten. Weiterführende Arbeiten waren Sache der Mechaniker der Instandsetzungstruppe REME (*Royal Electrical and Mechanical Engineers*). Deren Bergepanzer (ARV) verfügten nicht nur über Kräne, sondern führten auch Schweiß- und andere Spezialausrüstung mit.

Gegenüber: Die einzelnen Schmierstellen.

Wartungsarbeiten

Zusätzlich zur ab S. 148 aufgeführten Checkliste musste der rechts dargestellte Schmierplan befolgt werden. Dieser gilt nach wie vor. Die alten Öle und Fette werden schwer zu beschaffen sein, weshalb man wahrscheinlich zu modernen Materialien greifen muss. Diese sollte man aber sorgfältig prüfen, denn einige moderne Öle und Fette greifen die alten Dichtungen, Metalle und Kugellager an. Auf jeden Fall sollte man vorher Experten zu Rate ziehen. Einige der aufgeführten Schmierarbeiten mögen bei Panzern, die wenig bewegt werden, überflüssig erscheinen (einige der Original-Wartungsintervalle werden hier trotzdem aufgeführt). Die Waffen kann man vernachlässigen, aber die Wartungsintervalle für die anderen Teile sollte man zumindest im Hinterkopf behalten. Vor allem dann, wenn der Panzer bewegt und/oder Nässe oder Feuchtigkeit ausgesetzt wurde.

LUBRICATION CHART, CHURCHILL I, II, III & IV

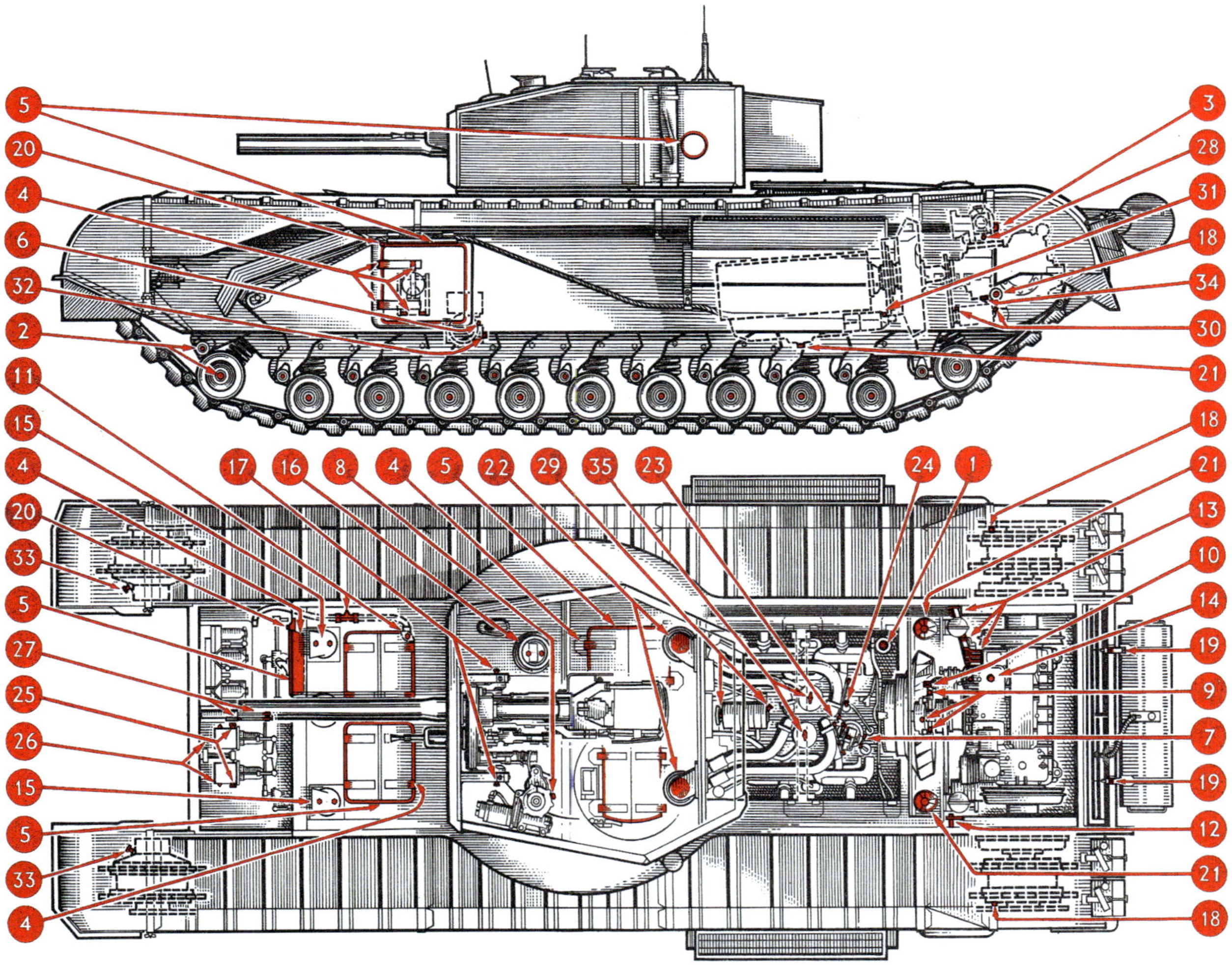

Schmierplan-Schema für Churchill Mark I, II, III und IV. (Sammlung des Autors)

ENGINE OIL FILLER AND DIPSTICK

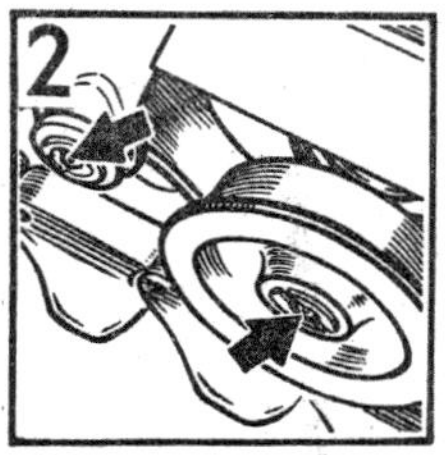

BOGIE AXLES AND FULCRUM SHAFTS

AIR COMPRESSOR

VISION PORT

AUXILIARY GENERATOR

THROTTLE CONTROL ROD JOINTS

TURRET TRAVERSE GEARBOX

CLUTCH THROWOUT MECHANISM

SERVO MOTOR CLEVIS JOINTS

HYDRAULIC RESERVOIR FILLER AND LEVEL PLUGS

SPEEDOMETER DRIVE BRACKET BEARINGS

CHANGE-SPEED CONTROL ROD JOINTS AND LEVERS

GEARBOX FILLER PLUG AND DIPSTICK

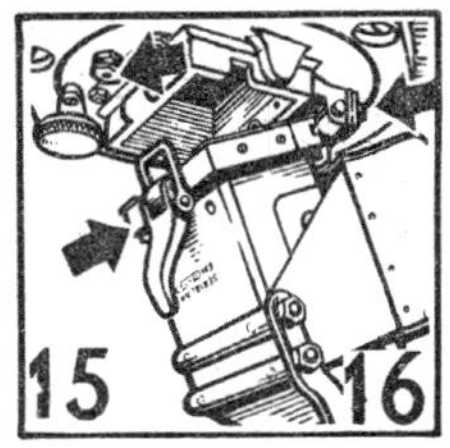

PERISCOPE

GUN TRUNNION BEARING

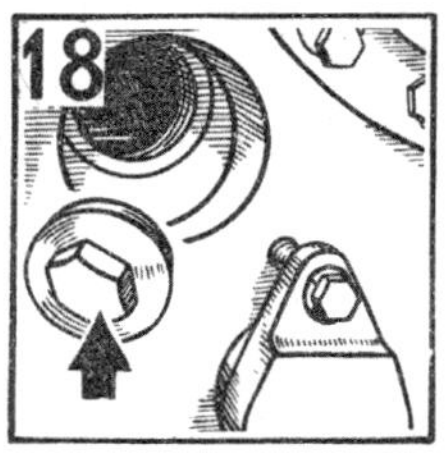

FINAL DRIVE FILLER PLUG

AUXILIARY TANK RELEASE MECHANISM

LOADING DOOR NIPPLE

ENGINE DRAIN PLUG

AIR FILTER

GOVERNOR

TACHOMETER

STEERING SERVO CYLINDER

HAND BRAKE MECHANISM

AIR COMPRESSOR

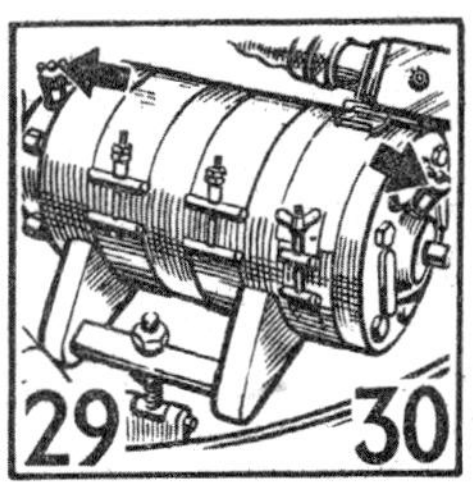

MAIN GENERATOR

STARTER

AUXILIARY GENERATOR

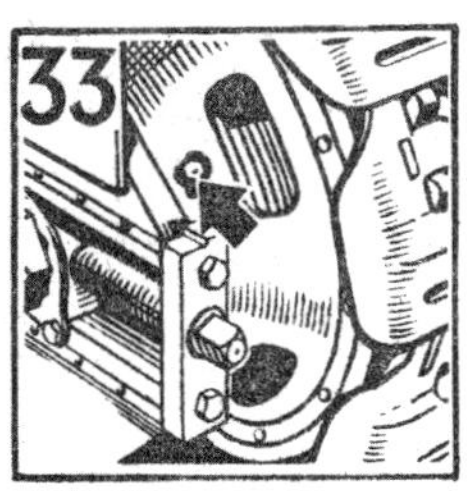

IDLER WHEEL

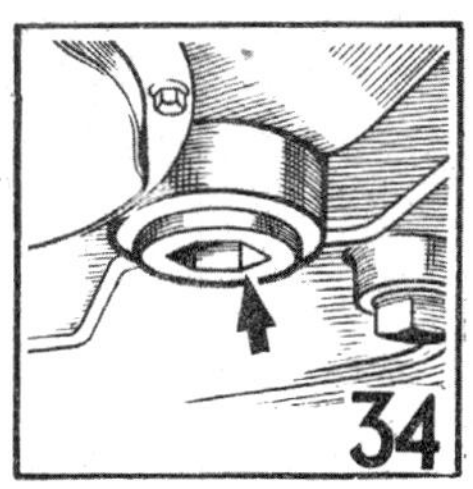

GEARBOX DRAIN PLUG

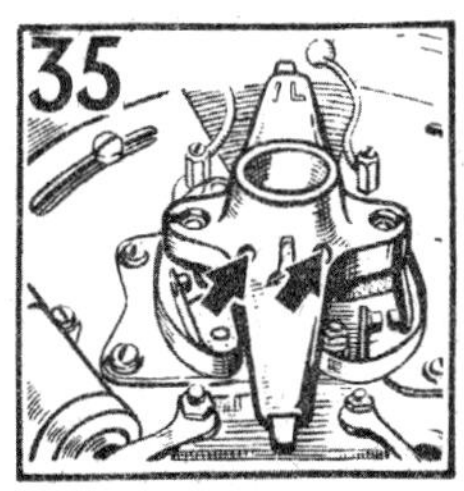

DISTRIBUTOR AUTOMATIC MECHANISM

ÖL- UND SCHMIERPLAN (Die angegebenen Nummern beziehen sich auf Seite 135)

TÄGLICH

- **Luftverdichter** (Kompressor)
  Ölstand im Kurbelgehäuse prüfen; Öl nachfüllen bis zur Einfüllöffnung (Nr. 3)
- **Zusatzgenerator**
  Nach Gebrauch Ölstand überprüfen. Nachfüllen bis zum Gewinde der Einfüllöffnung (Nr. 6 und 32).
- **Fahrersichtluke und Seitenluken**
  Scharnier und Riegel der Fahrersichtluke mit Motoröl, Ecken von Fahrersichtluke und Seitenluken mit Getriebeöl ölen (Nr. 4, 5 und 20).
- **Luken**
  Scharniere und Arretierung mit Motoröl ölen.
- **Laufrollen**
  Nach einer Fahrstrecke von 75 Meilen (120 km) nach der letzten Wartung Achsen mit Getriebeöl ölen (Nr. 2). Bei unseren wenig bewegten Churchill hat sich Schmierfett als unkomplizierter und langlebiger erwiesen, zumal Öl ständig tropft.

WÖCHENTLICH

- **Motor**
  Kugelgelenke und Gestänge der Drosselklappensteuerung (Gashebel) mit Motoröl ölen (Nr. 7).
- **Kupplung**
  Kupplungsausrücklager (drei Schmiernippel) mit Getriebeöl ölen (Nr. 9).
  Gelenke mit Motoröl ölen.
- **Schaltgestänge Wechselgetriebe**
  Gelenke des Übertragungsgestänges am Gangschalthebel und im Getriebeabteil mit Motoröl ölen (Nr. 13).
- Wannen-Winkelspiegel und Wiege Besa-MG
  Winkelspiegel über die beiden Nippel mit Getriebeöl ölen.
  Klemme und Scharnierbolzen mit Motoröl ölen.
  Wiege des Bug-MG über den Nippel mit Getriebeöl ölen.
- **Sitze**
  Alle Scharniere, Rasten und Schienen mit Getriebeöl ölen.
- **Hydraulikanlage**
  Hydraulikölstand über die Ölstands-Kontrollschraube am Einfüllrohr prüfen. Die Schraube befindet sich ungefähr auf halbem Weg zwischen dem Einfüllstutzen an der Fahrerluke und dem Ölbehälter bei den Pedalen (vgl. S. 83).
- **Rohrwiege, Richtanlage und Abfeuerung**
  Der Schmierplan ändert sich je nach Bewaffnung. Grundsätzlich sollten bewegliche Teile mit Motoröl behandelt werden, die Welle des Höhentriebs (zwei Nippel) und das Federgehäuse (ein Nippel) mit Getriebeöl.
- **Rohrzurrung**
  Beide Enden der Rohrzurrung mit Motoröl einstreichen.
- **Innenring Turmdrehkranz**
  Den Innenring über die sechs Nippel (bei jüngeren Churchill) unter langsamem Schwenken des Turms solang mit Getriebeöl versehen, bis ringsum Öl austritt.
- **Turmverriegelung**
  Verriegelungsbolzen mit Getriebeöl ölen.
- **Turm-Winkelspiegel Turm**
  Siehe Wannen-Winkelspiegel.
- **Turmschwenkwerk**
  Ölstand des Getriebes prüfen und ggf. mit Motoröl nachfüllen (Nr. 8). Über die Stutzen am Gehäuse Getriebeöl einfüllen. Für Kurbel, Gelenke, Wellen und sichtbare Teile Motoröl verwenden.
- **Klappen/Deckel für Motor- und Getriebeabteil**
  Scharniere und Rasten mit Motoröl einölen.
- **Getriebe**

Getriebeölstand prüfen und ggf. nachfüllen. Der Ölmessstab befindet sich an der Schräge unterhalb des Einfüllstützens (Nr. 14). Zum Messen ganz einschrauben und ggf. über die beiden Einfüllstopfen Getriebeöl nachfüllen. Die beiden Belüftungsdüsen auf Verstopfung überprüfen.

MONATLICH

- **Leiträder**
  An jedem Leitrad befindet sich ein Schmiernippel. Solange Getriebeöl nachfüllen, bis beidseitig der Nabe Öl austritt (Nr. 33).
- **Lenkung**
  Über die Nippel am Servozylinder Getriebeöl nachfüllen (Nr. 25 und 26) und die Ölbehälter mit Motoröl füllen.
- **Hilfsmotor**
  Öl aus der Wanne ablassen und mit Motoröl nachfüllen.
- **Handbremse**
  Gelenkbolzen und Sperrklinke mit Motoröl ölen (Nr. 27).

ALLE 500 MEILEN (800 KM)

- **Verteiler**
  Die Mechanik über die Einfüllöffnungen an jedem Finger mit Motoröl versehen und die Verteilerfinger anschließend trocken wischen (Nr. 35).

MONATLICH ODER NACH 500 MEILEN (FALLS VORHER ERREICHT)

- **Antriebsräder**
  Abschmieren der beiden Antriebsräder über den Einfüllstopfen (an den man von hinten über eine Klappe in der

Wanne herankommt, die eine Rundöffnung abdeckt. Klappe öffnen und Antriebsrad drehen, bis Wannenloch und Füllstopfen übereinstimmen. Der Ölstand sollte bis ans untere Ende des Stopfens reichen (Nr. 18). Getriebeöl verwenden.

- **Drehzahlregler**
  Zwei Füllschrauben zum Schmieren der Lager sitzen außen am Gestänge. Sie öffnen nach einer Drehung um 360°. Bei Bedarf Fett nachfüllen (Nr. 23).
- **Tachogenerator**
  Mit einer Drehung lässt sich die Füllschraube abnehmen. Bei Bedarf Fett nachfüllen (Nr. 24).
- **Anlasser**
  Füllschraube entfernen und Motoröl nachfüllen (Nr. 31).

ALLE 2000 MEILEN (3200 KM)

- **Getriebe**
  Altöl aus Wanne ablassen und bis zur Markierung am Mess-Stab mit Getriebeöl nachfüllen. Zum Ablassen zuerst die Ablass-Schraube am tiefsten Punkt der Ölwanne entfernen (Nr. 34). Das Öl läuft über die interne Filtergaze aus, die Schmutzpartikel auffängt. Lässt der Ölfluss nach, können die beiden anderen Ablass-Schrauben am Wannenboden geöffnet werden, um das Altöl restlos abzulassen. Diese Schrauben sind magnetisch und ziehen kleinste Metallteile (Abrieb) an. Sie sollten deshalb vor dem Wiedereinsetzen gründlich gereinigt werden. Öffnen beider Einfüllstutzen beschleunigt das Einfüllen des Getriebeöls, da die Luft schneller aus dem Gehäuse entweicht. Das Öl braucht seine Zeit zum Verteilen, weshalb man den Füllstand erst nach ein paar Minuten prüfen sollte. Den Mess-Stab wieder fest einschrauben.

A.d.Ü.: Schmiernippel dienen in der Regel zum Ansetzen einer mit Schmierfett gefüllten Fettspritze. Dennoch ist hier im Zusammenhang mit Nippeln ausdrücklich von Ölschmierung die Rede, was verwunderlich scheinen mag.

Selbst in Hallen untergestellte Panzer ziehen außen und innen Feuchtigkeit an. Damit sich im Panzer keine Feuchtigkeit bildet, sollte man alle Luken offen lassen. Bei hoher Luftfeuchtigkeit kann ein bei den Fahrzeugen abgestellter Luftentfeuchter gute Dienste leisten.

Reinigen der Regenwasser-Auslässe

Alle Dachluken des Churchill verfügen über einen rundumlaufende Rinne zum Ablauf von Regenwasser, das über kleine Öffnungen austritt. Die Luken von Fahrer, Bug-MG-Schütze und Kommandant haben vier solcher Auslässe, die Ladeschützenluke nur einen mit Gummiröhrchen an der rechten Seite. Zum Reinigen Lukendeckel öffnen und festlegen; dann die Öffnungen mit einem Stück Draht von Verstopfungen reinigen.

Sitz der Regenauslässe. Oben Kommandanten- und Ladeschützen-/Funkerluke, unten Luken von Fahrer und Bug-MG-Schütze. (Sammlung des Autors)

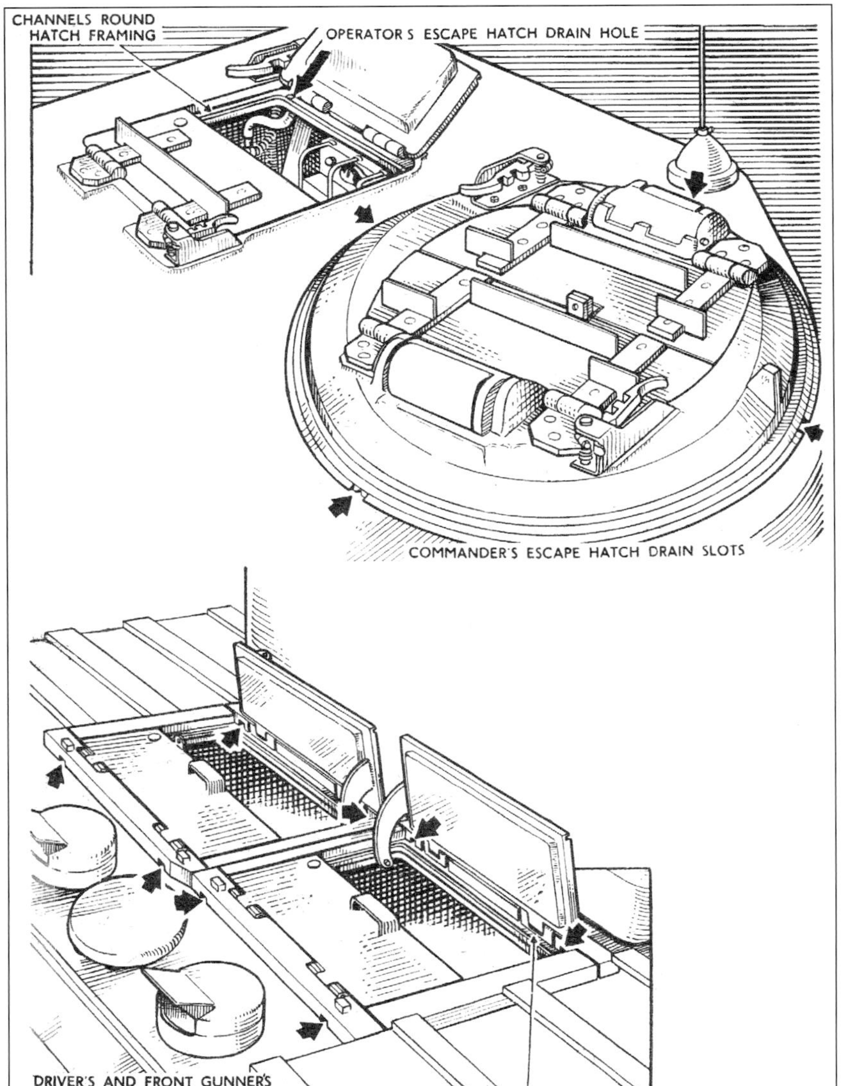

Dichtigkeitsprüfungen

Alle beweglichen Bedienelemente auf Dichtigkeit überprüfen. Sehr wichtig ist die regelmäßige Überprüfung der Kraftstoff- und Ölleitungen und ihrer Anschlüsse auf Dichtigkeit. Dafür sollte man sich Zeit nehmen, für gute Beleuchtung sorgen und methodisch vorgehen. Diese Tätigkeiten bieten sich vor einer Reinigung an, denn dabei werden Ölflecke und andere verdächtige Zeichen, die auf Leckagen hindeuten, beseitigt. Undichte Anschlüsse könnten sich schlicht gelockert haben, deshalb zuerst einmal den betreffenden Anschluss festziehen. Tritt immer noch Flüssigkeit aus, bleibt meist nichts anderes übrig, als die Leitung trockenzulegen, den Anschluss abzunehmen, mit neuen Dichtungen zu versehen oder ganz auszutauschen. Oft liegt es an beschädigten Gewinden.

- **Kraftstoffleitungen**
  Ursprünglich waren alle Kraftstoffleitungen ab Werk von verpressten Metallgewebeschläuchen umgeben. Es gibt drei Hauptverbindungsleitungen, an die man erst nach Ausbau der Lufteinlässe an den Wannenseiten herankommt (die man – zumindest in Großbritannien – beim Straßentransport des Panzers auf einem Anhänger wegen Überbreite sowieso entfernen muss; man sollte diese Gelegenheit gleich für den Leitungs-„Check“ nutzen).
  Die Leitungen der Krafstoff-Einfüllstutzen im Getriebeabteil überprüfen.
  Überprüfen des Dreiwege-Ventils am Tankwahlschalter und der Leitungen zum Kraftstoffverteiler und weiter zur Kraftstoffpumpe über die Inspektionsklappen am Boden des Motorabteils. Vom Verteiler führt eine weitere Leitung zum an der Schottwand des Motorraums befestigten Kraftstoff-Abzweig. Von dort gehen vier Leitungen zu den Vergasern.
  Überprüfen der Leitung vom Kraftstoffverteiler zum Sauganschluss der „Ki-gass“-Kraftstoffpumpe und der beiden Leitungen von der Kraftstoffpumpe zum Einlasskrümmer.
- **Ölversorung**
  Leitungen überprüfen.
- **Kühlwasser**
  Leitungen überprüfen.
- **Be- und Entlüftung, Druckluft**
  Leitungen überprüfen.
- **Hydraulik**
  Die Verbindungsleitungen von den Bedienelementen im Fahrerraum zum Getriebe lagen ursprünglich gebündelt in Schutzschläuchen. In unseren Panzern haben wir sie durch Einzelleitungen ersetzt, die sich leichter überprüfen lassen. Es handelt sich um insgesamt fünf Leitungen zu Gashebel, Parkbremse, Kupplung, Lenkung links, Lenkung rechts sowie um die Druckluftleitung. Deren Enden und Anschlüsse überprüfen.
- **Getriebe**
  Leitungen auf Undichtigkeit an den Anschlüssen sowie an der Ein- wie Ausgangswelle überprüfen. Ebenso Bremstrommeln und Hydraulikleitungen zu Bremszylindern und Lenkbremsen.
- **Antriebsräder**
  Auf Lecks an Nabe und Muffen überprüfen.
- **Leiträder**
  Nabenblech ringsum auf Austrittsstellen untersuchen. Es ist jedoch normal, dass an geschmierten Achsen etwas Öl austritt.

Prüfen und Einstellen der Kupplung

Als einfache Methode zur Überprüfung des Spiels am Kupplungspedal lässt man den Motor laufen, bis die Druckluftleitungen gefüllt sind. Dann Kupplungspedal zügig treten und dabei die Druckluftanzeige beobachten. Wenn die Kupplung auskuppelt, schlägt der Zeiger aus. Das „freie Spiel“ der Kupplung ist der Weg vom Ansprechen der Kupplung bis zum Zeigerausschlag. Die Kupplung nicht zu weit durchtreten. Das freie Spiel sollte zwischen 1 und 2 inch (2,5 und 5 cm) betragen. Eine Vergrößerung des Spiels lässt sich über eine Verkürzung der Schubstange des Hydraulikzylinders (unter dem Druckluftzylinder) im Getriebeabteil erreichen. Die Feststellmutter lockern und dann die Verstellmutter im Uhrzeigersinn drehen. Das richtige Spiel – in diesem Fall der Abstand zwischen dem oberen Gelenk der Kupplungsgabel und dem Arm des Kupplungsausrücklagers – sollte hier höchstens 1/8 inch (3,17 cm) und wenigstens 1/16 inch (1,58 cm) betragen (vgl. Abb. S. 139 o. r.).

Einstellen der Kettenspannung

Die Ketten laufen vorn über die Leiträder und dort sitzen auch die beiden Kettenspanner. Die Achsen der Leiträder sitzen in beweglichen Gleitstücken in Schlitten. In den Gleitstücken befindet sich eine Nut, durch die eine Verstellspin-

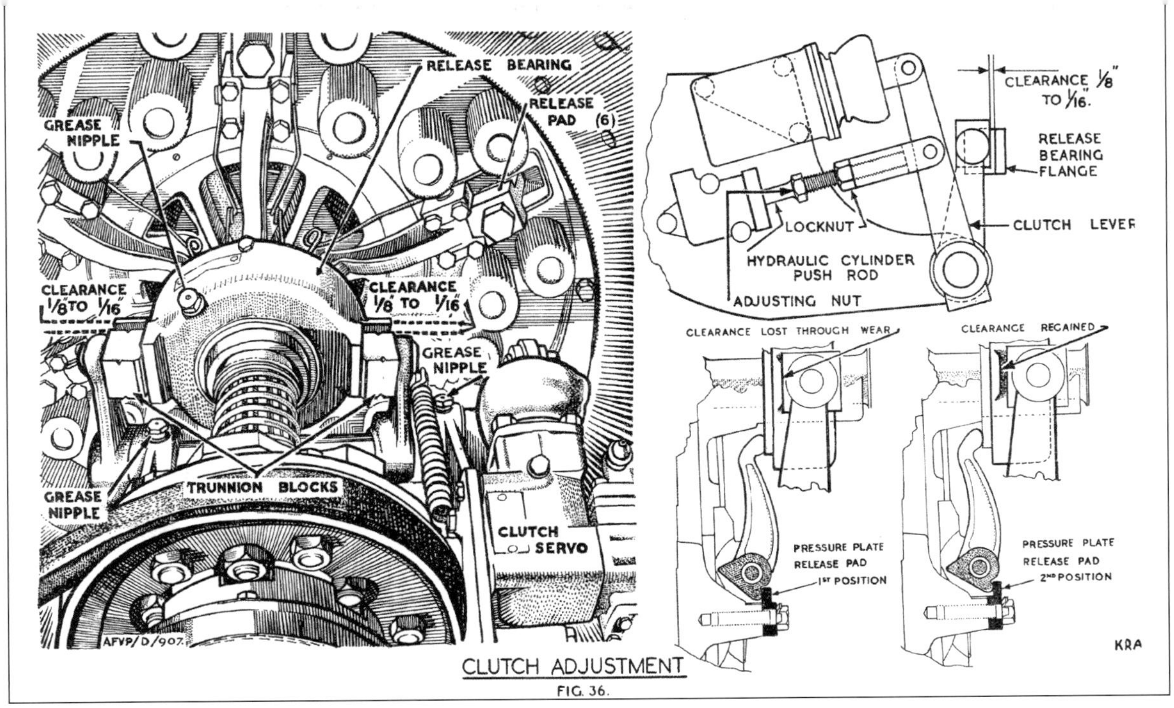

Einstellen der Kupplung. (Sammlung des Autors)

del läuft. Zwischen Schienenende und Gleitstück sind Zwischenblöcke oder -scheiben angeordnet, die den Druck der schiebenden oder ziehenden Kette aufnehmen. Auf diese Blöcke, die ein fest verschraubter Anschlag begrenzt, wirkt die Verstellspindel. Je eine große Überwurfmutter mit fest verbundener Unterlegscheibe („Verriegelungsplatte") an den Achsenden des Leitrads stellen die Kettenspann-Vorrichtung fest (vgl. Abb. S. 145). Zwei Sicherungsschrauben je „Verriegelungsplatte" verhindern das Lockern der Muttern. Zur Bedienung der Kettenspann-Vorrichtungen müssen zuerst die vorderen Kettenschürzen hochgeklappt werden (sofern vorhanden). Dann löst man die Sicherungsschrauben der „Verriegelungsplatte" und anschließend die Überwurfmutter, zieht die Verstellspindel fest (auf beiden Seiten gleichmäßig) und entfernt die Sicherungsschrauben des Anschlags. Jetzt lassen sich die Zwischenscheiben oder –blöcke herausnehmen. Weiteres Anziehen der Verstellspindel (bitte an beiden Ketten gleichmäßig) bewegt die Leitradachse nach vorn und spannt so die Kette. Die richtige Kettenspannung ist erreicht, wenn sich die vorderste Laufrolle gerade noch so von Hand bewegen lässt. Dann packt man die erforderliche Zahl an Zwischenscheiben wieder an Ort und Stelle (d. h. so viele, wie hineinpassen), schraubt den Anschlag fest und lockert die Verstellspindel, um das Gewinde zu entlasten. Zuletzt werden die Überwurfmuttern wieder festgezogen und mit den Schrauben der „Verriegelungsplatten" gesichert. Jetzt kann man die Kettenschürzen wieder herunterklappen.

Reinigen von Kraftstoff- und Luftfiltern

- **Luftfilter**

  An der Rückseite des Kampfraums sitzen zwei Luftfilter, welche die Luft für die beiden Motorblöcke reinigen. Der linke Luftfilter reinigt zusätzlich die Luft für den Kompressor.
  Die ersten Churchill erhielten noch Einstufen-Luftfilter, die bald von zweistufigen abgelöst wurden. Bei unseren renovierten Churchill haben wir die alten gegen moderne Luftfilter aus-

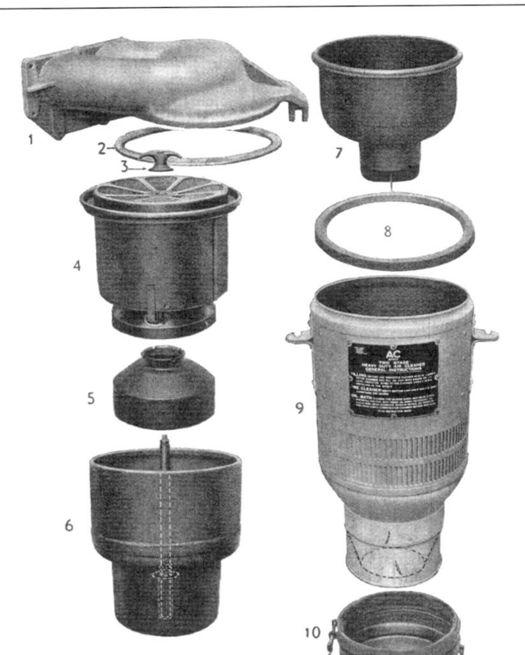

Fig. 82. Exploded view of AC two-stage air cleaner.

(1) Top casting. (2) Gasket. (3) Wing nut. (4) Filter elements. (5) Compensator chamber. (6) Oil pan. (7) Central vane assembly. (8) Sealing ring. (9) Air cleaner casing. (10) Bottom dust container.

Zerlegter AC-Zweistufen-Luftfilter. (Sammlung des Autors) getauscht. Nachfolgende Anleitung bezieht sich auf die Original-Luftfilter, wobei freilich auch die modernen gewartet werden müssen. Zuerst einmal die untere Flügelmutter lösen, die den Segeltuchbeutel (Staubbeutel) hält. Der Behälter lässt sich dann abnehmen, sofern der Turm in der richtigen Position ist. Ansonsten wird dieser geschwenkt, bis eine Ausnehmung der Turmbühne den Filter freigibt, denn so lässt er sich ohne Kippen entfernen. Zur Reinigung des Ölbad-Einsatzes und der Filter wird der Turm geschwenkt, bis der Kommandantensitz in Richtung zum Heck (beim rechten Filter) bzw. zur linken Wannenseite (beim linken Filter) zeigt (Blickrichtung also ungefähr 12 bzw. 9 Uhr). So lassen sich Filter unter minimalem Kippen ausbauen. Den Staubbeutel wie oben beschrieben entfernen und leeren. Die seitlichen Flügelmuttern lösen und den Filter soweit ablassen, bis er mit der Unterseite des Gehäuses abschneidet. Den Filter dann möglichst waagrecht und ohne zu kippen zu sich ziehen, damit kein Öl verschüttet wird. Die Ölbad-Kammer herausnehmen und immer schön senkrecht halten. Dann die mittlere Flügelschraube lösen und den Einsatz aus Stahlwolle herausnehmen und reinigen (die Stahlwolle wurde ursprünglich in einem Benzinbad gereinigt und anschließend in Motoröl getaucht). Es folgt die Zerlegung und Reinigung der restlichen Filtereinsätze. Dichtungsringe und –scheiben vor dem Wiederzusammensetzen auf Beschädigung und Verunreinigung überprüfen.

- **Kraftstoff-Filter**
  Es handelt sich zunächst um zwei feine Netzfilter in den Kraftstoff-Einfüllstutzen im Getriebeabteil, die sorgfältig gereinigt werden müssen. Weiters sitzt im Kraftstoffverteiler ein Filter für die Kraftstoffpumpe am Boden des Motorabteils. Um an diesen heranzukommen, muss zuerst die rechte Zugangsklappe geöffnet werden. Nachfolgend die Original-Reinigungsanleitung, die heute als zu gefährlich gilt: „Kraftstoffhahn auf »Off« (Aus) stellen. Entfernen Sie die Ablass-Schraube am Kraftstoffverteiler und entleeren Sie das Gehäuse unter Zuhilfenahme einer weiteren Person, die den Hahn auf »RH« oder »LH« stellt.“
  In den beiden Metallglocken unter der Kraftstoffpumpe sitzt je ein weiterer Feinsieb-Filter. Kraftstoffhahn auf „Off“ (Aus) stellen. Dann die große rechteckige Platte der Zugangsöffnung am Boden des Motorabteils entfernen. Haltebügel der Glocken lösen, Glocken entfernen – aber nicht die Filter. Glocken ausspülen und wieder ansetzen, dabei auf Dichtigkeit achten. Die Schrauben an den Haltebügeln nur mit den Fingern anziehen, um Beschädigungen der Dichtungen zu vermeiden.

Schrauben der Laufrollen

In regelmäßigen Abständen die Schrauben am Abdeckblech der Laufrollen überprüfen.

Einstellen der Antriebsriemen

Keilriemen treiben die Lichtmaschine, die Wasserpumpen, den Motor des Turmschwenkwerks und den Tacho-Antrieb an. Das Einstellen des Keilriemens für die Lichtmaschine (sitzt oben auf dem Motor) erfolgt an der linken Seite der Lichtmaschine. Zur Straffung des Riemens die obere Schraube lösen und den Riemen mit der unteren spannen. Die beiden Wasserpumpen an der Vorderseite des Motors verfügen über eigene Antriebsriemen. An diese kommt man über die verschraubten dreieckigen Zugangsöffnungen in der Schottwand des Kampfraums heran. Jeder Riemen verfügt über eine verstellbare Spannrolle. Zum Straffen des Riemens die Klemmschraube unter der Spannrolle lösen, die Rändelmutter über der Halterung lösen, und dann die untere Schraube anziehen, damit die Spannrolle nach

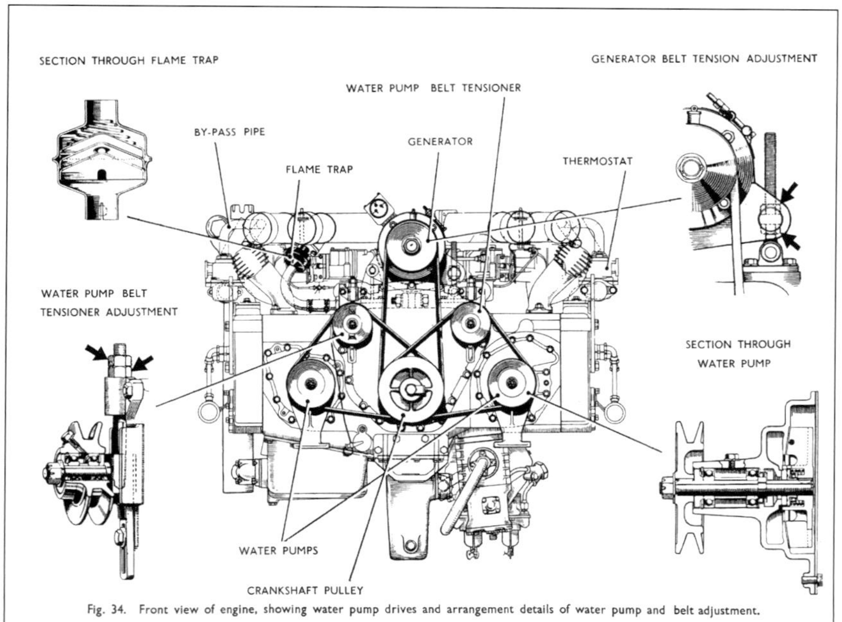

Fig. 34. Front view of engine, showing water pump drives and arrangement details of water pump and belt adjustment.

Anordnung der Keilriemen an der Vorderseite des Motors. An sie kommt man über die dreieckigen Wartungsöffnungen in der Schottwand des Kampfraums heran. (Sammlung des Autors)

oben rückt. Die richtige Spannung ist erreicht, wenn sich der Riemen in der Mitte etwa 0,75 inch (1,9 cm) in Richtung Spannrolle drücken lässt. Schrauben der Spannrolle wieder anziehen.
Der Dynamo des Turmschwenkwerks befindet sich am Boden des Getriebeabteils und wird von einem Riemen über die Kupplungswelle via Umlenkrolle angetrieben. Dieser lässt sich über eine Gewindestange einstellen, deren oberes Ende mit Sechskant sich in Höhe der Getriebeabteil-Klappe befindet. Durch Drehen des Sechskants im Uhrzeigersinn spannt sich der Riemen. Die richtige Spannung ist erreicht, wenn sich der obere Riemenlauf etwa 0,5 iuch (1,3 cm) eindrücken lässt.
Der Tacho im Instrumentenbrett wird mechanisch von einem Mantelriemen angetrieben, den wiederum eine Rolle an der Welle des linken Antriebsrades bewegt. Der Zugang erfolgt über die linke Getriebeklappe. Der Riemen wird mittels Drehen der Bowdenzug-Aufhängung über deren Befestigungsschrauben gespannt. Die richtige Spannung ist erreicht, wenn sich der oben liegende Riementeil etwa 0,75 inch (1,9 cm) eindrücken lässt.

Inspektion der Batterien
Die Batterien befinden sich im Batteriefach an der rechten Seite des Kampfraums. Wahrscheinlich handelt es sich eher um moderne 12-Volt-Batterien in Parallelschaltung. Bei der Wartung folge man den Anweisungen des Herstellers. Grundsätzlich achte man darauf, dass die Batterieklemmen keinen Rost ansetzen und gut anliegen.

Pflege der Feuerlöscher
Auch hier kommt es auf den Hersteller an, nach dessen Vorgaben man sich zu richten hat.

Kettenführungsschienen
Die Kettenführungsschienen oberhalb der Seitenluken geben – wie der Name schon sagt – nicht nur den Ketten Führung, sondern setzen auch den Verschleiß herab. Zur Wartung der Schienen die vorderen und hinteren Kettenschürzen (sofern vorhanden) hochklappen und ggf. die Kette mit dem Kettenspanner lockern. Die Enden der Schienen sind meist am stärksten abgenutzt. Zur Inspektion der Schienenenden die Kette mit einem Stemmeisen anheben und die Dicke der Schienen überprüfen. Ist der Schienenboden nicht stärker als etwa 0,125 inch (0,32 cm), müssen die Schienen ersetzt werden.

Turmschwenkwerk
Es ist sicherzustellen, dass das Gehäuse des Schwenkwerks (vgl. Abb. S. 97 o.) fest sitzt und die Zähne sauber in den Zahnkranz greifen. Die elektrischen Teile sollten inspiziert werden ebenso wie die Funktion des Höhenrichtbegrenzers und der Schalter für die Herabsetzung der Schwenkgeschwindigkeit. Diese sorgen dafür, dass die abgesenkte Kanone beim Schwenken des Turms nicht ins eigene Laufwerk oder die Wanne schoss.

Einstellen der Lenkbremsen
Eine wichtige Sache, da es sonst Schwierigkeiten beim Schalten gibt: die Kupplung verfügt über eine Art Kupplungsbremse, die mit den Lenkbremsen in Verbindung steht. Beginn die Kupplung zu verschleißen, wird auch die Kupplungsbremse nachlässig und funktioniert schließlich nicht mehr. Die Lebensdauer der Kupplungsbremse wurde auf die Hälfte der Lenkbremsen ausgelegt. Schwierigkeiten beim Schalten machen sich so rechtzeitig bemerkbar, lang bevor eine Neueinstellung der Lenkbremsen notwendig wird. Die Lenkstange hat geringes Spiel nach allen Seiten, was aus Gründen der Sicherheit und Funktion erhalten bleiben muss. Für Wartung und Inspektion Motor abstellen und Batteriehauptschalter auf „Off“ (Aus). Dann die Schrauben der beiden Wartungsöffnungen an den Bremstrommelgehäusen entfernen. Trommeln drehen, bis die Wartungsöffnungen in einer Höhe mit den Inbus-Einstellschrauben der Bremsbacken stehen (vgl. Abb. S. 108 o.). Mit Unterstützung eines Assistenten auf dem Fahrersitz, der die Kupplung drückt, lassen sich die Trommeln von Hand drehen. Die Einstellschrauben solang in Richtung des Pfeils auf der Trommel drehen, bis sie fest an der Trommel anliegen. Anschließend sollte der Assistent die Lenkstange mindestens drei Mal hin- und her bewegen. Dies stellt sicher, dass die Bremsbacken mittig sitzen. Die Inbusschrauben wieder fest anziehen und dann um vier oder fünf „Klicks“ lockern. Wartungsöffnungen wieder schließen; Dichtungen nicht vergessen.

Einstellen der Fahrbremsen
Die Notwendigkeit einer Neujustierung lässt sich am Spiel des Bremspedals erkennen und sollte

vorgenommen werden, bevor dieses zu groß wird. Bei ausgeschaltetem Motor die beiden Wartungsöffnungen an jeder Trommel öffnen. Dann Motor an. Ein Assistent sollte den Panzer im 1. Gang oder Rückwärtsgang bewegen, bis Öffnungen und Einstellschrauben auf einer Höhe sind. Dieser Vorgang birgt Gefahren und sollte nur von erfahrenem Personal durchgeführt werden, das alle Risiken kennt. Die Verständigung mit dem Assistenten auf dem Fahrersitz muss jederzeit sichergestellt sein. Motor aus und Batteriehauptschalter auf „Off“ (Aus).
Die Inbusschrauben zur Einstellung der Bremsbacken in Richtung der Pfeile auf den Trommeln drehen, bis die Backen fest an den Trommeln sitzen. Die Person auf dem Fahrersitz tritt jetzt mindestens drei Mal fest auf das Bremspedal um sicherzustellen, dass die Backen mittig sitzen. Die Inbusschrauben wieder fest anziehen und dann um sechs „Klicks“ lockern. Wartungsöffnungen wieder schließen; Dichtungen nicht vergessen.

Ölwechsel und Wechsel der Ölfilter

Der Motor hat zwei Ölwannen. Bodenschraube der großen Wanne öffnen und Öl ablassen (natürlich umweltfreundlich in ein Gefäß) und auf nachlaufendes Öl achten. Dann die mittlere Ablass-Schraube entfernen, wobei nicht mehr viel

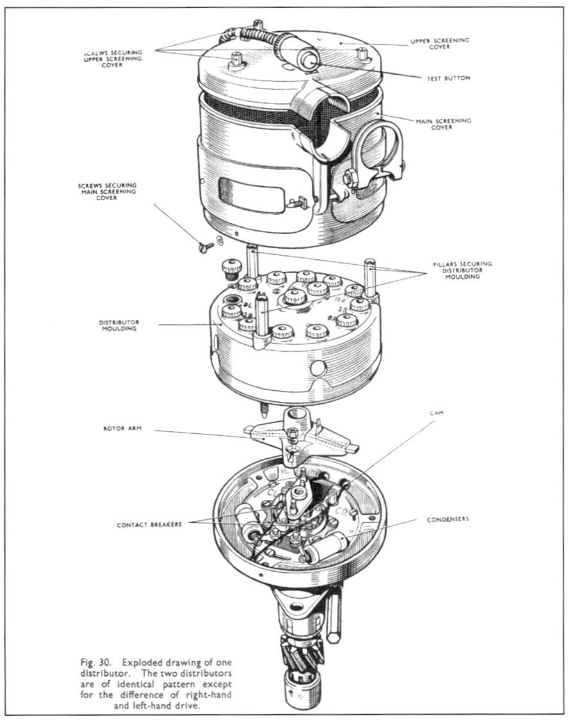

Fig. 30. Exploded drawing of one distributor. The two distributors are of identical pattern except for the difference of right-hand and left-hand drive.

Hauptbauteile des Zündverteilers. (Sammlung des Autors)

Öl austreten sollte. Der Motor benötigt etwa 7 Gallonen (knapp 32 Liter) Motoröl, bis der nötige Füllstand erreicht ist. Den Motor einige Minuten laufen lassen und den Ölstand nochmals prüfen.

- **Reinigen des Schwimmerentlüfter-Filters**
  Der Schwimmerentlüfter ist als zylindrischer Tank rechts hinten auf dem Motor angeordnet. Das Gehäuse ist abnehmbar. Den Schichtenfilter mit Drahtsieb oder Lochblech herausnehmen und reinigen; dann wieder einsetzen und Gehäuse schließen.
- **Ölfilter-Wechsel**
  An der vorderen Trennwand des Getriebeabteils befindet sich links und rechts je ein Ölfilter mit drei Filtereinsätzen. Die Klappe zum Getriebeabteil entfernen und das Öl aus den Filtern ablassen. Ölleitungen abschrauben und Gehäuse entfernen. Gehäusedeckel abnehmen und Filtereinsätze herausnehmen. Dann den Filterauslass herausnehmen und das Gehäuseinnere gründlich reinigen. Gängigkeit des Umgehungsventils überprüfen (es sitzt oben auf einer der drei Halterstangen). Es sollte leicht in seine Ausgangsstellung zurückkehren und dort fest schließen. Danach das Gehäuse zur Hälfte mit (nicht verunreinigtem) Motoröl füllen und sicherstellen, dass die Durchgänge frei sind. Neue Filter einsetzen und das Ganze wieder zusammenbauen. Motor laufen lassen und Ölstand nochmals überprüfen (da sich der Ölstand aufgrund des laufenden Motors gesetzt haben dürfte).

Einstellung der Unterbrecherkontakte

Große Sorgfalt sollte man beim Umgang mit den zerbrechlichen Zündverteilerkappen und –fingern walten lassen. Halteklammer des Verteilergehäuses lösen, in dem sich die Hochspannungskabel befinden. Die drei Halteschräubchen entnehmen und Gehäuse abziehen (siehe Abb. links). Dann die Halteklammern zur Fixierung der Niederspannungsleitungen am Verteilerdeckel lösen und beiseite drücken, um freien Zugang zu haben. Verteilerdeckel samt Leitungen abnehmen. Dann den Motor von Hand in Drehung versetzen (was am besten vorsichtig mit einer am Starterdrehkranz angesetzten Stange bei ausgekuppeltem Getriebe und abgestellter Zündung geschieht), so dass der Verteilerfinger den Blick bzw. Zugriff auf Zwischenräume und Verstellschrauben freigibt. Die Unterbrecherkontakte müssen dabei ganz geöffnet sein. Dann die Unterbrecber-Verstellschrauben lösen und die Einstellung 0,010–0,102 inch (ca. 0,25–2,59 mm) vornehmen. Leitungen und Anschlüsse auf Sauberkeit überprüfen und alles wieder zusammensetzen.

Reinigen der Vergaser

Die vier Vergaser haben alle dieselben Einstellvorrichtungen für Düsen und Drosseln. Allerdings hängt die Einstellung von der Platzierung ab. Man entferne zuerst die Leitungen der Lufteinlässe und die Gummischläuche. Die Standgas-Regulierungsschrauben und die Beschleunigerpumpen befinden sich an der Seite der Vergaser und zeigen zur Motormitte. Man sollte sie zum Reinigen und zur Beseitigung von Verstopfungen abnehmen und mit Druckluft ausblasen. Die Schwimmerkammer ausspülen. Dies kann (sehr sorgfältig) mittels der Handansaugpumpe unter Entnahme von Kraftstoff geschehen. Dann zieht man die „Banjo"-Schlauchverbindungen zu den Schwimmerkammern ab, nimmt die Netzfilter heraus und reinigt sie. Beim Zusammensetzen die Fiberdichtungsscheiben der Schlauchverbindungen auf Beschädigungen überprüfen und notfalls ersetzen.

Reinigen der Lüftergitter

Blätter, Schmutz und Kleinteile finden wie von selbst den Weg durch die Lufteinlässe zu den Luftfiltern. Dort setzen sie sich in den Lüftergittern fest und schränken die Luftzufuhr für den Motor und damit die Kühlleistung ein. Zuerst werden die beiden Lufteinlasshutzen an den Wannenseiten entfernt (siehe S. 144). Dann alle zum Vorschein kommenden Schmutzteile von Hand oder mit dem Staubsauger entfernen. Dann eine der Einlassöffnungen mit einem geeigneten Brett abdecken (in das man Löcher bohrt, damit es sich in den Bohrungen für die Hutzen festschrauben lässt). Alle Klappen und Luken schließen und den Motor bei etwa 1500 U/min laufen lassen. Dann das Lüfterschutzgitter der gegenüberliegenden Seite mit einer Bürste reinigen. Da ein Lufteinlass ja abgedeckt ist, entsteht ein stärkerer Sog, der kleinere Teile normalerweise aus dem Gitter zieht. Anschließend werden die Seiten gewechselt.
Sind die Lüftergitter beispielsweise durch Schlamm stark zugesetzt, spritzt man sie vorsichtig mit einem Schlauch ab. Den Wasserhahn nicht zu stark aufdrehen, denn bei zuviel Wasser kann es Probleme mit den Zündleitungen geben. Bei oder nach der Nassreinigung empfiehlt es sich, das Kraftstoff-Ablassventil und die beiden Ablassöffnungen im Wannenboden zu öffnen. Nach Wiedereinsetzen der beiden Luftansaughutzen den Motor bei etwa 1500 U/min laufen lassen, um verbliebene Feuchtigkeit zu entfernen.

Ausbau und Reinigen der Zündkerzen

Eine knifflige Angelegenheit, bei der man in den engen Schächten zwischen Motor- und Wannenseiten hantieren muss, was nur bei kaltem Motor möglich ist. Zum Ausbau der Zündkerzen werden zuerst die einzeln durchnummerierten Zündkerzenstecker (mit Funkentstörungsmantel) abgeschraubt. Um die Gewinde nicht zu beschädigen, sollte man an den Zündkerzen mit einem ½-inch-Whitworth-Gabelschlüssel („Engländer") gegenhalten. Dann die Zündkerzen mit geeignetem Zündkerzenschlüssel herausschrauben und mit der Hand entnehmen. Die Zündkerzen werden zerlegt, indem man sie am Sechskant fixiert und das röhrenförmige Kopfteil mit einem 3/8-inch-Whitworth-Schlüssel abschraubt. Verkohlungsrückstände im Zündkerzenkörper und an der Elektrode entfernen; dabei aber nicht das Porzellan beschädigen. Beim Zusammensetzen auf den genauen, gasdichten Sitz der Kupferdichtung zwischen den beiden Zündkerzenteilen achten. Der Elektrodenabstand sollte bei 0,020 inch (0,5 mm) liegen. Vor dem Wiedereinschrauben der Zündkerzen darauf achten, dass jede nur eine Dichtscheibe hat. Nach unseren Erfahrungen bei der Instandsetzung von Churchill-Motoren entdeckten wir an manchen Kerzen zwei Kupferdichtungen. Mit hoher Wahrscheinlichkeit dachte die Person, die sie einst einsetzte, die Dichtung verloren zu haben. Dabei „klebte" diese nur am Zylinderkopf und unser guter Mann setzte irrtümlich eine zweite ein.

Entlüften der Hydraulik

Dies fällt nur an, wenn Luft in die Hydraulikleitungen gekommen ist, was sich in „schwammigem" Verhalten der Bedienelemente niederschlägt. Luft gelangt üblicher Weise durch fehlerhafte Wartung oder undichte Anschlüsse in die Leitungen. Beim Einfüllen von Hydrauliköl sollte man auf Luftblasen achten, die mit dem Öl nach innen wandern könnten. Vor dem Entlüften bzw.

Was Tommy beim Reinigen so alles im Lüftergrill fand.
(Tank Museum)

Nachfüllen sollte man deshalb alle Anschlüsse auf Dichtigkeit überprüfen. Zuerst den Deckel am Einfüllstutzens und das Entlüftungsventil oben links auf dem Hydraulikölbehälter öffnen und diesen füllen. Das einlaufende Öl drückt die Luft hinaus. Sobald Öl austritt, das Ventil schließen und den Einfüllstutzen bis an den obersten Rand auffüllen. Nur frisches Hydrauliköl verwenden.
Drosselklappensteuerung: Der Entlüfternippel befindet sich am Drosselklappengehäuse oben auf dem Motor. Bewährt hat sich hier ein Gummischlauch mit entsprechendem Durchmesser. Ein Ende stülpt man über den Nippel und das andere führt man in ein mit Wasser gefülltes Gefäß. Den Entlüfternippel etwa zwei Umdrehungen aufschrauben. Dabei tritt ein Assistent mehrfach scharf auf das Gaspedal, das jedesmal wieder vollständig die Ausgangsstellung einnehmen muss. Diesen Vorgang wiederholt man unter Auffüllen des Hydraulikölbehälters (falls nötig) so lang, bis keine Luft mehr austritt. Jetzt den Nippel wieder festschrauben, den Schlauch aber noch nicht abziehen und das andere Ende noch unter Wasser halten.
Lenkhydraulik: Hydraulikölbehälter füllen (siehe oben). Der obere und untere Bremszylinder sind durch eine Leitung verbunden, weshalb man nur an einem Punkt zu entlüften braucht. Die beiden Entlüfternippel sitzen jeweils oben auf den Bremsenträgern. Man geht wie bei der Drosselklappensteuerung vor (siehe oben), nur dass man nicht das Gaspedal sondern den Lenkhebel bewegt, der nach jeder „Pump"-Bewegung wieder die Ausgangsstellung geführt wird.
Fahrbremsen- und Kupplungshydraulik: Für die Fahrbremsen gibt es je Bremse einen Entlüfternippel, die sich in oben in den hinteren Ecken des Getriebeabteils befinden. Der Entlüfter für die Kupplung ist vorn am Hydraulikzylinder der Kupplung angeordnet. Vorgehen wie gehabt, nur dass man diesmal das Brems- oder das Kupplungspedal betätigt.

Churchill mit entfernter Lufteinlasshutze, die oben auf der Kette abgelegt wurde. So kommt man an die Lüftergitter heran und kann sie reinigen, ebenso an die Messeinheit der Kraftstoffanzeige (der kleine silberne Kasten ganz rechts). Der rote Balken gibt die maximale Wattiefe ohne Tiefwatausrüstung an. (Sammlung des Autors)

Entfernen der Lufteinlasshutzen

Die Hutzen schützen die Lüfter, verbreitern aber den Churchill beträchtlich. Sie müssen für Wartungsarbeiten an Lüftern, Kraftstoffverbindungsleitungen oder Anzeigen entfernt werden oder aber für den Straßentransport. Sofern Letzterer ansteht und die Hutzen sowieso abgenommen werden müssen, können die beschriebenen Wartungsarbeiten bei dieser Gelegenheit gleich ausgeführt werden. Die alten, schweren Hutzen lassen sich nur mit Hilfe eines Krans und etlicher Personen ausbauen. Die Teile sind dazu recht sperrig und es besteht Verletzungsgefahr. Im Zuge einer Restaurierung bietet sich daher an, sie durch neue Hutzen aus dünnem Stahlblech zu ersetzen. Bei den Originalhutzen befestigt man Ketten an den Heißösen, die am Kran aber allenfalls ganz leicht durchhängen dürfen, da sie gleich das gesamte Gewicht aufnehmen müssen. Zuerst entfernt man die unteren Halteschrauben an der Wanne. Erforderlichenfalls kann ein Stemmeisen beim Herauswuchten der Hutzen gute Dienste leisten.

Ersatz von Kettengliedern und -bolzen

Den Panzer so abstellen, dass der Durchhang der Kette vorn am größten ist und sich das auszutauschende Kettenglied bzw. Bolzen zwischen dem Leitrad und dem ersten Laufrad befindet. Beim Austausch von Kettengliedern zuerst die Kettenspannvorrichtung lösen und alle Zwischenplatten (vgl. S. 139 und Abb. rechts oben) entfernen, so dass das Leitrad nach hinten rutschen kann. Zum Entfernen eines Kettenbolzens braucht die Kette nicht so viel Spiel und die Zwischenplatten können an Ort und Stelle bleiben. Jetzt benötigt man ein Kettenspanneisen (ähnlich dem Geißfuß einer Armbrust), dessen Klauen man in den radsseitigen Kettenlöchern ansetzt. Soll ein Kettenglied getauscht werden, muss der Spanner die beiden Kettenbolzen rechts und links überbrücken. Die Kettenbolzen werden von kleinen angeschweißten Stahlplatten (Sicherungsleiste) in Position gehalten, die das Bolzen-

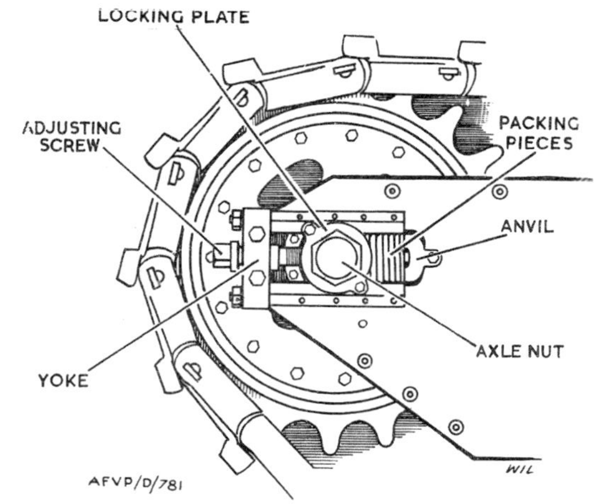

TRACK ADJUSTER
FIG. 51.

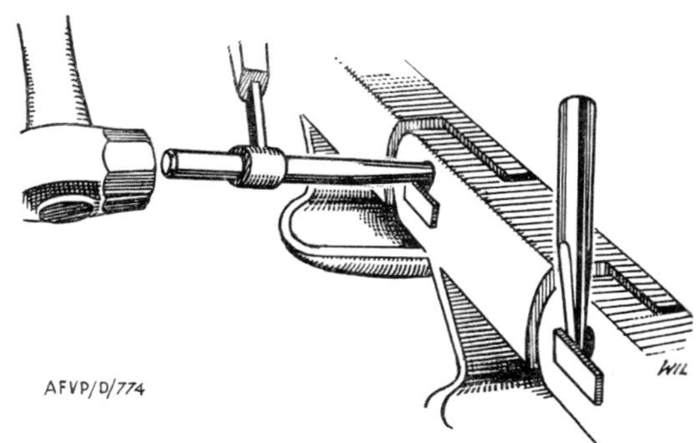

REMOVING TRACK PINS

Die maßgeblichen Vorrichtungen zum Einstellen der Kettenspannung. Unten: Wechseln eines Kettenbolzens. Entfernen der Sicherungsleite mit dem Meißel (rechts); Entfernen des Bolzens mit Hammer und Splinttreiber (links). (Sammlung des Autors)

loch etwa zur Hälfte abdecken. Bei mindestens zwei Bolzen – den „Arbeitsbolzen" – fehlen die Sicherungsleisten in der Regel. Zum Wechsel eines gesicherten Bolzens die Sicherungsleiste auf einer Kettenseite mit einem Meißel abschlagen. Von der anderen Seite kann man den Bolzen jetzt mit einem Durchschlag, Metallstift o. Ä. etwas herausschieben. Mit Hammer und Kettensplinttreiber lässt sich der Bolzen vollends entfernen. Neuen Bolzen einsetzen und Sicherungsleiste wieder anschweißen.

Wartung der Elektrik

Hier geht es um folgende elektrische Einrichtungen:

- Hauptgenerator
- Motor des Turmschwenkwerks
- Turmgenerator
- Anlasser
- Schleifringübertrager

Zur Inspektion der Bürsten im Haupt- und Turmgenerator sowie im Antrieb des Turmschwenkwerks braucht man diese Apparate nicht zu entfernen. Ausgebaut werden müssen hingegen der Turmgenerator und der Anlasser.

Zur Inspektion der Bürsten und des Umwandlers/Gleichrichters (Regler) an sich entfernt man die Abdeckungen. Die Bürsten müssen fest und gleichmäßig am Gleichrichter anliegen. Feder oder Halter der Bürsten zurückziehen und wieder nach vorn lassen, denn sie müssen sich frei bewegen. Nach der Reinigung die Bürsten wieder an der alten Stelle einsetzen, sonst liegen sie nicht sauber am Gleichrichter an. Der Schleifringübertrager befindet sich unter einer Deckplatte in der Mitte der Turmbühne. Sämtliche Drahtanschlüsse auf Rostansatz und korrekten Anschluss überprüfen. Beim Aufsetzen des Gehäuses unbedingt darauf achten, dass der Antriebszapfen richtig im Schleifringübertrager sitzt und diesen antreiben kann.

Zündeinstellung

Die Zündeinstellung am Zündverteiler des Churchill entspricht zeitgenössischen britischen Panzermotoren. Es handelt sich um einen doppelten Verteilerfinger mit zwei gegenüber liegenden Hochspannungsabgängen. Für die Unterbrecherkontakte gibt es zwei Einstellmöglichkeiten. Es gilt auf Folgendes zu achten: Mit Kolben No 1 (vorn links im Motor) auf oberem Totpunkt, den Motor langsam drehen bis die Schwungscheiben-Markierung Gradzahl 3 im oberen Totpunkt (TDC, *top dead centre*) sich auf gleicher Höhe mit der Hubeinstellungsanzeige befindet. Zum Verständnis: An der Schwungscheibe befinden sich eine Linie mit der Aufschrift *„No 1 LH – TDC"* (was für „Kolben Nr. 1 in der linken Reihe – oberer Totpunkt" steht) und drei weitere Linien mit den Markierungen für Gradzahl 3, 6 und 9 vor TDC. Liegt die Markierung am nächsten bei *„No 1 LH – TDC"*, wird diese Einstellung genommen. Den Deckel des Zündverteilers abnehmen und den Verteilerfinger soweit drehen, bis die Markierung „IL" der entsprechenden Markierung am Verteilergehäuse entspricht (dort eingestempelt auf einer erhabenen Stelle). Anschließend eine Prüflampe an die beiden Unterbrecherkontakte für die linke Kolbenreihe anschließen. Diese befinden sich bei der Markierung „CL" auf der Grundplatte. Bei gelockerter Gehäuse-Klemmschraube das Gehäuse langsam drehen, bis die Prüflampe erlischt – die Unterbrecherkontakte sind jetzt offen. Genauer lässt sich die Zündung mit diesem Verfahren nicht einstellen. Natürlich kann man heute moderne Stroboskope für die dynamische Zündeinstellung bei laufendem Motor benutzen. Dabei ist allerdings erhöhte Vorsicht geboten.

7
157

Kapitel 7

Fahren und Kämpfen

Das Überleben im Churchill hing nicht allein von der Stärke seiner Panzerung und Bewaffnung ab. Noch wichtiger waren Ausbildung, Erfahrung und richtiges Verhalten der Besatzung. In diesem Kapitel geht es um die technische Beherrschung des Panzers auf dem Marsch und auf dem Gefechtsfeld sowie um das tägliche Leben der Besatzung.

Churchill vom *7th Troop, „B“ Squadron, 107th Regiment Royal Armoured Corps, 34th Tank Brigade* – also vom VII. Zug/B-Kompanie Panzerregiment 107 des königlichen Korps der gepanzerten Truppen, Panzerbrigade 34. Das 1939 errichtete *Royal Armoured Corps* fasste das angestammte *Royal Tank Regiment* (RTR) und die neu aufgestellten gepanzerten und mechanisierten Verbände des Heeres zusammen. Nebenstehende Aufnahme entstand am 17. Juli 1944. Der vordere Churchill namens „Briton“ wurde von Zugführer *Lieutenant* (Oberleutnant) Fothergill befehligt (mehr dazu auf den Seiten 150–155). (IWM B7636)

Dieses Kapitel betrachtet die Geschichte des Churchill unter zwei Gesichtspunkten. Zuerst geht es um die praktische Seite bei der Inbetriebnahme und beim Fahren. Dann um die Frage, die sich Historiker, Restauratoren und Panzerfreunde gleichermaßen stellen: Wie war das Leben im Churchill unter Einsatz- und Gefechtsbedingungen?

Inbetriebnahme

Im Vergleich mit heutigen Panzern ist die Inbetriebnahme des Churchill viel aufwändiger; sie gestaltet sich sozusagen als Ritual. Ohne einen Stamm williger Helfer geht es nicht. Schon damals war Zusammenarbeit angesagt, und das gilt in vermehrtem Maß noch heute, Jahrzehnte später. Bis der Panzer anwirft und rollt, gibt es eine ganze Litanei von Punkten abzuarbeiten.

Fahren und Lenken

Handbremse vollständig lösen. Nicht den 1. Gang benutzen, außer beim Anfahren an einem Steilhang. Das Anfahren erfolgt im 2. Gang, bei leicht abschüssigem Gelände im 3. Langsam die Kupplung kommen lassen und langsam und gleichmäßig anfahren. Einige wenige frühen Churchill erhielten ein 5-Gang-Getriebe. Es ist jedoch ziemlich unwahrscheinlich, die Gelegenheit zum Fahren eines 5-Gängers zu bekommen. Es scheint so, dass nur Fahrzeuge mit 4-Gang-Getirebe erhalten geblieben sind. Die Schaltung ist vom „lauten“ Typ und arbeitet mit Kupplungsbremse. Mit etwas Erfahrung kann man mit Hilfe der Kupplungsbremse schnell hochschalten. Wichtig, da der Churchill aufgrund seinen hohen Rollwiderstandes rasch an Schwung verliert. Zum Gangwechsel muss die Motordrehzahl 1500 U/min erreicht haben. Beim Schalten und kurz danach keine Lenkbewegungen und warten, bis die Motordrehzahl wieder abfällt. Der 1. Gang darf nur zur Überwindung von Hindernissen, Steilhängen, zum Drehen auf engem Raum oder zum Schleppen verwendet werden; der 4. Gang nicht in schwerem Gelände. Beim Lenken den Lenkhebel fest umfassen und gleichmäßig bewegen. Ist der Kompressor außer Betrieb oder nicht genügend Druck in den Leitungen, braucht man mehr Kraft. Nach Lenkbewegungen den Lenkhebel immer zurück in die gerade Ausgangsstellung bringen. Beim Vorwärtsfahren funktioniert der Hebel wie ein Fahrradlenker – beim Anziehen nach rechts fährt das Fahrzeug nach rechts, beim Anziehen nach links nach links. Beim Rückwärtsfahren ist es umgekehrt: wird der Lenkhebel nach rechts vorn gedrückt (also nicht nach hinten gezogen wie vorher), dreht das Heck des Fahrzeugs nach rechts, nach links vorn nach links (siehe dazu Foto S. 92 u.). Im Leerlauf wird wie im Fahren gelenkt; der Wendekreis beim Drehen um die eigene Achse entspricht in etwa der Fahrzeuglänge. Dies sollte nie in tiefgründigem Boden oder auf Untergrund geschehen, den man nicht beschädigen möchte. Unter beengten Platz- und Sichtverhältnissen sollte der Fahrer grundsätzlich mit Einweisern arbeiten. Der Einweiser mit Sichtverbindung zum Fahrer weist diesen mit standardisierten Handzeichen ein (siehe Abb. links). Natürlich kann auch eine Person mit Blick aus dem Turm über Sprechfunk einweisen. Ihre Sicht ist jedoch eingeschränkt und der eines Einweisers am Boden unterlegen, insbesondere was tote Winkel und Bodenvertiefungen angeht. Die standardisierten Handzeichen zur Einweisung sind klar, exakt und verwechslungsfrei auszuführen; Fahrer und Einweiser halten ständigen Blickkontakt.
Über die Handzeichen sollten sich Fahrer und Einweiser vor Betriebnahme des Fahrzeuges am

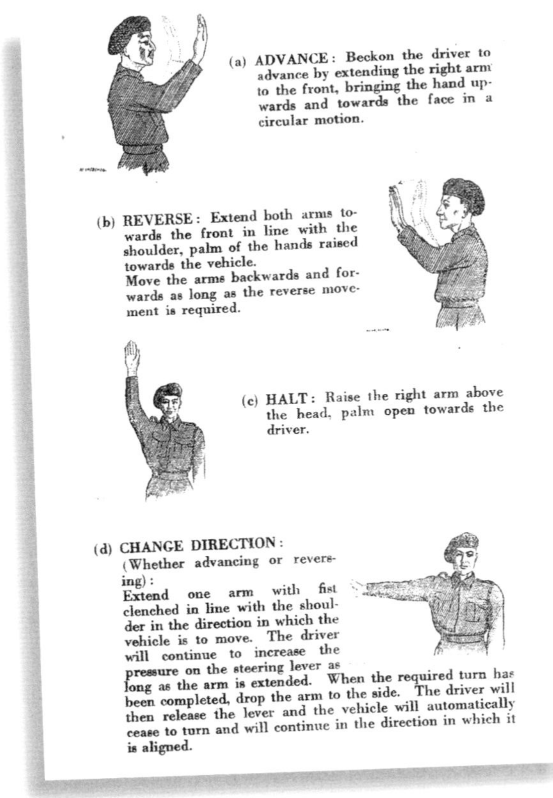
(a) ADVANCE: Beckon the driver to advance by extending the right arm to the front, bringing the hand upwards and towards the face in a circular motion.

(b) REVERSE: Extend both arms towards the front in line with the shoulder, palm of the hands raised towards the vehicle.
Move the arms backwards and forwards as long as the reverse movement is required.

(c) HALT: Raise the right arm above the head, palm open towards the driver.

(d) CHANGE DIRECTION:
(Whether advancing or reversing):
Extend one arm with fist clenched in line with the shoulder in the direction in which the vehicle is to move. The driver will continue to increase the pressure on the steering lever as long as the arm is extended. When the required turn has been completed, drop the arm to the side. The driver will then release the lever and the vehicle will automatically cease to turn and will continue in the direction in which it is aligned.

Standardisierte Handzeichen zum Einweisen militärischer Fahrzeuge. Auszug aus einer britischen Vorschrift. (Sammlung des Autors)

besten kurz absprechen, um Verwechslungen auszuschließen. Das Zeichen zum Wenden auf der Stelle erfordert außerdem eine zusätzliche Bestätigung durch Fahrer und Einweiser.
Hindernisse wie Gräben oder tiefe Löcher werden langsam und gleichmäßig im 1. Gang sowie möglichst im rechten Winkel überschritten. Scharfe Kanten, senkrechte Mauern, Schwellen und vergleichbare Hindernisse werden ebenfalls langsam angefahren und überklettert, so dass der Panzer nach Überschreiten des Schwerpunkts nur langsam nach vorn kippt. Vor Erreichen des Kipp-Punktes Lenkbewegungen tunlichst vermeiden und, falls unbedingt nötig, nur sachte ausführen. Bremsen vorsichtig betätigen: sie sprechen sofort an und bringen das Fahrzeug unverzüglich zum Halten. Mit ihnen sollte kein Schindluder getrieben werden. Zur Schonung der Bremsen bei Hangabfahrten einen niederen Gang wählen. Der Panzer darf in abschüssigem Gelände nie so viel Fahrt aufnehmen, dass eine Vollbremsung erforderlich wird. Vollbremsungen führen zur vorzeitigen Abnutzung der Bremsbeläge, was im schlimmsten Fall zum Versagen der Bremsen führen kann. Achtsamkeit ist auch beim Bremsen mit dem Motor geboten: die Drehzahl sollte nie 2000 U/min überschreiten.
Wird der Panzer für länger als ein paar Minuten abgestellt: Motor aus, Kraftstoffhahn zu („Off“) und Batteriehauptschalter aus. Bei alten Original-Feuerlöschanlagen: Sicherheitsstecker an den Flaschen austauschen.
Nach der Fahrt beim Abstellen des Fahrzeugs:

- Motor abschalten
- Handbremse anziehen und 1. Gang einlegen
- Kraftstoffhahn zu („Off“)
- Batteriehauptschalter aus
- Prüfen des Kupplungsspiels: bei 1 inch (2,54 cm) oder weniger Kupplung neu einstellen
- Sicherheitsstecker an Feuerlöschern austauschen
- Auffüllen der Kraftstoffbehälter (sofern nötig)
- Wasser- und Ölstand prüfen
- Kraftstoff-, Öl- und Wasserleitungen sowie Anschlüsse auf Dichtigkeit prüfen
- Mit der Hand die Temperatur von Bremstrommeln, Antriebs- und Laufrädern prüfen
- Prüfen der Kettenspannung und der Kette nebst Aufhängung auf Beschädigung
- Überprüfen der Halteschrauben der Antriebsräder auf Lockerung

Was man tun und lassen sollte:

- Auf gefrorenem unebenen Untergrund langsam fahren, damit der Panzer nicht ins Rutschen kommt. Der Churchill hat schlechte Bodenhaftung auf vereistem Boden.
- Bei zu geringer Kettenspannung Panzer nicht bewegen. Die Lenkung spricht schlecht an und die Ketten könnten geworfen werden.
- Nie hart und ruckartig anfahren bzw. fahren, dies setzt Vorgelege und Laufwerk stark zu.
- Nie auf der Kupplung „stehen“, dies führt zum Durchrutschen und zur Überhitzung.
- Beim Fahren Drehzahlmesser im Auge behalten.
- Bei zu geringem Druck in den (Druckluft-)Leitungen wird Lenken und Schalten schwer, ist aber nach wie vor möglich.
- Bei niedrigem Kraftstoff-Füllstand keine Hindernis-Fahrten. Beim Überwinden (steiler) Hindernisse ändert sich der Kraftstoffpegel-Anstellwinkel und die Saugleitungen bekommen keinen Sprit mehr.
- Kraftstoffbehälter vor dem Umschalten auf einen anderen nie vollständig entleeren. Der beachtliche Saugdruck in einem leeren Tank führt zur Überlastung der Kraftstoffpumpe.
- Nie mit zu wenig Kühlwasser fahren – Dichtungen und Messinganschlüsse vermerken es übel.
- Nach einer Fahrt Kühlerverschlüsse nur mit Handschuhen langsam aufdrehen. Der Kühler steht unter Druck: heißer Dampf und kochendes Wasser können zu Verbrühungen führen.
- Ölnachfüllen nach langen Stehzeiten: Motor einige Minuten laufen lassen und Ölstand erneut überprüfen.
- Immer nur geeignete Öle und Bremsflüssigkeit verwenden.
- Zum Ölnachfüllen einen Trichter benutzen: verschüttetes Öl kann Lecks und Undichtigkeiten vortäuschen.
- Beim Einfüllen von Kühlwasser oder beim Waschen des Panzers darauf achten, dass sich kein Wasser im Motorabteil ansammelt. Das Lüftergebläse bläst es an die Lenkbremsen, so dass diese ihren Dienst versagen und erst wieder trocknen müssen.
- Stauwasser und andere Flüssigkeiten im Motorabteil können und sollten über das Kraftstoff-Schnellablassventil im Kampfraum abgelassen werden. Die Flüssigkeiten in entsprechenden Behältnissen auffangen und umweltfreundlich entsorgen. Bei Öl und Benzin ist auf Dämpfe zu achten.

Rechts: Mützenabzeichen des *107th Regiment RAC*, dem die auf diesen Seiten vorgestellte Besatzung angehörte. (Sammlung des Autors)

- Motorklappen (außer bei Wartungsarbeiten) immer geschlossen halten. Bei geöffneten Klappen können die Kühler nicht mehr richtig arbeiten, da die Kühlluft nicht mehr über die seitlichen Luftansaughutzen, sondern über die Klappen angesogen wird.
- Luken und Klappen beim Öffnen immer festlegen: Fallende Deckel können schmerzhafte Verletzungen verursachen. Nicht von ungefähr sprachen die Besatzungen früher bei gequetschten oder gar abgeschlagenen Fingern von „Churchill-Fingern".

Im Gefecht: Die Besatzung und ihre Aufgaben

Ein Buch, das den Churchill nur unter technischen Gesichtspunkten beschriebe, müsste unvollständig bleiben. Der Churchill war immer nur so gut wie seine Besatzungen, die – wenn sie überlebten – mit Fortschreiten des Kriegs an Erfahrung gewannen und Manches verbesserten. Mit einer eingefuchsten Besatzung war der Churchill eine gute Kampfmaschine. Fehler kosten jedoch Leben. Der Ausgang eines Gefechts – Erfolg oder Vernichtung – hing oft mehr vom Können der Besatzung ab als von der Gefechtsstärke des Panzers.

Ein Panzer und seine Besatzung

Die folgenden bemerkenswerten Fotoaufnahmen einer Churchill-Besatzung, die sich auf ein Gefecht vorbereitet, vermitteln einen Eindruck vom Leben dieser Kampfgemeinschaft. Die Männer lebten für Wochen, Monate und manchmal auch Jahre eng zusammen und jedes Besatzungsmitglied hing vom anderen ab. Jeder Mann war nicht allein auf seine Aufgabe geschult, sondern konnte auch die Aufgabe eines anderen übernehmen. Alle erhielten eine Ausbildung in Erster Hilfe. Ein gut bestückter Verbandkasten, der sogar Morphin zur Schmerzstillung bei schwerer Verwundung enthielt, gehörte zur Ausstattung jedes Churchill. Manchmal blieb die Besatzung eines außer Gefecht gesetzten Panzers völlig auf sich allein gestellt, während andere Churchill das Gefecht fortsetzten. Erste Hilfe und Unterstützung von anderer Stelle ließen dann oft auf sich warten. Beim Churchill auf den Fotos handelt es sich um einen der ersten Mark VII (ohne „Ausbuchtungen" beiderseits der Kanone; mit WS38-Antenne vor dem Richtschützenplatz und nicht am Turmheck, sowie alter Zwei-Winkelspiegel-Kuppel und Hilfsvisier). Er trug den Namen „Briton" („Der Brite") und gehörte zur B-Kompanie des der 34. Panzerbrigade unterstellten Panzerregiments 107. Die Fotos nahm Heereskriegsberichter Sergeant Hardy am 17. Juli 1944 auf; weitere Aufnahmen entstanden nach den Kämpfen um Höhe 112 in der Normandie. Ein Teil erschien in der

Rechts: Oberleutnant Fothergill rasiert sich an einem improvisierten Barbiertisch.

Rechts außen: Panzerschütze MacGuinness beim Wäscheaufhängen am Bug eines Mark III mit 6-Pfünder-Kanone. Auf der Kette eine abgestellte Thermosflasche und Teller; auf der Bugplatte einer der beiden Trinkwasserbehälter des Churchill. (IWM B7609)

Gefreiter Dave Thomas und Panzerschütze „Mack" MacGuinness bei der Zubereitung des Abendessens. Oberleutnant Fothergill studiert derweil eine Karte. (IWM B7614)

Zeitschrift *Picture Post* am 12. August 1944. Heute gehören sie zum Bildbestand des britischen Reichskriegsmuseums (*Imperial War Museum*). Hardy verfasste folgenden Begleittext: *„Die in der Normandie eröffnete große Angriffsschlacht, an der sich Hunderte Panzer beteiligen, lenkt den Blick erneut auf die bedeutende Rolle des Panzers in der modernen Kriegsführung. Diese schwer gepanzerten und bewaffneten Kolosse könnten die entscheidende Rolle im Kampf auf Leben und Tod gegen Deutschland spielen. … Diese Aufnahmen einer Panzerbesatzung irgendwo in der Normandie, die auf ihren Einsatz in der rollenden Schlacht wartet, zeigen, wie sich die Männer auf ihre Feuertaufe vorbereiten, wie sie zu einer Familie zusammenschmelzen, die gemeinsam isst, schläft, arbeitet und kämpft."*

Bei der Besatzung handelte es sich um:
- *Lieutenant* (Oberleutnant) John Alvin Fothergill, 28 Jahre, aus Bishop`s Stortford (Kommandant)
- *Trooper* (Panzerschütze) E. „Mack" MacGuinness, 29 Jahre, aus Liverpool (Richtschütze)
- *Corporal* (Unteroffizier) Stan Walmsley, 29 Jahre, aus Manchester (Ladeschütze und Funker)
- *Trooper* (Panzerschütze) Jimmy Swain, 28 Jahre, aus Preston in Lancashire (Fahrer)
- *Lance Corporal* (Gefreiter) David Thomas, 28 Jahre, aus Liverpool (Bug-MG-Schütze/2. Fahrer)

(Im Vergleich mit deutschen Panzerbesatzungen – im Durchschnitt jünger als 24 – also eine vergleichsweise „alte" Crew.)

„Frühsport": Gefreiter Thomas und Panzerschütze Jimmy Swain ziehen das Rohr durch. (IWM B7615)

Wechsel eines Kettenglieds. Fahrer Swain treibt den Kettenbolzen aus. (IWM B7617)

Oben: Jimmy Swain beim Anziehen der Kettenspannschraube nach Einsetzen des Kettenglieds. (IWM B7621)

Rechts oben: Als Fahrer musste sich Jimmy auch um den Motor kümmern. (IWM B7618)

Rechts: Unteroffizier Walmsley, Ladeschütze und Funker, übernimmt von Oberleutnant Fothergill 75-mm-Spreng- und Panzergranaten und verstaut sie im Turm. Er hält gerade eine Sprenggranate, während Fothergill eine Spreng- und eine Panzergranate reicht. Hinter der Ladeschützenluke rahmen zwei Spreng- eine Panzergranate ein. Die Granaten haben keine Bodenschutzkappen. (IWM B7619)

Bei den Kämpfen an der Orne erhielt „Briton" einen 8,8-cm-Treffer in die Turmfront, der *Lieutenant* Fothergill tötete und die übrige Turmbesatzung verwundete. Fothergill liegt heute auf dem Soldatenfriedhof Banneville-la-Campange (Grab XI. C. 20). Der außer Gefecht gesetzte „Briton" wurde geborgen und zur Panzerwerkstatt Villers-Bocage geschafft.

Oberleutnant Fothergill beim Einsetzen von Handgranatenzündern. Über ihm das Bren-MG mit Trommelmagazin. Die Plakette rechts tut kund, dass der Gemeinderat von Bishop`s Stortford – Heimatstadt von Fothergill – im Zuge der sommerlichen Spendenaktion „Summer Savings Campaign“ Geld für den Bau des Panzers gesammelt hatte. (IWM B7622)

Diese bekannte Aufnahme zeigt Besatzungsmitglieder beim Reinigen eines der beiden Besa-MG des Churchill. Im Hintergrund bringt ein Mann die Antenne des WS38-Funkgeräts hinter dem Richtschützenplatz an. Bei den ersten Mark VII, zu denen „Briton“ gehörte, saß die WS38-Antenne noch nicht am Heck. (IWM B7624)

Rechts: Die überprüften Gurte für das Besa-MG kommen zurück in den Munitionskasten. Man beachte den Webley-Revolver am Koppel des rechten Mannes, die persönliche Waffe britischer Panzersoldaten. (IWM B7627)

Rechts außen: Tarnen des Churchill mit Netzen und Laubwerk. (IWM B7628)

Kompaniechef Major Hugh Davies weist die Zugführer ein; ganz links Oberleutnant Fothergill. Der Mann im Vordergrund hat seinen Revolver einfach hinten ins Koppel gesteckt. Der Panzer im Hintergrund ist ein Mark VII, aber nicht unser „Briton". Major Davies erhielt für die Führung der Kompanie beim Überschreiten der Orne am 8. August 1944 das *Military Cross*. An diesem Tag wurden neun Panzer des Regiments abgeschossen, darunter der von Davies. (IWM
B7629)

Links oben: Fothergill beim Einweisen von Panzerkommandanten seines Zuges. Im Hintergrund ein Mark III mit 6-Pfünder-Kanone (57 mm). (IWM B7631)

Oben: Am Abend und in der Nacht wurden Wachen mit Sten-Maschinenpistolen ausgestellt. (IWM B7633)

Gefreiter Thomas auf dem Sitz des Bug-MG-Schützen, Oberleutnant Fothergill im Turm, Unteroffizier Walmsley in der Ladeschützenluke. Die Männer tragen Panzerhelme und Hör-/Sprechgarnituren, die sich bei Turm- und Bugbesatzung unterscheiden. (IWM B7635)

GENERALMAJOR E.V.M. STRICKLAND (1913–82), ausgezeichnet mit CMG, DSO, OBE, CSTJ, MM, STAR OF JORDAN

Nach dem Einsatz in Frankreich 1940, bei dem sich Strickland ausgezeichnet hatte, übernahm er als Major die Stabskompanie der *25 Army Tank Brigade*. In dieser Rolle erkannte er nicht nur die Bedeutung des Infanterie-Unterstützungspanzers, sondern sammelte eigene Erfahrungen damit, aufgrund derer er sich für die Weiterentwicklung des Kampfwagentyps einsetzte. Als die Regimenter der Brigade den neuen Churchill erhielten, war er bei der Übergabe dabei. Ab Februar 1943 nahm er mit der *25 Army Tank Brigade* an den Kämpfen in Tunesien teil und half bei Beja („Hunt`s Gap") einen deutschen Gegenangriff abzuwehren. Wäre Beja gefallen, hätte die britische Erste Armee nach Algerien ausweichen müssen. Nach britischer Ansicht hätte dies den gesamten Feldzug um mindestens ein Jahr verlängert – mit unsicherem Ausgang. Die *North Irish Horse* (NH), das Stammregiment der *25 Tank Brigade*, wurde Ende Februar im Eilmarsch nach Beja verlegt und kam gerade noch rechtzeitig, um den (von zahlenmäßig unterlegenen Kräften geführten deutschen Vorstoß (Unternehmen „Ochsenkopf") aufzuhalten, der sich nach wolkenbruchartigen Regenfällen im aufgeweichten Terrain und in Minenfeldern schlicht festlief. Bis zum 3. März war ein Kompaniechef der NH gefallen und ein anderer schwer verwundet worden. Das Regiment ersuchte dringend um Überstellung von Strickland, der in Folge die A-Kompanie im Brennpunkt des Geschehens führte. Anfang April nahm die NH an der „Höhen-Schlacht" im Hügelgelände östlich Oued Zarga und nördlich Medjez-el-Bab teil. In diesen Gefechten führte „Strick" die A-Kompanie der NH mit Erfolg, was – zusammen mit anderen Erfolgen des Regiments – den rasch wachsenden Ruf der NH in Sachen Infanterie-Unterstützung weiter stärkte. Im zerklüfteten Hochland Tunesiens konnte der Churchill bei der NH erstmals seine hervorragende Eignung in schwierigem Gelände unter Beweis stellen. Vom 23.–26. April führte „Strick" die Kompanie beim Angriff auf den „Longstop Hill", an dem sich auch die B- und C-Kompanie beteiligte und wo sich die Infanterie bravourös schlug (vgl. S. 75). Der entschlossene Einsatz der Churchill bei der Einnahme der Stellungen am nördlichen Fuß der Anhöhe trug entscheidend zum Ausgang des Gefechts bei. Nach Einnahme des „Longstop Hill" lag das Medjerda-Tal für den letzten Vorstoß auf Tunis offen. Nach der Einnahme von Tunis Anfang Mai, machte „Stricks" A-Kompanie zwei „Siegesfahrten" durch die Stadt und bezog Stellung gegen einen möglichen deutschen Gegenangriff aus Richtung Karthago. Nach Ende der Kämpfe verlegten die Panzerbrigaden an die algerische Küste, wo sie über ein Jahr ohne weitere Verwendung blieben. Im Juli 1943 wurde Major „Strick" als stellvertretender Abteilungskommandeur zur *51 RTR* versetzt, wo er bis Januar 1944 blieb. Im März 1944 erfolgte die Beförderung zum Oberstleutnant und die Ernennung zum Kommandeur des *145 RAC* – sein erstes Regimentskommando. Kurz nach Eintreffen des Verbandes in Italien im April 1944 erhielt er Befehl, sich wieder bei den NH zu melden. Diese führte er beim Angriff auf die so genannte Hitler-Linie und beim Vormarsch auf Rom, wo der Verband eine Schlüsselrolle einnahm. Im Juni 1944 übernahm „Strick" wieder das Kommando über das *145 RAC*, das er in den Kämpfen um die Goten-Linie befehligte. Die Beförderung zum Generalmajor erfolgte nach dem Krieg.

Eugene Vincent Michael Strickland als Major. (Familienarchiv)

Verlustreiche Lehren

Der Verfasser schätzt sich glücklich, Zugang zu den bisher unveröffentlichten Aufzeichnungen des damaligen Oberstleutnant E.V.M. Strickland erhalten zu haben. Es handelt sich um eine Einsatzanalyse, die Strickland dem *145 Regiment RAC* am 24.–26. April kurz vor der Verlegung nach Italien in Vorträgen darlegte. Dieses fesselnde Dokument stellt aus Sicht eines erfahrenen Stabsoffiziers die von Churchill-Truppenteilen bei den Kämpfen in Nordafrika gesammelten Einsatzerfahrungen dar, vermehrt um Berichte, die Strickland aus Italien erreichten. Diese geben wichtige Einblicke in die Aufgaben der Panzerbesatzungen und legen Vorzüge wie Schwächen des Churchill offen.

Zusammenarbeit zwischen Infanterie und Panzern. Das Foto entstand am 2. Mai 1945 und zeigt Churchill der britischen 6. Garde-Panzerbrigade und Infanteristen vom 2. Bataillon des Wiltshire-Regiments beim Vorgehen auf Lübeck. Eine deutsche Einheit leistete mit Handwaffen, MG 42 und Granatwerfern verbissenen Widerstand. (IWM BU4990)

Gegenangriff zur Infanterie-Unterstützung

Unsere Panzer wurden zur Infanterie-Unterstützung gebaut und der Umstand, dass die Infanterie Unterstützung durch Panzer braucht, ist der Grund unseres Daseins. Dies wird unsere angestammte Aufgabe bleiben, wenn die Front erstarrt. Wir müssen unsere Feuerstellungen so wählen, dass wir der Infanterie bei einem deutschen Angriff sofort Feuerunterstützung geben oder, wenn eigene Stellungen verloren gegangen sind, rasch zum Gegenstoß antreten können. Dies bedeutet, dass eine Panzerkompanie ihre Stellungen so zu wählen hat, dass sie mögliche Annäherungsrichtungen an die Infanterie einsieht oder sich so hinter ihr aufstellt, dass sie ihr Deckung geben kann. Manchmal kann es sogar notwendig sein, einen oder zwei Züge vor den Linien aufzustellen. Eine gute Aufklärung ist dafür ebenso unabdingbar wie Stellungswahl und Tarnung, so dass Artilleriefeuer und Bomben die Panzer nicht so ohne Weiteres zersprengen können. Die Stellungen müssen das Gelände beherrschen, über das der Gegner, seien es Panzer, Infanterie oder beides, unsere Infanterie angreifen wird. Ausweichstellungen sind sorgfältig zu erkunden. Es ist gut möglich, dass die Panzer Tage und Nächte in ihren Stellungen verharren müssen, weshalb es Wirkungsbereiche für die Stunden der Dunkelheit festzulegen gilt [abgesprochene Schussbereiche für das „blinde" Schießen bei Nacht]. Die hohe Feuerkraft einer Churchill-Kompanie wird nachts auch auf die besten deutschen Einheiten abschreckend wirken. In Hunt`s Gap bei Beja blieb eine Churchill-Kompanie neun Tage in einer als „the Loop" [Schlinge] bezeichneten Stellung, die etwa eine Meile vor unseren vordersten, mit Infanterie besetzten Linie lag. Die Kompanie hielt das Tor nach Beja, obwohl von Arnim [Generaloberst Hans-Jürgen v. Arnim, Befehlshaber der 5. Panzerarmee in Tunesien] alles daran setzte, um durchzubrechen, was ihm nie gelang. Deutsche Späh- und Jagdtrupps fühlten nachts oft gegen die Stellungen vor. Aber sobald Alarm gegeben wurde, eröffneten die Panzer geschlossen das Feuer in ihren Wirkungsbereichen – mit nachhaltiger Wirkung auf den Gegner. Dieser war so abgeschreckt, dass er das Vorgehen mit geballten Ladungen und Hafthohlladungen gegen unsere Panzer einstellte.

Zusammenarbeit mit anderen Waffengattungen

Dies wird unsere Hauptaufgabe bei Angriffsoperationen sein. Der Erfolg hängt von der reibungslosen Zusammenarbeit aller Waffen ab. Dies ist auch der Grund, weshalb ich so nachdrücklich von Ihnen fordere, alles über Infanterie, Artillerie und Pioniere zu lernen, ihre Taktiken, ihre Möglichkeiten und ihre Schwächen. Das Hauptziel muss immer bleiben, die Infanterie unter möglichst geringen Verlusten an ihr Angriffsziel heranzubringen und sie so lang zu unterstützen, bis sie unsere Unterstützung nicht mehr benötigt.

Orts- und Häuserkampf

Diese Kampfart mögen wir so wenig wie die Infanterie. Aber wir können ihr dabei unter die Arme greifen. Unsere Aufgabe wird sein, Feuerunter-

Churchill der 6. Garde-Panzerbrigade und Infanteristen vom 2. Bataillon der Gordon Highlander gehen am 11. Februar 1945 von Donsbrüggen in Richtung Kleve vor. Das Foto verdeutlicht die Zusammenarbeit von Panzern und Infanterie beim Vorgehen in bebautem Gelände. Beim Spitzenpanzer handelt es sich um einen Mark IV oder VI mit 75-mm-Kanone. Dahinter ein Mark IV mit 6-Pfünder. Der Infanterist neben dem Spitzenpanzer trägt ein Funkgerät WS38. Der Churchill nutzt Kettenglieder am Bug als Zusatzpanzerung. (IWM B14611)

stützung beim Angriff auf Gebäude oder Widerstandsnester zu leisten. Die Erfahrung zeigt, dass wir dazu sehr wohl imstande sind und der Churchill der am besten geeignete Panzer dafür ist. Mit den Kampfwagenkanonen, richtig eingesetzt, können Sie an Gebäuden mächtigen Schaden anrichten. Immer daran denken, dass Sprenggranaten wenig gegen Mauern bewirken und das Besa-MG keine Ziegelsteine durchschlägt. Insofern gilt es diese Waffen auf Fenster- und Türöffnungen zu richten. Panzerbrechende Munition hingegen kann Breschen in Mauern schlagen. In Ortschaften Luken erst öffnen, wenn Sie absolut sicher sind, dass keine Gefahr mehr droht. Die Kanadier verloren viele Panzerkommandanten durch Handwaffenfeuer und Scharfschützen. Desgleichen auf von Dächern geworfene Handgranaten und Panzerwurfminen achten. Bei geschlossenen Luken bleiben Sie unverwundbar. Unser Motto soll sein: Wir mögen vielleicht den einen oder anderen Panzer durch Pak verlieren, aber wir tappen in keine andere deutsche Falle.

Auf dem Vormarsch

Am anschaulichsten hat uns Italien das Bild vom Panzer auf dem Vormarsch gezeigt. Normalerweise vollzieht sich der Vormarsch auf Straßen unter ständiger, altbekannter Gefahr für den Führungspanzer, an der nächsten Biegung [von einer Pak] abgeschossen zu werden. In der Regel nehmen Aufklärungseinheiten die Spitze ein. Allerdings hat sich dies als ziemlich verlustreich für die leicht gepanzerten Aufklärer erwiesen: deutsche Minen- oder Paktreffer zerstören nicht nur die Fahrzeuge, sondern töten deren gesamte Besatzung. Läuft ein Churchill auf eine Mine, verliert er nur die Kette plus ein Laufrad, und selbst die berüchtigte 8,8-cm-Flak tötet bei einem Treffer höchstens ein oder zwei Mann der Besat-

Operation „Epsom“, 26. Juni 1944: Der Gefreite Lodge von der Pionier-Feldkompanie 278 mit einer deutschen Hafthohlladung 3 kg. U-förmige Magnete am unteren Ende ließen sie mit einer Kraft von insgesamt 45 kg an Panzerstahl haften. Die Zündung der 1500 g Sprengstoff erfolgte über einen Brennzünder mit 7,5 Sekunden Verzögerung. Die Hafthohlladung durchschlug bis zu 140 mm Panzerstahl und wurde im Ortskampf von deutschen Panzernahkämpfern eingesetzt. (IWM B6015) *zung. Insofern müssen wir uns darauf einstellen, selbst die Spitze zu übernehmen.*

Kampf in bewachsenem Gelände
Italien und verschiedene Gegenden Südfrankreichs und Österreichs [!] sind von Olivenhainen, Weinbergen und Obstplantagen bedeckt. In Italien hat sich gezeigt, dass sich der Sherman für den Kampf in diesem Gelände nur unzureichend eignet: Er ist zu hoch, außerdem liegt sein Bug-MG nicht tief genug. Ihr Churchill wird Ihnen aufgrund seiner niederen Bauweise in Olivenhainen und drgl. gute Dienste leisten, zumal das Bug-MG lediglich 3 Fuß [91 cm] über dem Boden angeordnet ist. Hier sind die Künste des Bug-MG-Schützen gefragt, da er [ohne Sichtbehinderung] selbst unter niederen Ästen und drgl. hindurch feuern kann. Es bleiben schwierige Verhältnisse und der Vorteil liegt auf Seiten der deutschen Panzer und Pak in gut gewählten Stellungen, aber mit wachsamen Bug-MG-Schützen werden wir auch diese Schwierigkeiten meistern. Außerdem ist unsere 6-Pfünder-Sprengmunition [57 mm] sehr wirkungsvoll; hingegen sprechen die Zünder der 75-mm-Granaten des Sherman meist schon bei der geringsten Berührung durch Zweige an.

Einige allgemeine Bemerkungen
Erfolge in der beschriebenen Vielzahl an Aufgaben lassen sich nur mit Besatzungen und Panzern mit hoher Kampfleistung erzielen. Hier gibt es keinen Platz für Selbstzufriedenheit – aber immer für Verbesserungen. Kein Panzer darf ausfallen, ohne dass er Schaden beim Gegner angerichtet hat. Viel zu viele Churchill und ihre Besatzungen wurden nur deshalb außer Gefecht gesetzt, weil man sich nicht um Kleinigkeiten gekümmert hat. Künftig wird in diesem Regiment alles wie geschmiert funktionieren: Pistolen-Klappen, Seitenluken, Luken- und Motorendeckel, Winkelspiegel und Richtoptiken. Die Kommandantenkuppel muss sich frei drehen lassen – und auch in diesem Zustand bleiben. Während des Tunesien-Feldzugs waren Churchill-Kommandanten vielfach nur deshalb blind, weil sie sich nicht die Zeit nahmen oder aber die Mühe scheuten, ihre Kuppeln und Winkelspiegel in ordnungsgemäßen Zustand zu versetzen. Denken Sie immer daran: selbst wenn nur kleinste Teile im Gefecht versagen, kann dies den Tod für Sie und ihre Besatzung nach sich ziehen und den gesamten Zug, wenn nicht das Regiment, kläglich scheitern lassen. Stellen Sie sicher, dass sich die Turmluken leicht öffnen lassen. Bei Medjez-el-Bab kassierte ein Panzer einen Volltreffer von einem Stuka. Die Besatzung wurde nicht einmal verwundet, doch der Churchill fing Feuer. Erst jetzt stellte man fest, dass sich die Turmlukendeckel nur schwer öffnen ließen. Sie waren nicht geschmiert worden. Die gesamte Turmbesatzung verbrannte. Zur Ausrüstung Ihres Panzers gehört neuerdings ein Kraftstoff-Einfülltrichter. Sehr wichtig. An die Fahrer: Füllen Sie Kraftstoff und

Churchill der Panzerbrigade 25 sind zur Verstärkung der 1. kanadischen Division nachgerückt – im Übrigen der erste Churchill-Einsatz in Italien. Die Aufnahme entstand am 17. Mai 1944 kurz vor dem Angriff auf die Hitler-Linie und zeigt eine Besatzung des RTR bei der Munitionsübernahme und bei Wartungsarbeiten. In den Turm des Mark IV mit 6-Pfünder-Kanone (57 mm) wandert gerade eine APCBC-Granate (*Armour Piering, Capped, Ballistic Capped* = Panzerbrechendes Geschoss mit Kappe und ballistischer Haube). Der merkwürdige Klappdeckel hinter der Kommandantenkuppel könnte als Schutzschild o. Ä. gedacht sein, wobei das dünne Blech allerdings nicht einmal eine Pistolenkugel aufhalten würde. Zur Besatzung: Feldwebel Bradstreet aus Bradford und Fahrer G. Stewart kümmern sich um die Munition, während ein unbekannter Dritter grade die Antenne für das „B"-Funkgerät befestigt. (IWM NA14974)

Öl ohne zu verschütten mit der gebotenen Vorsicht ein und stellen Sie sicher, dass sich unter dem Motor kein Benzin oder Öl ansammelt [wo sie einen entzündlichen Benzin-Öl-Sumpf bilden]. Viele Churchill brannten in Tunesien nach Paktreffern aus. In einigen Fällen hatten die Granaten die Wanne zwar durchschlagen, Motor und Kraftstoffleitungen aber nicht beschädigt. Die Reibungshitze der Granaten entzündete jedoch verschüttetes Benzin und Öl im Wannenboden. Passen Sie gut auf, dass Ihrem Churchill nicht das Gleiche widerfährt! Denken Sie daran, dass er selbst nach mehreren 8,8-cm-Treffern das Gefecht immer noch fortsetzen kann. Werden Sie jedoch nachlässig, bringt Sie der erste Treffer um. Man hört immer wieder Aussagen wie „Mein Lukendeckel klemmt nie" oder „Mein Motor ist sauber". Ohne ständige Überprüfung wird Ihnen aber dasselbe Schicksal zuteil werden wie den erwähnten Churchill.

Schießwesen

*Unglücklicher Weise hatten wir bei der Ausbildung britischer Panzerbesatzungen nicht genügend Gewicht auf eine gute Schießausbildung gelegt, obwohl diese im Krieg zu den wichtigsten Dingen gehört und über Leben und Tod entscheidet. Richtschütze und Bug-MG-Schütze sind die wichtigsten Besatzungsmitglieder. Bis vor wenigen Monaten hinkte die britische Schießausbildung der deutschen hinterher. Wir waren vielleicht unterlegen, aber unsere Kampfwagenkanonen waren und sind, sofern richtig eingesetzt, wirkungsvolle Waffen. Unsere Zieloptiken, die mit kleinerer Vergrößerung als die deutschen arbeiten, sind zufrieden stellend. Unsere schwächeren Schießleistungen lassen sich auf den Umstand zurückführen, dass wir keine schwerpunktmäßige Schießausbildung betrieben haben. Beachten Sie aufmerksam die Punkte, die ich Ihnen nun darlegen werde. Unsere Panzertruppe mag über Sherman-Panzer und Churchill mit eingebauten 75-mm-Kanonen verfügen [Strickland bezieht sich hier auf den Churchill NA 75, vgl. S.66 ff., den er kürzlich kennenlernte]. Churchill mit 75-mm-Bewaffnung werden jetzt auch in England gebaut. Im Vergleich mit der derzeitigen 75-mm-Kanone ist der 6-Pfünder aber die weitaus bessere Waffe gegen Panzer. Beschussversuche der 18. Armeegruppe im Mai 1943 bei Beja haben dies bestätigt. Die Turmfront des deutschen Pz.Kpfw. VI (Tiger) ist etwa 102 mm dick. Die 6-Pfünder-Kanone durchschlug sie auf 300 yards [275 m]; dies schaffte die 75-mm-Kanone nicht einmal auf 10 yards [9 m]. Beide Kanonen durchschlagen die Seiten und das Turmheck vom Tiger und allen Ausführungen der Pz.Kpfw. III und IV auf übliche Gefechtsentfernung. Gute Treffleistung hängt von der Sauberkeit und Pflege der Waffen ab. Ab heute gilt tägliches T&A (*Test and Adjust; *Überprüfen und Einstellen), egal ob im Ruhe- oder im Einsatzraum. Panzerkommandanten und Richtschützen werden täglich fünf bis zehn Minuten lang Feuerbefehle üben und Richtübungen durchführen. In Zentraltunesien entfaltete sich einmal eine Panzerkompanie zum Gefecht. Während des Gefechts versagten einige Kanonen ganz und andere nach dem ersten Schuss – ein Ergebnis schlechter Vorbereitung und Faulheit. Richt- und MG-Schützen dürfen sich nie mit dem Zustand ihrer Waffen und Munition zufrieden geben, sondern müssen sie ständig überprüfen. Bei anderer Gelegenheit zerschlug die C-Kompanie des *142 Regiment RAC* bei El Aroussa eine deutsche Kampfgruppe aus sieben Pz.Kpfw. III [Tatsächlich wurden vier Pz.Kpfw. III außer Gefecht gesetzt und drei beschädigt]. Alle Churchill schossen wie die Wilden, doch nachher stellte sich heraus, dass die meisten Treffer auf das Konto eines einzigen, herausragenden Richtschützen gingen, der sich vorher vorbildlich um seine Waffe und Optik gekümmert hatte. Der Kern guter Schussleistung ist die richtige Zielansprache und –erfassung. Dies ist Aufgabe des Kommandanten – versagt er, überlässt er die Besatzung ihrem Schicksal. Für den Tod von Besatzungsmitgliedern ist in aller Regel ein schlechter Kommandant verantwortlich. Er hat den Richtschützen verwechslungsfrei einzuweisen und klare Feuerbefehle zu geben. Das Hilfsvisier auf dem Turm muss auf Übereinstimmung mit dem Blickfeld des Richtschützen-Zielfernrohrs überprüft werden. Eine Schwierigkeit beim Schießen ist das Schätzen der Entfernung. Sind die Optiken richtig nach T&A behandelt, wird die gestreckte Flugbahn unserer 6-Pfünder-Granaten auch bei falsch eingeschätzter Entfernung zwischen 200 und 1000 yards [183–914 m] immer zu Treffern führen. Alle Kommandanten können Zielentfernungen bis 1000 yards mit einer Abweichung von höchstens 100 yards einschätzen. Die*

Deutschen legen großen Wert auf Psychologie. Sie sagen, dass britische Panzer das Feuer nach einem Treffer – oder wenn sie glauben, getroffen zu haben – einstellen. Das ist richtig, aber wir müssen sie dazu bringen, ihre Meinung zu ändern. Künftig gilt: So lang auf ein Ziel feuern, bis seine Vernichtung absolut sicher ist. Haben Sie ein Ziel erfasst, jagen Sie Schuss auf Schuss in es. Ein Treffer bedeutet noch nicht die Zerstörung eines Panzers. Ich entsinne mich eines Churchill, der auf Entfernungen von 600–1000 yards [549– 914 m] 30 Mal getroffen wurde. Nur 12 Treffer zeigten Wirkung an Panzer oder Besatzung. Panzerwuchtgeschosse stanzen nur Löcher. Was für britische Panzer gilt, gilt auch für deutsche: Jagen Sie Schuss auf Schuss in sie, bis sie brennen.
Fallen Sie sich auf Finten herein. Bei Beja legte ein Pz.Kpfw. VI (Tiger) zwei Churchill aufs Kreuz. Die Churchill eröffneten das Feuer und trafen. Es schien so, als ob der Tiger vernichtet sei. Der aber erwachte urplötzlich wieder zum Leben und schoss beide Churchill ab. Hätten Sie mehrfach auf ihn geschossen, wäre das nicht passiert. Das Besa-MG dient hauptsächlich dem flächenweisen Niederhalten des Feindes oder der Abwehr von Gegenangriffen mit Streufeuer. Es macht keinen Sinn, gurtweise Munition in die Brüstung einer Grabenwehr zu jagen. Zur Niederhaltung des Feindes müssen Gräben oder Gelände flächig abgestrichen werden. Lenken Sie den Bug-MG-Schützen über Leuchtspur des Koaxial-MG ins Ziel, dann kann er loslegen. … Die Schussfelder mehrerer Panzer müssen sich überschneiden. In bewachsenem Gelände, wie z. B. in Olivenhainen, alles bestreichen, selbst unverdächtiges Buschwerk. Ab und zu eine 6-Pfünder-Sprenggranate dazwischen, dies erhöht die Wirkung. Man vergesse die vielen Querschläger nicht, die Streufeuer noch wirkungsvoller machen. Beim Streufeuer keine Feuerstöße abgeben, sondern gurtweises Dauerfeuer. Einzelziele mit kurzen Feuerstößen zu fünf oder sechs Schuss in schneller Folge bekämpfen. Zur Abwehr von Stukas, Panzerjägern aus der Luft (in der Regel Me 110 mit 3,7-cm-Schnellfeuerkanonen) oder Jagdbombern platziert sich die Deckungsgruppe der Panzer [am besten] auf einer Anhöhe über der Angriffsgruppe. Beim Auftauchen von Tieffliegern Luken dicht und mit beiden MG das Feuer eröffnen. So müssen sie durch eine regelrechte Bleiwand fliegen. In den Gefechten bei Oued Zarga schossen die North Irish Horse *auf diese Weise ein Flugzeug ab. … Beobachten wir den Luftraum sorgsam und machen die Luken sofort dicht, kann uns kein deutsches Flugzeug etwas anhaben. Der Volltreffer einer 250-kg-Bombe beschädigte einen Churchill nur leicht und einige Besatzungsmitglieder bekamen ihn gar nicht erst mit [erstaunlich, denn bei deutschen Versuchen mit 250-k-Minenbomben SC 250 – dem Hauptbombentyp der Stuka – riss eine in 5 m Abstand gezündete Bombe einen Churchill Mk IV förmlich auseinander. Allgemein aber taugten Großbomben wenig zur Panzerbekämpfung.] Nie das Bren-Fla-MG verwenden, denn dabei setzen Sie sich auf dem Turm leichtsinnig feindlichem Feuer aus. Nach ein paar Schüssen [mit der Kanone] Stellungswechsel machen, denn der Feind hat Ihre Stellung dann erkannt. Das heißt aber nicht, dass man nach nur einem Schuss bereits wechselt. Nein – erst das Ziel vernichten wie geschildert, und dann die neue Stellung beziehen, auch wenn sie nur 100 yards von der alten entfernt liegt. Dies verwirrt vorgeschobene deutsche Beobachter, die sonst vielleicht schweres Artilleriefeuer auf Ihre Stellung anfordern. … Nur Treffer schwerer Kaliber (15 cm und 21 cm) setzen dem Churchill zu.*

Normandie, 13. Juli 1944: Zerstörter Panzerkampfwagen IV in teilgedeckter Stellung. Die Lehre daraus: teilgedeckte Stellungen bringen nur teilweisen Schutz, wie im Text beschrieben. Churchill-Experte Strickland empfahl das Beziehen einer versteckten Stellung bis zur Feuereröffnung. Ob sie obigem Panzer genutzt hätte, bleibt jedoch fraglich: er wurde von alliierten Flugzeugen aus der Luft außer Gefecht gesetzt. (IWM B7056)

Italien, 21. März 1945. Churchill NA 75 vom Regiment *North Irish Horse* beim indirekten Feuern auf Feindstellungen westlich Mezzano/Alfonsi-Abschnitt. Die von abgeschossenen Sherman-Panzern stammende Außenblende ist – zumindest beim vorderen Panzer – gut zu erkennen. Im Vordergrund verstreut Reste von Dreierpackungen für 75-mm-Granaten, MG-Kästen und leere Granathülsen. Auf den Ketten lagert Bereitschaftsmunition, fertig zur Übernahme in den Turm. Der vordere Panzer gehört zum II. Zug der A-Kompanie. Die Pistolenklappe an der Turmseite wurde wahrscheinlich zum Lüften des Kampfraums geöffnet. Bis auf die Bugpartie fehlen die Kettenschürzen. (IWM NA23277)

Aber es ist sehr schwer, mit Artillerie einen Panzer zu treffen. Tarnen Sie Ihren Panzer gut und wechseln sie gemäß meiner Empfehlung regelmäßig die Stellung, sind Artillerietreffer so gut wie ausgeschlossen.
Für den Feuerkampf künftig nur noch teilgedeckte Stellungen beziehen [bei der sich die Wanne hinter einer Deckung befindet]. Die beste Position bis zur Feuereröffnung bleibt aber die versteckte oder gedeckte Stellung, bei der auch der Turm geschützt liegt und der Kommandant über die Deckung hinaus beobachtet. Deutsche Pak-Bedienungen sind mit dem Churchill vertraut – einige Churchill wurden bei Dieppe erbeutet – und kennen die Schwächen seiner [innen liegenden] Blende … Aber in gedeckter Stellung können Granaten die Blende nicht erreichen [wohl aber den aus dem Turm beobachtenden Kommandanten; manch einer verlor buchstäblich den Kopf]. 70 Prozent der in Tunesien von deutscher Pak außer Gefecht gesetzten Churchill erhielten Blendentreffer in teilgedeckter Stellung. Ich habe Churchill erlebt, die stundenlang in teilgedeckter Stellung verharrten ohne einen Schuss abzugeben. Dies verschaffte dem Gegner Gelegenheit, 8,8-cm-Flak oder schwere Panzer aufzufahren.

Italien, 20. Juli 1944: Ein Mark IV mit 6-Pfünder-Kanone, wahrscheinlich von der 51 RTR, nutzt Buschwerk als natürliche Sichttarnung. Während der vordere rechte Kettenschutz fehlt, ist der linke samt Gummi-Spritzlappen noch gänzlich vorhanden. Ungewöhnlich die Antennen-Anordnung für das Funkgerät WS38 auf einer Halterung links am Turm. Ebenso beachte man das sehr frühe, grobe Hilfsvisier zur Zielansprache des Kommandanten. (IWM TR2025)

Ich entsinne mich eines Tiger, der eine teilgedeckte Stellung bezog und sie längere Zeit nicht verließ. Dies verschaffte uns die Zeit (3 Stunden), eine 17-Pfünder-Pak (76,2 mm) heranzuschaffen. Der Tiger befand sich außer Reichweite von 6-Pfünder-Kanonen, aber die 17-Pfünder-Pak traf ihn.
Sprenggranaten sind wirkungsvoll im Orts- und Häuserkampf, aber nur, wenn sie durch Fenster, Türen und sonstige Öffnungen geschossen werden. … Panzerbrechende Munition eignet sich dazu, Löcher in Gebäude zu schlagen. Denken Sie immer an den deutschen Trick, Panzer in Häusern unterzuziehen. Schießen Sie mit Sprenggranaten und MG-Feuer durch Fenster und Türen, werden aber noch immer beschossen, handelt es sich um einen deutschen Panzer oder eine befestigte MG-Stellung. Dann Panzergranaten verwenden. Dem Einsatz von Sprenggranaten durch unsere Sherman und Churchill mit 75-mm-Kanonen wird [in Italien] gesteigerte Bedeutung zukommen, hauptsächlich in zwei Verwendungsarten:
(I) Panzer mit 75-mm-Kanonen werden gegen Pak zum Einsatz kommen, die der Erd- und Luftaufklärung entgingen, der Artillerie deshalb nicht gemeldet und in Folge von Artilleriefeuer auch nicht erfasst wurden. Die 75-mm-Panzer werden den angreifenden [6-Pfünder-]Churchill dicht folgen und nach Pak in den Flanken Ausschau halten. Falls sie diese nicht ausmachen können, werden es

19. Juli 1944: Churchill vom Regiment *North Irish Horse* der Panzerbrigade 25 in Volltarnung, wahrscheinlich im Versammlungsraum des Verbandes bei Arezzo/Mittelitalien. (IWM NA17041)

[spätestens] die Churchill tun und Ziele zuweisen.

(II) Unmittelbar nachdem Infanterie und [6-Pfünder-]Churchill das zugewiesene Objekt genommen haben, ziehen die 75-mm-Panzer vor und bekämpfen Feindziele, die sich dann oft ungeschützt zeigen – Lastwagen, Halbkettenfahrzeuge, Feuerstellungen oder Truppenteile in Bewegung. … Kommen Sie dabei nicht auf die Idee, 75-mm-Kanonen seien Artilleriegeschütze. … Der Vorrat an 75-mm-Munition ist begrenzt. Nur dann artilleristisch verwenden, wenn die Artillerie mit anderen wichtigen Zielen beschäftigt ist oder ihre Aufgabe nicht erfüllen kann.

Bei erstarrten Fronten werden Sie vielleicht den Auftrag erhalten, ein paar Schüsse auf eine feindliche Beobachterstellung o. Ä. abzugeben. Bei beweglichen Operationen immer daran denken: die Kampfbeladung ist begrenzt und der Munitionsnachschub schwierig. Im Einsatz und bei möglicher Feindberührung immer den Turm langsam im Bereich 3 bis 9 Uhr hin und her schwenken. So kann der Richtschütze das Gelände überblicken und mit seiner Optik möglicher Weise ein Ziel ausmachen. Darüber hinaus kann ein sich hin und her bewegender Turm 8,8-cm- oder 7,5-cm-Granaten ablenken [ein frommer Wunsch]. Teilgedeckte oder versteckte Stellungen lassen sich nicht nur an Hinterhängen beziehen. Manchmal ist das Gelände flach und deckungslos. Aber es gibt immer Bäume, Buschwerk, Hecken, Mauern, Heuschober und Gebäude, ja selbst abgeschossene Panzer.
Dahinter versteckt, bieten Sie dem Feind ein nur schwer zu treffendes Ziel, selbst wenn kein Schutz gegen Beschuss vorhanden ist. Ist keine schusssichere Deckung vorhanden, muss Sichtschutz genügen. Das ist besser als nichts. Die Deutschen behaupten von uns Briten, dass wir bei jeder Gelegenheit Nebel einsetzen und dass unser Nebel wirkungsvoll sei. Sie fanden aber auch heraus, dass wir nur ungern den Schutz von Nebelwänden verlassen. In Folge wurden deutsche Pak- und MG-Bedienungen angewiesen, die Mitte der Nebelwand als Anhaltepunkt zu nehmen. Nutzen Sie die wenigen Minuten relativer Sicherheit in Sichtdeckung dazu, sich eine wirklich sichere Stellung zu suchen. Eine der besten Methoden zur Bekämpfung von MG-Stellungen und Pak ist, beim Vorgehen solange zu nebeln, bis die Infanterie auf Handgranaten-Wurfweite heran ist oder zum Bajonettangriff übergehen kann.

Anschluss und Verbindung halten

Vielfach besteht die Neigung, das Gefecht vorzeitig abzubrechen, nachdem irgend etwas Schlimmes passiert ist. Manchmal verlieren Zugführer die Verbindung, nachdem ihr Panzer getroffen wurde – mit dem Ergebnis, dass der gesamte Zug den Anschluss verliert. In der entstehenden Aufregung versuchen andere Besatzungen die Besatzung des getroffenen Panzers zu retten bzw. zu versorgen – in Folge bleiben deren Panzer ebenfalls liegen. Erhält im laufenden Gefecht ein Panzer einen Paktreffer, liegt logischer Weise die ganze Kompanie oder Abteilung unter Pakbeschuss.
Der Grundsatz muss deshalb lauten: Aufschließen und Verbindung halten, statt dem getroffenen Kameraden zu Hilfe zu eilen. Sie müssen sich gegenüber Verlusten abhärten und immer

daran denken, dass die laufende Operation Vorrang vor der Verwundetenversorgung hat. Ich möchte, dass Sie das Problem in dieser Weise angehen: Übertragen Sie es dem betreffenden Zug, aber lernen Sie aus den [geschilderten] Erfahrungen. Dies ist der richtige Ablauf beim Denken und Handeln:

1. *Die Kompanie nimmt den Umstand zur Kenntnis, dass Pak das Feuer eröffnet hat, aber alle Züge – mit Ausnahme des getroffenen Panzers und den beiden anderen Panzern seines Zuges – setzen das Gefecht fort.*
2. *Der betreffende Zugführer setzt die beiden Panzer dazu ein, dem Getroffenen Deckung zu geben und ihn vor weiteren Treffern zu schützen – entweder durch Niederkämpfen der Pak bei erkannter Stellung oder durch Einnebeln.*
3. *Anschließend stellt er sicher, dass die unterstützenden beiden Panzer sich nicht weiter auf dem Präsentierteller bewegen und rasch eine günstigere Stellung beziehen.*
4. *Gefecht fortsetzen, worunter auch das Ansetzen von Infanterie oder Artillerie auf die Pak zu verstehen ist.*
5. *Verlustmeldung abgeben.*

Verschwenden Sie keine wertvolle Zeit und melden Sie Verluste erst in einem geeigneten Moment. Jede Besatzung ist darin ausgebildet, für sich selbst zu sorgen. Es ist besser, zuerst das Angriffsobjekt zu nehmen und danach den verwundeten Kameraden zu helfen, als das ganze Gefecht wegen der Rettung eines abgeschossenen Panzers schon an der Antrittslinie zu verlieren. Außerdem gibt es festgelegte Pläne und Sanitätseinheiten zum Bergen von Verwundeten.

Funk

Der Set 19 *ist ein sehr zuverlässiger Panzer-Funkgerätesatz, der bei richtiger Pflege seinen Dienst nie versagt. Der Erfolg eines Gefechts hängt vom reibungslosen Funkverkehr im Regiment ab – der Funk ist auch Ihre Lebensader. Bei Problemen kann Ihnen niemand helfen, der Sie nicht hört. Die Batterien müssen immer vollständig geladen sein. Die Praxis, nachts in den Unterziehräumen Motoren laufen zu lassen [zum Aufladen der Batterien], wird eingestellt. Steht eine Kompanie im Nachteinsatz, hat der Kompanieführer sicherzustellen, dass alle verzichtbaren Funkgeräte ausgeschaltet werden. Die Deutschen kennen unsere Unerfahrenheit im Nachtkampf, weshalb sie oft nachts angreifen. Wir können uns nachts keine geräuschintensiven Tätigkeiten leisten, denn im Kampfraum ist man nachts [vollständig] auf den Hörsinn angewiesen. Bei laufenden Panzermotoren kann kein Mensch in weitem Umkreis andere Geräusche wahrnehmen; außerdem verraten sie dem Feind den Standort. Denken Sie auch an das laute Summen des* Set 19. *Deshalb wünsche ich, dass nachts immer nur ein Panzer auf Funk ist und Sie Sicht- und Rufzeichen für den Alarmfall festlegen.*

Minen

Der Minengefahr wird man nur schwer Herr. Sind S- oder Tellerminen aber erst einmal aufgespürt, lassen sie sich verhältnismäßig leicht räumen. Die Panzermine ist wahrscheinlich die erfolgreichste Waffe der Deutschen gegen unsere Panzer. Bei größeren Gefechten, bei denen wir mit anderen Waffengattungen zusammenarbei-

Nach zweitägigen Gefechten bei Thala in Tunesien rückten britische Truppen mehrere Kilometer auf Kasserine vor. An der Straße von Thala nach Kasserine gräbt hier ein Pionier der *8 Field Squadron* (Pionier-Feldkompanie 8) gerade eine deutsche T-Mine 42 aus (wobei das „T" ursprünglich für „Tank" = Panzer und nicht für „Teller" stand). Deutsche Pioniere hatten die Straße gründlich vermint, was die englischen Panzerverbände zum Ausweichen in unwegsames Gelände zwang. Das Messer in der Hosentasche nutzte der Pionier zum vorsichtigen Freilegen der Mine. Die T-Mine 42 zündete bei einem Auslösedruck von 340 kg. Ihre 5,45 kg Sprengstoff genügten vollauf, um eine Churchill-Kette zu zerreißen und weiteren Schaden anzurichten. Zusätzliche Zugzünder unten und an der Seite dienten der Sicherung gegen Aufnahme. (IWM NA853)

Normandie, 26. August 1944. Die Besatzung eines leichten Panzerspähwagens Humber überwacht am Marktplatz des gerade eingenommenen Corneilles eine Ausfallstraße. Die Bewaffnung besteht aus einem Bren-Zwilling mit 100-Schuss-Trommelmagazinen. Neben dem Kriegerdenkmal im Hintergrund ein brennender Churchill IV oder VI: Rauch tritt aus den Frontluken und der Mündung der 75-mm-Kanone, was auf einen offenen Verschluss hindeutet. (IWM BU166)

ten, räumen Pioniere Gassen durch Minenfelder. Die größten Verluste durch Minen entstanden uns durch unentdeckte Minenfelder.
Die Deutschen zeigen die ausgeprägte Neigung, ihre Minenfelder von Artilleriefeuer und Beschuss auszusparen, weshalb einige Minen sogar unter Feindsicht geräumt werden konnten. Der Bug-MG-Schütze eignet sich aufgrund seiner Platzierung am besten zum Aussteigen und zur Minensuche. Alle Bug-MG-Schützen werden entsprechend ausgebildet werden. ... Sie müssen sich ebenfalls über britische Minenfelder kundig machen. Finden Sie heraus, wo sie liegen. Bei der Infanterie-Unterstützung, vor allem beim Kampf um Stellungen, dürfen Sie sich nie scheuen, Ihren Zugführer oder Kompaniechef auf eigene Minenfelder anzusprechen und sie sich zeigen zu lassen. Wenn er es nicht weiß, bleiben Sie hartnäckig – er soll's herausfinden. Viel zu viele britische Panzer sind durch eigene Minen ausgefallen. Ist Infanterie in der Nähe, fragen Sie nach ausgelegten Hawkins-Granaten [Die Panzerabwehr-Handgranate „Grenade, Hand, Anti-tank, No 75" *enthielt knapp ein Pfund = 0,453 g Sprengstoff und ließ sich als Mine verwenden]. Diese Granate zerstört die Kette und dazu einige Laufräder des Churchill.*

Ortskampf

In der Regel verlegt der Feind Minen an Kreuzungen, die zusätzlich von 7,5-cm-Pak überwacht werden. Die Minen sind eingegraben und gut getarnt. Läuft ein Panzer auf eine Mine und wird unbeweglich, schießt ihn die Pak ab. Manchmal befinden sich Pak-Stellungen in Untergeschossen von Gebäuden, doch normalerweise mit freiem Schussfeld außerhalb von Ortschaften. Da Sie keine Minensuchgeräte haben, müssen Sie wohl oder übel Risiken eingehen. Beim Überfahren von Kreuzungen Vollgas geben, [nach Auflaufen auf eine Mine] auch im Rückwärtsgang. Die Mine wird vielleicht die Kette zerreißen, aber der Schwung lässt Sie wahrscheinlich bis in die Deckung der Gebäude am Ende der Straße zurückrollen. So stellen Sie kein unbewegliches Ziel für die Pak dar.
Panzer allein können keine Ortschaft nehmen, wohl aber mit Infanterie- und Artillerie-Unterstützung. Deshalb werden wir im Ortskampf zur Unterstützung der Infanterie eingesetzt. Immer auf Panzernahkämpfer mit Hafthohlladungen oder Panzerwurfminen achten. Vor dem Angriff sicherstellen, dass die Begleitinfanterie aufgeschlossen hat. Beim Ortskampf werden oft mehrere Fahrzeuge getrennt als Einzelpanzer eingesetzt. Wir kämpfen also nicht im Zugrahmen. Eine Menge Blödsinn wird über das Zum-Einsturz-bringen von Häusern mit Panzern erzählt. Es heißt, der Sherman sei recht gut darin, und zweifelsohne ist ihm der Churchill diesbezüglich sogar noch

überlegen. Vergessen Sie aber nicht, dass die meisten Häuser in Europa unterkellert sind. Brechen Sie also in ein Gebäude, müssen Sie damit rechnen, im Keller zu landen und den Rest des Hauses aufs Dach zu bekommen. Aus dieser Falle kommen Sie nicht mehr heraus. Stützpfeiler von Balkonen lassen sich durch einen kurzen Stoß mit dem Heck umlegen und vielleicht stürzt das Haus dann sogar ein, aber eine Menge Schutt bringt den Panzer zum Stehen. Es ist viel wirkungsvoller, das Haus mit Spreng- oder Rauchgranaten in Brand zu schießen.

Verpflegung im Feld

Nach jüngsten Berichten aus Italien wird der Verpflegungsnachschub vor allem bei längerer Infanterie-Unterstützung zum Problem. Panzereinheiten wurden von ihren Versorgungsstaffeln abgeschnitten; in einem Fall blieb eine Einheit sechs Tage ohne Verpflegung. Künftig werden wir 6-Pfünder-Munitionskisten als Transportbehälter für Verpflegung nutzen. Jeder Panzer erhält zwei Behälter mit aufgemalter Panzer- und Zugnummer; je einen Behälter pro Panzer hält die Versorgungsstaffel als Reserve bereit. Die Behälter werden nachts ergänzt; ein einziger Jeep kann die Behälter einer ganzen Kompanie transportieren.

Sie enthalten Rationen für 24 Stunden und es bleibt noch Platz für E.F.I.-Sonderverpflegung [E.F.I. = Expeditionary Forces Institute*]. Der Verpflegungsfeldwebel bleibt so lange vor Ort, bis alle Panzer ihre Verpflegungsrationen erhalten haben. Die Besatzungen geben im gleichen Zug die leeren Behälter zurück. Diese Abfolge ist grundsätzlich einzuhalten. Beschuss macht das Verlassen des Panzers manchmal unmöglich, aber auf dem Platz des Bug-MG-Schützen lassen sich die Rationen gefahrlos warm machen [gemeint ist hier die Brandgefahr durch offenes Feuer im Panzer].*

Verhalten bei Aufgabe

Betrachten Sie Ihren Panzer immer zuerst als Kampfmaschine, die einen Auftrag zu erfüllen hat. Sie haben aber das Recht, Ihr Leben zu retten und den Panzer zu verlassen, wenn er kampfunfähig geworden ist. Steht er in Flammen, werden Sie ihn kaum planmäßig unter Beachtung der Evakuierungsschritte verlassen können [welche die Unbrauchbarmachung und die Mitnahme

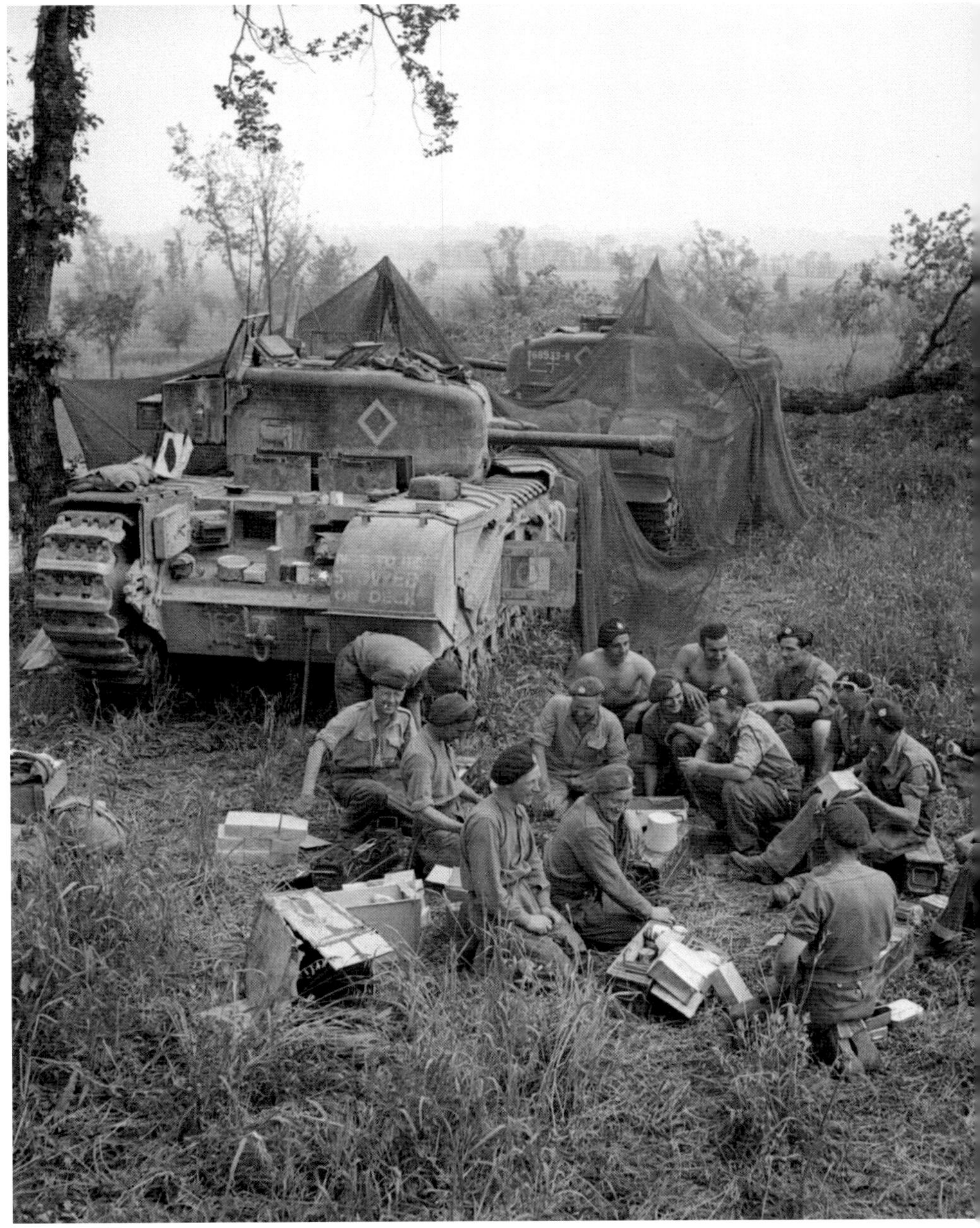

Italien, 17. Mai 1944. Besatzungen des Stabszugs der Panzerabteilung 51 des RTR bei der Verpflegung neben ihren getarnten Churchill. Munitionskisten für 6-Pfünder-Munition dienen als Verpflegungs-Transportbehälter, wie von Oberstleutnant Strickland empfohlen. Vorn ein Mark IV mit kurzer 6-Pfünder-Kanone; dahinter ein weiterer Mark IV (Betriebsnummer T68933R). Wie der auf S. 159 abgebildete Churchill zeigen sie eine merkwürdige Metallkonstruktion hinter der Kommandantenkuppel, über deren eigentlichen Verwendungszweck noch Unklarheit besteht. Beim vorderen Panzer fehlt der Vorderteil der rechten Kettenschürze. Diese könnte beim Schiffstransport nach Italien beschädigt worden sein. Britische Panzer durften nicht mehr an Oberdeck transportiert werden, nachdem zwei frühe Churchill, die 1941 zu Erprobungszwecken nach Ägypten verschifft wurden, an Oberdeck Seeschäden erlitten und „in beklagenswertem Zustand“ ankamen. (IWM NA14976)

Normandie, 13. Juli 1944: Churchill-Besatzungen der Panzerbrigade 31 mit ihren gut getarnten Panzern nach der Operation „Epsom". (IWM B7078)

der Schlüsselunterlagen vorschrieben]. Sie müssen schnellstmöglich ausbooten. Versuchen Sie, noch eine Handwaffe mitzunehmen, aber lassen Sie alles andere. Ich möchte nicht, dass Sie bei einem brennenden Fahrzeug die vorgeschriebenen Evakuierungsschritte befolgen. Diese sind jedoch auszuführen, wenn Ihr Panzer zwar außer Gefecht gesetzt wurde, aber nicht brennt. Besteht die Gefahr, dass der Panzer in Feindeshand fällt, zerstören Sie ihn vollständig. Setzen Sie ihn in Brand, nehmen Sie Zündvorrichtung [der Kanone], MG-Verschlüsse, Kartenmaterial und Schlüsselunterlagen mit und zerstören sie das Funkgerät mit einer Handgranate.

Mörser- und Artilleriebeschuss

Sie werden unter Beschuss von Artillerie und Granatwerfern geraten. Immer melden. Manchmal beschießt britische Artillerie eigene Panzer. Wenn die Panzer es nicht melden und die sofortige Feuereinstellung fordern, wird der Beschuss nicht aufhören. Selbst wenn Sie auf Ihre Meldung nur eine unwirsche Antwort erhalten: weiter alle Beobachtungen in ihrem Gefechtsabschnitt melden.

Tarnen nach deutschem Vorbild

Fairer Weise sollte die Feststellung erlaubt sein, dass die Deutschen im Großen und Ganzen ihre Panzer viel geschickter einsetzen als wir. So tarnen wir unsere Panzer nicht sorgfältig genug. Künftig werden Sie Ihren Panzer bei jedem Halt tarnen, selbst wenn dieser nur zehn Minuten dauert. Er muss mit dem Gelände verschmelzen. Tarnmaterial am Panzer gut befestigen. In Gelände mit niedrigem Bewuchs die Stellung so wählen, dass der getarnte Panzer den umgebenden Bewuchs nicht überragt. Das Rohr ebenfalls tarnen, aber darauf achten, dass die Zieloptik frei bleibt. Ein gut getarnter Panzer bleibt selbst noch in langsamer Fahrt unentdeckt.

Bekämpfen von Feindpanzern

Man hat uns richtiger Weise beigebracht, Feindpanzer nur „auf Gefechtsentfernung" zu bekämpfen. Befinden Sie sich in guter Stellung und deutsche Panzer greifen an, das Feuer erst auf günstige Schussentfernung eröffnen, also wenn Sie sich des Treffens sicher sind. Stehen die Feindpanzer aber auf 2000–2500 yards [1800–2300 m], feuern auf Sie mit Sprenggranaten und gehen nicht vor, erwidern Sie das Feuer. Eröffnen Sie das Feuer auch auf Feindpanzer, die durch die Linien fahren. Es könnte sich um einen Spähtrupp oder das Vorfühlen vor einem Angriff handeln, das Sie verhindern können. Es gibt aber auch Lagen, bei denen Sie mit Sonderauftrag in gut getarnter Stellung liegen, die Sie durch Feuer nicht verraten dürfen.

Taktiken

Im Zugrahmen haben sich die Panzer gegenseitig zu unterstützen, ganz gleich in welcher Gefechtsart. Rundumbeobachtung und –sicherung ist sicherzustellen. Bei der Befehlsausgabe hat sich jeder Kommandant zu fragen: welcher Pan-

zer gibt mir Deckung? Folgende Punkte müssen in Fleisch und Blut übergehen:

1. *Unsere Aufgabe ist die Infanterie-Unterstützung und wir sagen nie „Nein“, wenn die Infanterie uns um etwas bittet. Ist dies undurchführbar, suchen und finden wir eine andere Lösung.*
2. *Rundumsicherung im Zugrahmen sicherstellen.*
3. *Für Zielzuweisung durch die Infanterie sorgen (Leuchtspur aus MG oder Gewehr).*
4. *Geduld mit der Infanterie. Steht sie nicht rechtzeitig im Antrittsraum bereit, kann es gute Gründe dafür geben. Umstände, die Panzer nicht tangieren, berühren die Infanterie und halten sie möglicher Weise auf.*
5. *Schnelligkeit der Bewegung. Sind Panzer nicht im Halt, bewegen sie sich immer schnell. Je schneller die Bewegung, desto schwerer fällt Feindpak das Treffen. Außer zum Schießen immer in gedeckter Stellung bleiben. Deckung durch andere Panzer sicherstellen und dann Stellungswechsel mit Karacho.*
6. *Versteckte oder offene Stellung? Immer gesunden Menschenverstand walten lassen. Besteht die Gefahr, von einer Geländeerhöhung oder von Gebäuden aus eingesehen zu werden, immer eine gedeckte Stellung wählen.*
7. *Müssen Sie längere Zeit in Stellung bleiben – was bei der Infanterie-Unterstützung mehrere Tage bedeuten kann – immer Feuerbereiche festlegen. Einige Panzer werden u. U. den Funk abschalten müssen, um die Batterien für den nächsten Einsatz zu schonen. Des Weiteren muss es einen funktionierenden Alarmplan geben. Ein Mann ist immer auf Wache und streckt den Kopf aus dem Panzer. Als Waffe führt er ein mit Leuchtspurmunition geladenes MG.*
8. *Verhalten bei Gas- oder Flammenwerferangriff: Gasmasken müssen immer in gutem Zustand und griffbereit sein. Der deutsche Panzer-Flammenwerfer ist nicht sehr wirkungsvoll gegen Panzer [dafür war er auch nicht vorgesehen]. Er ist in einen Pz.Kpfw. III eingebaut und hat eine Einsatzreichweite von 75 yards [68 m], und ein Pz.Kpfw. III auf 75 yards ist ein Traumziel.*
9. *Wadis [ausgetrocknete Flussbetten; hier sind Geländevertiefungen gemeint] sind in der Regel vermint. Oder man fährt sich darin fest und kommt nicht mehr vom Fleck. Das Gefecht wird beweglich geführt. Nicht stur den vorgeschriebenen Kurs befolgen, wenn sich die Dinge anders als geplant entwickeln. Selbst wenn dies ein Ausweichen um 500 yards [460 m]bedeutet. Der Churchill kann besser steigen und klettern als jeder andere Panzer: Anhöhen nutzen, um den Gegner aus der Stellung zu werfenn. Am Longstop Hill streckte die gesamte deutsche Besatzung die Waffen, als überraschend ein einzelner Churchill am Gipfel auftauchte. Klettern trickst feindliche Pak aus.*

Vergessen Sie den gängigen Begriff „gutes Panzergelände“. Panzergängiges Gelände ist meist vermint und wird von Pak überwacht. Nicht die erwarteten Annäherungswege nutzen. Die Annäherung durch schwieriges Terrain dauert länger, wird aber zum Erfolg führen.

Im Feld, 14. April 1944 EVS/FM

Wie verwundbar war der Churchill?

Eine der wichtigsten Fragen der Besatzungen war die nach der Verwundbarkeit des Churchill durch feindliche Waffen. Außer den bereits zitierten Ausführungen gibt es weitere zeitgenössische Studien und Berichte zu diesem Punkt, die dabei helfen, Fakten von Märchen zu unterscheiden. Der „Bericht über die Untersuchung von Churchill auf Gefechtsschäden" der Abteilung Panzerung der Schule für Panzertechnik vom 8. April 1945 enthält einige recht interessante Angaben über die Wirkung deutscher Waffen auf den Churchill (alles Bauausführungen vor Mark VII). Der Bericht erfasste 41 Panzer mit Gefechtsschäden, davon 20 durch Minen. Diese 20 Fahrzeuge zeigten in der Regel weitere Schäden durch Beschuss. Minen sollten die Panzer ja oft nur zum Stehen bringen, damit sie Pak leichter bekämpfen konnte.

Das Verhältnis von wirksamen Treffern zu unwirksamen durch die drei deutschen Hauptgeschütztypen ist wie folgt (Treffer, die nicht eindeutig zugeordnet werden konnten, fallen außer Betracht):

Waffe	Treffer mit Wirkung	ohne Wirkung	Wirksame Treffer in Prozent
8,8 cm	13	7	65 %
7,5 cm	8	8	50 %
5 cm	2	5	29 %

Diese Zahlen, mit der nötigen Vorsicht betrachtet, sind in gewissem Sinn ermutigend; zeigen sie doch, dass nicht jeder 8,8-cm-Treffer einen Churchill gleich vollständig außer Gefecht zu setzen braucht. Die Panzerung wird von den gegenwärtig verwendeten Granaten nicht an jeder Stelle durchschlagen. Dies bietet die hinlängliche Wahrscheinlichkeit, dass eine Verstärkung der Panzerung um einen Inch [2,54 cm] oder um nur einen halben Inch [1,27 cm] den Panzerschutz beträchtlich erhöhen wird.

Der Mark II und IV erhielt in Folge Zusatzpanzerung.

Daraus lassen sich folgende, noch recht vorläufige Schlüsse ziehen:

a) Die 5-cm-Kanone ist veraltet. Die Kaliber 7,5 cm und 8,8 cm sind die hauptsächlich verwendeten Kaliber in Nordafrika.

b) Turmfront und Wannenseiten wurden am häufigsten getroffen. Jede Partie enthielt je 30 % der Gesamttreffer.

c) Ein Drittel der Turmtreffer und zwei Drittel der Wannentreffer schlagen durch.

d) Der Unterschied in der Grundpanzerung beider Partien liegt bei etwa 18 mm. Dieser vergleichsweise geringe Unterschied in effektiver Panzerstärke scheint die Zahl wirksamer Treffer zu halbieren.

Eine deutsche Panzerfaust durchschlug diesen Churchill unmittelbar an der Seitentür. Die in der Innenseite verursachten Schäden zeigen die folgenden Bilder.
(Alle Fotos dieser Seite: Sammlung des Autors)

Der Hohlladungsstrahl hinterließ an der gegenüber liegenden Innentür einen etwa 13 mm tiefen Krater von etwa 76 mm x 152 mm Breite.

Beim Durchschlag durch die Seitentür sprengte die Hohlladung innen einen Teller von etwa 150 mm Durchmesser ab. Der Hohlladungsstrahl schlug durch den gesamten Innenraum und traf die Tür auf der gegenüberliegenden Seite. Links der Griff der Pistolenklappe, rechts eine Halteschraube der Zusatzpanzerung.

Ein Turmtreffer oberhalb der Blende richtete an diesem Churchill Mark III schwere Schäden an. Er gehörte zum III. Zug/A-Kompanie/ Panzerabteilung 9 RTR. Die Zusatzpanzerung beiderseits der Kanone nutzte wenig gegen die (vermutliche) 8,8-cm-Granate. Das Ganze trug sich 1945 in Holland oder Deutschland zu.
(Tank Museum)

Nahaufnahme des Blenden-Treffers am Mark III, T172220, dessen Wucht sogar das Turmdach aufriss.
(Tank Museum)

e) Der Churchill, obwohl alles andere als immun gegen die in Nordafrika verwendeten 7,5-cm- und 8,8-cm-Granaten, ist gegen sie nicht vollkommen machtlos. Eine rundum auf ½ bis ¾ inch [1,27 bis 1,90 cm] verstärkte Panzerung würde ihn zwar nicht unverwundbar machen, aber den Schutz gegen Beschuss entscheidend verbessern.

Turmfront und Seiten des Sherman scheinen im Vergleich mit dem Churchill weniger widerstandsfähig zu sein. Wenn dieser Bericht häufig auftretende Gefechtsschäden beschreibt, dürften die Aussichten für den Sherman nicht gerade vielversprechend sein.

Zu den meistgefürchteten Waffen bei britischen Panzerbesatzungen zählte die deutsche Panzerfaust, eine Einmann-Panzerabwehrwaffe mit Hohlladungs-Gefechtskopf und buchstäblich durchschlagender Wirkung (die in nennenswerter Zahl erst 1944 zum Einsatz kam). Panzernahbekämpfungs- und Stoßtrupps führten sie häufig mit. Die kegelförmige Auskleidung des Gefechtskopfes erzeugte nach der Zündung beim Auftreffen einen Hohlladungsstrahl, der selbst stärkste Panzerungen durchdrang und im Panzerinneren beträchtlichen Schaden anrichtete. Eine Panzerfaust 100 mit wirksamer Einsatzschussweite 100 m durchschlug die Seitenpanzerung eines Churchill mit Leichtigkeit, wie auf den Abbildungen links eindrücklich zu sehen. „Wirksame Einsatzschussweite" bezieht sich hier auf die maximale Zielentfernung; der Gefechtskopf entfaltete unabhängig von der Entfernung die gleiche Wirkung. Die Panzerfaust 100 wurde ab November 1944 ausgeliefert.

Dieser Churchill Mark III, T69005R, erhielt in Tunesien insgesamt vier schwere Treffer in Turm und Wannenbug. Die Aufnahme entstand wahrscheinlich auf einem Panzerfriedhof. (Sammlung des Autors)

Ein von einem (8,8-cm-)Treffer schwer gezeichneter Mark IV oder VI. (Tank Museum)

Ein weiterer Mark III mit Treffer unterhalb der Blende. Ein anderer Treffer riss die Kanone ab. (Tank Museum)

Schrifttum

Eine Auswahl der vom Verfasser benutzten und empfohlenen Schriften.

Anderson Jr., Richard C: *Cracking Hitler`s Atlantic Wall. The 1st Assault Brigade Royal Engineers on D-Day.* (Stackpole/USA 2009)

Beele, Peter: *Tank Tracks. 9th Battalion Royal Tank Regiment at War 1940–45.* (Sutton, 1995)

Chamberlain, Peter und Ellis, Chris: *The Churchill Tank.* (Arms & Armour Press, 1971)

Dyson, Stephen: *Tank Twins. East End Brothers in Arms 1943–45.* (Pen & Sword, 1993)

Eastwood, Stuart: *Lions of England. A pictoral history of the King`s Own Royal Regiment (Lancaster) 1680–1980.* (Silver Link Publishing, 1991)

Erskine, David: *The Scots Guards 1919–1955.* (1956; Reprint: Naval & Military Press, 2006)

Fletcher, Davis: *Mr. Churchill`s Tank. The British Infantry Tank Mark IV.* (Schiffer, 1999)

Forbes, Patrick: *6th Guards Tank Brigade. The story of Guardsmen in Churchill Tanks.* (Sampson Low, Marston & Co. Ltd, 1946)

Fortin, Ludovic: *British Tanks in Normandy.* (Histoire et Collections, 2005)

Gudgin, Peter: *With Churchills to War. 48th Battalion Royal Tank Regiment at War 1939–45.* (Sutton, 1986)

Henry Jr., Hugh G. und Pallud, Jean Paul: *Dieppe through the Lens of the German War Photographer.* (After the Battle, 1993)

Hunt, Donald F.: *To the Green Fields beyond.* (Pentland Press, 1993)

Leakey, Rea mit Forty, George: *Leakey`s Luck. A Tank Commander With Nine Lives.* (Sutton, 1999)

Moczulski, Leszec: *Churchill Vol 1.* (AJ Press/Polen 2011)

Smith, J.G.: *In at the Finish. North-West Europe 1944–45.* (Minerva Press, 1995)

Wilson, Andrew: *Flame Thrower.* (Corgi, 1973)

Der Übersetzer empfiehlt folgenden Titel, der in engerem inhaltlichem Zusammenhang mit der dargelegten Thematik steht:

Fletcher, Davis, Willey, David, Hayton, Mike, Gibb, Mike: *Das Tiger-Handbuch. Geschichte, Technik und Restaurierung des legendären deutschen Panzerkampfwagens.* (Motorbuch Verlag, Stuttgart 2013)

WEITERE INTERESSANTE BÜCHER ZUM THEMA

Er war der meistgebaute Kampfpanzer des Zweiten Weltkriegs: Wolfgang Fleischer beleuchtet Konzeption, Entwicklung und Technik des legendären russischen Kampfpanzers sowie seinen Einsatz im Großen Vaterländischen Krieg.

192 Seiten, 280 Abbildungen, Format 230 x 265 mm
ISBN 978-3-613-04117-2
€ 34,90 / € (A) 35,90

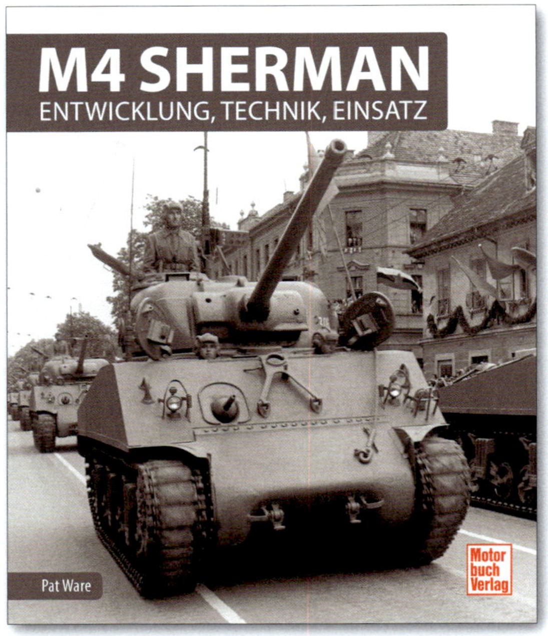

Der Kampfpanzer M4 Sherman war der berühmteste, vielseitigste und am meisten gebaute US-Panzer. Pat Ware erzählt die Entwicklungs- und Einsatzgeschichte des M4 Sherman und erklärt alle seine wichtigen Ausführungen.

160 Seiten, 253 Abbildungen, Format 230 x 265 mm
ISBN 978-3-613-04058-8
€ 29,90 / € (A) 30,80

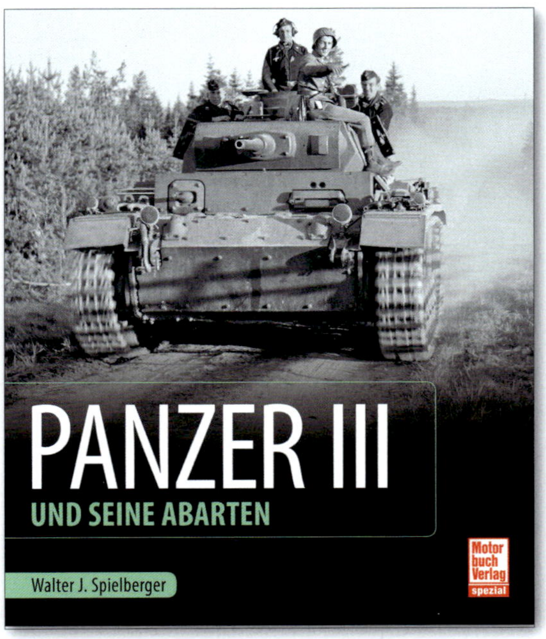

Walter Spielberger dokumentiert in diesem Buch detailliert die Entwicklung des Panzerkampfwagens III, einer der wichtigsten deutschen Panzer bis 1942.

168 Seiten, 200 Abbildungen, Format 230 x 265 mm
ISBN 978-3-613-04150-9
€ 19,95 / € (A) 20,60

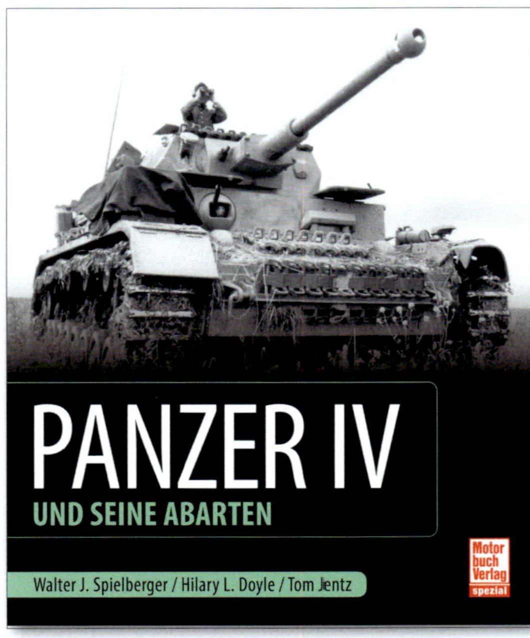

Mit Fotos, Risszeichnungen und technischen Daten dokumentierte Walter J. Spielberger die Prototypen-Entwicklung, die Entwürfe sowie die Serienausfertigungen des Panzerkampfwagen IV.

320 Seiten, 480 Abbildungen, Format 230 x 265 mm
ISBN 978-3-613-04170-7
€ 19,95 / € (A) 20,60

Überall, wo es Bücher gibt, oder unter:
WWW.MOTORBUCH-VERSAND.DE
Service-Telefon: 0711/ 78 99 21 51

Motor buch Verlag

Stand Juli 2019
Änderungen in Preis und Lieferfähigkeit vorbehalten